常用建筑材料速查丛书

建筑装饰材料速查手册

李继业　夏丽君　李海豹　主编

中国建筑工业出版社

图书在版编目(CIP)数据

建筑装饰材料速查手册/李继业等主编. —北京：
中国建筑工业出版社，2016.4
（常用建筑材料速查丛书）
ISBN 978-7-112-19034-8

Ⅰ.①建…　Ⅱ.①李…　Ⅲ.①建筑材料-
装饰材料-技术手册　Ⅳ.①TU56-62

中国版本图书馆 CIP 数据核字(2016)第 012310 号

常用建筑材料速查丛书
建筑装饰材料速查手册
李继业　夏丽君　李海豹　主编

*

中国建筑工业出版社出版、发行(北京西郊百万庄)
各地新华书店、建筑书店经销
唐山龙达图文制作有限公司制版
北京市密东印刷有限公司印刷

*

开本：850×1168 毫米　1/64　印张：10⅛　字数：327 千字
2016 年 6 月第一版　2016 年 6 月第一次印刷
定价：**26.00** 元
ISBN 978-7-112-19034-8
(28253)

本手册为"常用建筑材料速查丛书"之一。本手册以最新现行标准编制,主要介绍了现代建筑装饰工程常用的建筑装饰材料,主要内容包括:建筑装饰墙体材料、建筑装饰石材、建筑装饰陶瓷、装饰玻璃材料、建筑装饰涂料、顶棚饰面材料、建筑装饰胶粘剂、木竹质装饰材料、装饰织物材料、装饰金属材料。

本书理论联系实际,遵循先进性、快速性、实用性、规范性的原则,特别强调在建筑装饰工程实践中的快速性和应用性。本书可供预算员,从事基建、建材、施工以及销售与采购等工作的人员使用,也可作为高等院校土木工程、艺术设计、交通工程、水利工程、建筑装饰等专业教师和学生的参考用书。

责任编辑:范业庶　王砾瑶

责任设计:董建平

责任校对:陈晶晶　张　颖

前　言

随着人们对物质文化和精神文化要求的提高，现代建筑对设计者和建造者提出了更高的要求，要求他们遵循建筑装饰美学的原则，创造出具有提高生命意义的优良空间环境，使人的身心得到有益的平衡，情绪得到良好的调节，智慧得到充分的发挥。建筑装饰材料为实现以上目的起着极其重要的作用。

建筑装饰材料对建筑物的美观效果和功能发挥起着很大作用。建筑装饰材料的装饰效果，一般是通过建筑装饰材料的色调、质感和线条三个方面具体体现的。因此，建筑装饰材料可以装饰建筑物、美化室内外环境，这是其最重要的作用；由于建筑装饰材料大多是作为建筑的饰面材料使用的，因此，建筑装饰材料还具有保护建筑物、延长建筑物使用寿命和兼有其他功能的作用。

为了实现建筑技术与建筑艺术完美结合的目的，建筑装饰工程要求其设计人员与施工人员，必须了解建筑装饰材料的种类，熟悉建筑装饰材料的性能和特点，掌握各类建筑装饰材料的变化规律，以达到善于在不同建筑装饰工程和不同使用条件下，能合理选择和正确使用建筑装饰材料，做到既能完善地表达设计意图，又能达到经济、耐久、合理使用的目的。

随着材料科学和材料工业的不断发展，各种类型的建筑装饰材料不断涌现，建筑装饰材料在工程建设中占有极其重要的地位。建筑装饰材料是各类工程的重要物质基础，它集材料工艺、造型设计、美学艺术于一体，在选择建筑装饰材料时，尤其要特别注意经济性、实用性、坚固性和美化性的统一，以满足不同建筑装饰工程的各项功能要求。

工程实践充分证明，材料的性能、规格、品种、质量等，不仅直接影响工程的质量、装饰效果、使用功能和使用寿命，而且直接关系到工程造价、人身健康、经济效益和社会效益。因此，了解建筑装饰材料的基本性质、特点和适用范围，科学合理地选择建筑装饰材料，具有非常重要的意义。

本书遵循先进性、快速性、实用性、规范性的原则，比较详尽地介绍了现代工程常用的建筑装饰材料，着重讲解了常用建筑装饰材料的具体质量要求和工程应用。本书不仅可供预算员，从事基建、建材、施工以及销售与采购等工作的人员使用，而且可作为高等院校相关专业的参考用书。

本书由李继业、夏丽君、李海豹担任主编，李海燕、王丹参加了编写。李继业负责全书的规划和

5

最终修改；夏丽君负责第六章至第十章的统稿，李海豹负责第一章至第五章的统稿。

本书的具体编写分工为：李继业撰写第七章；夏丽君撰写第二章、第四章、第五章；李海豹撰写第六章、第八章；李海燕撰写第九章、第十章；王丹撰写第一章、第三章。

在本书的整个编写过程中，参考了大量的有关专家的书籍和文献资料，在此表示感谢。由于编者掌握的资料不足，再加上水平有限，书中肯定有很多不足和差错，敬请有关专家学者和广大读者批评指正。

2015 年 12 月于泰山

目　录

第一章　建筑装饰墙体材料

建筑结构是指在建筑物（包括构筑物）中，由建筑材料做成用来承受各种荷载或者作用，以起骨架作用的空间受力体系。建筑结构因所用的建筑材料不同，可分为混凝土结构、砌体结构、钢结构、轻型钢结构、木结构和组合结构等。墙体是房屋建筑工程的重要组成部分，在建筑物中主要起着承重、围护、分隔和装饰作用。在建筑工程中的常用结构材料主要包括：建筑装饰砂浆、建筑墙体用砖材、建筑墙体用砌块、建筑用墙板材料和建筑用屋面材料等。

第一节　建筑装饰砂浆

建筑装饰砂浆是指用作建筑物饰面的砂浆。它是在抹面的同时，经各种加工处理而获得特殊的饰面形式，以满足审美需要的一种表面装饰。

一、墙体饰面砂浆

根据现行行业标准《墙体饰面砂浆》（JC/T 1024—2007）中的规定，墙体饰面砂浆物理力学性能应符合表 1-1 中的要求。

<table>
<tr><th rowspan="3">项　目</th><th colspan="2">技术指标</th></tr>
<tr><th>外墙饰面
砂浆 E</th><th>内墙饰面
砂浆 I</th></tr>
</table>

项　目		技术指标	
		外墙饰面 砂浆 E	内墙饰面 砂浆 I
可操作时间	30min	刮涂无障碍	
初期干燥抗裂性		无裂痕	
吸水量(g)	30min	≤2.0	
	240min	≤5.0	
强度(MPa)	抗折强度	≥2.50	
	抗压强度	≥4.50	
	拉伸粘结原强度	≥0.50	
	老化循环拉伸 粘结强度	≥0.50	—
抗泛碱性		无可见泛 碱,不掉粉	—
耐沾污性 (白色或浅色)	立体状(级)	≤2	—
耐候性(750h)		≤1 级	—

墙体饰面砂浆的技术指标　　表 1-1

注：抗泛碱性、耐沾污性、耐候性试验仅适用于外墙饰面砂浆。

二、聚合物水泥防水砂浆

根据现行行业标准《聚合物水泥防水砂浆》(JC/T 984—2011)中的规定,聚合物水泥防水砂浆的技术指标应符合表 1-2 中的要求。

聚合物水泥防水砂浆的技术指标　　　表 1-2

项　　目		技术指出	
		干粉类 （Ⅰ类）	乳液类 （Ⅱ类）
外观质量要求		干粉类产品外观为均匀、无结块;乳液类产品外观,液料经搅拌后均匀、无沉淀,粉料均匀、无结块	
凝结时间	初凝时间（min）	≥45	≥45
	终凝时间（h）	≤12	≤24
抗渗压力（MPa）	7d	≥1.0	
	28d	≥1.5	
28d 抗压强度（MPa）		≥24.0	
28d 抗折强度（MPa）		≥8.0	
抗压强度与抗折强度比		≤3.0	
拉伸粘结强度 （MPa）	7d	≥1.0	
	28d	≥1.2	
耐碱性,饱和 $Ca(OH)_2$ 溶液,168h		无开裂和剥落现象	
耐热性:100℃水,5h		无开裂和剥落现象	
抗冻性:−15～+20℃,25 次		无开裂和剥落现象	
28d 收缩率（%）		≤0.15	

3

三、建筑保温砂浆

根据现行国家标准《建筑保温砂浆》（GB/T 20473—2006）中的规定，建筑保温砂浆的技术指标应符合表1-3中的要求，建筑保温砂浆硬化后的力学性能应符合表1-4中的要求。

建筑保温砂浆的技术指标　　　　表 1-3

项　目	技术指标
外观质量要求	应为均匀、干燥无结块的颗粒状混合物
堆积密度	Ⅰ型 ≤250kg/m³；Ⅱ型 ≤350kg/m³
石棉含量	不含石棉纤维
放射性	天然放射性核素镭-266、钍-232、钾-40 的放射性比活度应同时满足 $I_{Ra} \leqslant 1.0$ 和 $I_\gamma \leqslant 1.0$，即符合《建筑材料放射性核素限量》(GB 6566)中的规定
分层度	加水后拌合物的分层度应≤20mm
抗冻性	当用户有抗冻性要求时，15 次冻融循环后质量损失率应不大于 5%，抗压强度损失率应不大于 25%
软化系数	当用户有耐水性要求时，软化系数应不小于 0.50

建筑保温砂浆硬化后的力学性能　表 1-4

项　目		技术指标	
		Ⅰ型	Ⅱ型
硬化后物理力学性能	干密度(kg/m³)	240～300	301～400
	抗压强度(MPa)	≥0.20	≥0.40
	热导率(平均气温 25℃)〔W/(m·K)〕	≤0.070	≤0.085
	线收缩率(%)	≤0.30	≤0.30
	压剪粘结强度(kPa)	≥50	≥50
	燃烧性能级别	应符合《建筑材料及制品燃烧性能分级》(GB 8624)规定的 A 级要求	

第二节　墙体装饰板材

随着建筑工业化和建筑结构体系的发展，各种轻质墙用板材、复合墙用板材也迅速兴起。以墙用板材为围护墙体的建筑体系，具有质轻、节能、环保、开间布置灵活、使用面积大、施工方便快捷等特点，具有很广阔的发展前景。

一、纸面石膏板

根据现行国家标准《纸面石膏板》　（GB/T

9775—2008）中的规定，纸面石膏板的尺寸偏差及外观质量应符合表 1-5 的要求，纸面石膏板的面密度应符合表 1-6 的要求，纸面石膏板的力学性能应符合表 1-7 的要求，纸面石膏板的其他性能应符合表 1-8 的要求。

纸面石膏板的尺寸偏差及外观质量　表 1-5

项　目	技　术　要　求		
外观质量	纸面石膏板板面平整，不应有影响使用的波纹、沟槽、亏料、漏料和划伤、破损、污痕等缺陷		
尺寸偏差 （mm）	公称长度 （mm）	1500、1800、2100、2400、2440、2700、3000、3300、3600 和 3660	偏差 （mm）	−6～0
	公称宽度 （mm）	600、900、1200 和 1220	偏差 （mm）	−5～0
	公称高度 （mm）	9.5、12.0、15.0、18.0、21.0 和 25.0	偏差 （mm）	9.5：±0.5； ≥12.0： ±0.6
对角线长度偏差	板材应切割成矩形，两对角线长度之差不应大于 5mm		
楔形棱边断面尺寸	对于棱边形状为楔形的板材，楔形棱边宽度应为 30～80mm，楔形棱边深度应为 0.6～1.9mm		
护面纸与芯材的粘结性	护面纸与芯材应无剥离缺陷		

纸面石膏板的面密度　　　表 1-6

板材厚度 （mm）	面密度 （kg/m²）	板材厚度 （mm）	面密度 （kg/m²）
9.5	9.5	18.0	18.0
12.0	12.0	21.0	21.0
15.0	15.0	25.0	25.0

纸面石膏板的力学性能　　　表 1-7

项目	技术指标				
	板材厚度 （mm）	纵向		横向	
		平均值	最小值	平均值	最小值
断裂荷载 （N）	9.5	400	360	160	140
	12.0	520	460	200	180
	15.0	650	580	250	220
	18.0	770	700	300	270
	21.0	900	810	350	320
	25.0	1100	970	420	380
硬度	板材的棱边硬度和端头硬度应不小于 70N				
抗冲击性	经过冲击后，板材的背面应无径向裂纹				
剪切力	由供需双方协商确定				

纸面石膏板的其他性能   表 1-8

项目	性能要求
吸水率	耐水纸面石膏板和耐水耐火纸面石膏板材的吸水率应不大于 10%
表面吸水量	耐水纸面石膏板和耐水耐火纸面石膏板材的表面吸水率应不大于 $160g/m^2$
遇火稳定性	耐火纸面石膏板和耐水耐火纸面石膏板材的遇火稳定时间应不少于 20min
受潮挠度	由供需双方协商确定

二、装饰纸面石膏板

根据现行行业标准《装饰纸面石膏板》(JC/T 997—2006) 的规定，装饰纸面石膏板的技术指标应符合表 1-9 的要求。

装饰纸面石膏板的技术指标   表 1-9

项　　目	技术指标		
外观质量	产品的正面不应有影响装饰效果的污痕、色彩不匀、图案不完整的缺陷。产品不得有裂纹、翘曲、扭曲，不得有妨碍使用及装饰效果的缺棱、缺角		
尺寸允许偏差（mm）	项目	长度≤600	长度>600
	长度	±2.0	
	宽度	±2.0	
	高度	±0.5	
	对角线长度差	≤2.0	≤4.0

8

项　　目	技术指标
单位面积质量	小于或等于(厚度明示值－0.5)kg/m²
含水率	≤1.0%
断裂荷载(横向)	吊顶用板，≥110N
	隔墙用板，≥180N
护面纸与石膏芯的粘结性	护面纸与石膏芯的粘结良好，石膏芯应不裸露
受潮挠度	≤3.0mm

三、嵌装式装饰石膏板

根据现行行业标准《嵌装式装饰石膏板》(JC/T 800—2008)的规定，嵌装式装饰石膏板的外观质量和尺寸允许偏差应符合表 1-10 的要求；嵌装式装饰石膏板的单位面积重量、含水率和断裂荷载应符合表 1-11 的要求。

嵌装式装饰石膏板的外观质量和尺寸

允许偏差（单位：mm）　　　表 1-10

项　　目	技术要求
外观质量	板材正面不得有影响装饰效果的气孔、污痕、裂纹、缺角、色彩不均和图案不完整等缺陷
边长 L	±1.0

项　目		技术要求
铺设高度 H		±1.0
边厚 S	$L=500$	≥25
	$L=600$	≥28
不平度		≤1.0
直角偏离度 δ		≤1.0

嵌装式装饰石膏板的单位面积重量、
含水率和断裂荷载　　　　**表 1-11**

项　目		技术要求
单位面积重量 （kg/m²）	平均值	≤16.0
	最大值	≤18.0
含水率(%)	平均值	≤3.0
	最大值	≤4.0
断裂荷载 （N）	平均值	≥157
	最小值	≥127

四、吸声用穿孔石膏板

根据现行行业标准《吸声用穿孔石膏板》（JC/T 803—2007）的规定，吸声用穿孔石膏板的外观质量和尺寸允许偏差应符合表 1-12 的要求；

10

吸声用穿孔石膏板的含水率应符合表 1-13 的要求；吸声用穿孔石膏板的断裂荷载应符合表 1-14 的要求。

吸声用穿孔石膏板的外观质量
和尺寸允许偏差　　　　表 1-12

项　　目		技术指标
外观质量		板材不应有影响使用和装饰效果的缺陷。对以纸面石膏板为基板的板材，不应有破损、划伤、污痕、凹凸、纸面剥落等缺陷；对以装饰石膏板为基板的板材，不应有裂纹、污痕、气孔、缺角、色彩不均匀等缺陷
尺寸允许偏差(mm)	边长	+1，−2
	厚度	±1.0
	不平度	≤2.0
	直角偏离度	≤1.2
	孔径、孔距	±0.6

吸声用穿孔石膏板的含水率　　表 1-13

含水率(%)	技术指标
平均值	2.5
最大值	3.0

吸声用穿孔石膏板的断裂荷载　表 1-14

孔径/孔距 （mm）	板材厚度 （mm）	技术指标	
		平均值	最小值
6/18、6/22、6/24	9	130	117
	12	150	135
8/22、8/24	9	90	81
	12	100	90
10/24	9	80	72
	12	90	81

五、普通装饰用铝塑复合板

　　根据现行国家标准《普通装饰用铝塑复合板》（GB/T 22412—2008）中规定，普通装饰用铝塑复合板的外观质量应符合表 1-15 的要求；普通装饰用铝塑复合板的尺寸允许偏差应符合表 1-16 的要求；普通装饰用铝塑复合板的铝材厚度及涂层厚度应符合表 1-17 的要求；普通装饰用铝塑复合板的性能应符合表 1-18 的要求，其中氟碳树脂涂层的性能应符合（GB/T 17748—2008）中的要求。

12

普通装饰用铝塑复合板的外观质量 表 1-15

缺陷名称	技术要求	缺陷名称	技术要求
压痕	不允许	印痕	不允许
凹凸	不允许	反正面塑料外露	不允许
漏涂	不允许	波纹	不允许
鼓泡	不允许	划伤、擦伤	不允许
疵点	最大尺寸≤3mm，数量不超过 3 个/m²	色差	目测不明显，仲裁时 $\Delta E \leqslant 2$

普通装饰用铝塑复合板的尺寸允许偏差 表 1-16

项　　目	技术要求	项　　目	技术要求
长度(mm)	±3.0	宽度(mm)	±2.0
厚度(mm)	±0.2	对角线差(mm)	≤5.0
边直度(mm/m)	≤1.0	翘曲度(mm/m)	≤5.0

**普通装饰用铝塑复合板的铝材
厚度及涂层厚度 表 1-17**

项　　目		技术要求
铝材厚度(mm)	平均值	≥标称值
	最小值	≥标称值－0.02

13

项　目		技术要求
涂层厚度(μm)	平均值	≥16
	最小值	≥14

注：产品应用中采用开槽折边工艺时，铝材厚度通常不
宜小于 0.20mm。

普通装饰用铝塑复合板的性能　表 1-18

项　目		技术要求
表面铅笔硬度		≥HB
涂层光泽度偏差		≤10
涂层柔韧性(T)		≤3
涂层附着力(级)	划格法	0
	划圈法	1
耐冲击性(kg·cm)		≥20
涂层耐酸性		无变化
涂层耐油性		无变化
涂层耐碱性		无变化
涂层耐沾污性(%)		≤5
涂层耐溶剂性		不露底
耐人工气候老化	色差 ΔE	≤2.0
	失光等级(级)	不次于 2
	其他老化性能(级)	0

项　目		技术要求
耐盐雾性(级)		不次于1
弯曲强度(MPa)		≥标称值
剥离强度(N/mm)	平均值	≥4.0
	最小值	≥3.0
耐温差性	外观	无变化
	剥离强度下降率(%)	≤10
	涂层附着力(级) 划格法	0
	划圆法	1
热变形温度(℃)		≥85
耐热水性		无变化
燃烧性能(级)		不低于C

注：燃烧性能仅针对阻燃型铝塑板。

六、建筑幕墙用铝塑复合板

根据现行国家标准《建筑幕墙用铝塑复合板》（GB/T 17748—2008）中规定，建筑幕墙用铝塑复合板的外观质量应符合表 1-19 的要求；建筑幕墙用铝塑复合板的尺寸允许偏差应符合表 1-20 的要求；建筑幕墙用铝塑复合板的铝材厚度及涂层厚度应符合表 1-21 的要求；建筑幕墙用铝塑复合板的性能应符合表 1-22 的要求。

建筑幕墙用铝塑复合板的外观质量　表 1-19

缺陷名称	技术要求	缺陷名称	技术要求
压痕	不允许	印痕	不允许
凹凸	不允许	反正面塑料外露	不允许
漏涂	不允许	波纹	不允许
鼓泡	不允许	划伤、擦伤	不允许
疵点	最大尺寸 $\leq$3mm，数量不超过 3 个/m²	色差	目测不明显，仲裁时 $\Delta E \leqslant 2$

建筑幕墙用铝塑复合板的尺寸允许偏差　表 1-20

项　目	技术要求	项　目	技术要求
长度(mm)	$\pm$3.0	宽度(mm)	$\pm$2.0
厚度(mm)	$\pm$0.2	对角线差(mm)	$\leqslant$5.0
边直度(mm/m)	$\leqslant$1.0	翘曲度(mm/m)	$\leqslant$5.0

建筑幕墙用铝塑复合板的铝材厚度及涂层厚度　表 1-21

项　　目		技术要求
铝材厚度(mm)	平均值	$\geqslant$0.50
	最小值	$\geqslant$0.48

项　　目			技术要求
涂层厚度（μm）	二涂	平均值	≥25
		最小值	≥23
	三涂	平均值	≥32
		最小值	≥30

建筑幕墙用铝塑复合板的性能　表 1-22

项　　目		技术要求
表面铅笔硬度		≥HB
涂层光泽度偏差		≤10
涂层柔韧性(T)		≤2
涂层附着力（级）	划格法	0
	划圈法	1
耐冲击性（kg·cm）		≥50
涂层耐磨耗性（L/μm）		≥5
涂层耐盐酸性		无变化
涂层耐油性		无变化
涂层耐碱性		无鼓泡、凸起、粉化 等异常，色差 ΔE≤2
涂层耐硝酸性		无鼓泡、凸起、粉化 等异常，色差 ΔE≤5

项　　目			技术要求
涂层耐沾污性(%)			≤5
涂层耐溶剂性			不露底
耐人工气候老化	色差 ΔE		≤4.0
	失光等级(级)		不次于2
	其他老化性能(级)		0
耐盐雾性(级)			不次于1
弯曲强度(MPa)			≥100
弯曲弹性模量(MPa)			≥2.0×10^4
贯穿阻力(kN)			≥7.0
剪切强度(MPa)			≥22.0
剥离强度 (N·mm/mm)	平均值		≥130
	最小值		≥120
耐温差性	剥离强度下降率(%)		≤10
	涂层附 着力(级)	划格法	0
		划圈法	1
	外观		无变化
热膨胀系数(℃$^{-1}$)			≤4.00×10^{-5}
热变形温度(℃)			≥95
耐热水性			无异常
燃烧性能(级)			不低于C

七、建筑用轻质隔墙条板

根据现行国家标准《建筑用轻质隔墙条板》(GB/T 23451—2009) 中规定，建筑用轻质隔墙条板的技术指标应符合表 1-23 的要求。

建筑用轻质隔墙条板的技术指标　表 1-23

项　目				技术指标
外观质量	板面外露筋、纤；飞边毛刺；板面泛霜；板的横向、纵向、厚度方向贯通裂缝			无
	复合条板面层脱落			无
	板面裂缝：长度 50～100mm，宽度 0.5～1.0mm			≤2 处/板
	蜂窝气孔：长径 5～30mm			≤3 处/板
	缺棱掉角：宽度×长度 10mm×25mm～20mm×30mm			≤2 处/板
	壁厚(mm)			≥12
尺寸允许偏差	项目	允许偏差	项目	允许偏差
	长度	±5.0	板面平整度	≤2.0
	宽度	±2.0	对角线差	≤6.0
	厚度	±1.5	侧向弯曲	≤L/1000
放射性核素限量	项目		技术指标	
	制品中镭-226、钍-232、钾-40 放射性核素限量		实心板	空心板(空心率大于 25%)
	内照射指数 I_{Ra}		≤1.0	≤1.0
	外照射指数 I_γ		≤1.0	≤1.3

项 目		技术指标	
物理性能	板 厚	90mm	120mm
	抗冲击性能	经5次抗冲击试验后，板面无裂纹	
	抗弯承载(板自重倍数)	≥1.5	
	抗压强度(MPa)	≥3.5	
	软化系数	≥0.80	
	面密度(kg/m²)	≤90	≤110
	干燥收缩值(mm/m)	≤0.60	
	含水率(%)	≤12	
	吊挂力	荷载1000N静置24h，板面无宽度超过0.5mm的裂缝	
	抗冻性	不得出现可见的裂纹或表面无变化	
	空气声隔声量(dB)	≥35	≥40
	耐火极限(h)	≥1.0	
	燃烧性能	A_1级或A_2级	

注：(1) 防水石膏条板的软化系数为≥0.60，普通石膏条板的软化系数为≥0.40；(2) 夏热冬暖地区和石膏条板不检验抗冻性。

八、建筑隔墙用保温条板

根据现行国家标准《建筑隔墙用保温条板》（GB/T 23450—2009）中规定，建筑隔墙用保温条板的技术指标应符合表 1-24 的要求。

建筑隔墙用保温条板的技术指标　　表 1-24

项　　目				技术指标
外观质量	板面外露筋、纤；飞边毛刺			不允许
	板的横向、纵向、侧向方向贯通裂缝			不允许
	板面裂缝：长度 50～100mm，宽度 0.5～1.0mm			≤2 处/板
	面层和夹芯层处裂缝			不允许
	缺棱掉角蜂窝：宽度×长度 10mm×25mm～20mm×30mm			≤2 处/板
尺寸允许偏差	项目	允许偏差	项目	允许偏差
	长度	±5.0mm	板面平整度	2.0mm
	宽度	±2.0mm	对角线差	6.0mm
	厚度	±1.0mm	侧向弯曲	≤L/1000
放射性核素限量	制品中镭-226、钍-232、钾-40 放射性核素限量			实心板
	内照射指数 I_{Ra}			≤1.0
	外照射指数 I_γ			≤1.0

项目		技术指标		
物理力学性能	板厚	90mm	120mm	150mm
	抗冲击性能	经5次抗冲击试验后，板面无裂纹		
	抗弯承载(板自重倍数)	≥1.5		
	抗压强度(MPa)	≥3.5		
	软化系数	≥0.80		
	面密度(kg/m²)	≤85	≤100	≤110
	干燥收缩值(mm/m)	≤0.60		
	含水率(%)	≤8		
	吊挂力	荷载1000N静置24h，板面无宽度超过0.5mm的裂缝		
	抗冻性	不得出现可见的裂纹且表面无变化		
	空气声计权隔声量(dB)	≥35	≥40	≥45
	耐火极限(h)	≥1.0		
	燃烧性能	A₁级或A₂级		
	传热系数[W/(m²·K)]	≤2.0		

注：(1) 防水石膏条板的软化系数为≥0.60；(2) 夏热冬暖地区和石膏条板不检验抗冻性。

除了以上所介绍的几种常见新型墙体用板材外，在建筑工程中用的墙板种类很多，它们的尺寸规格、质量要求和其他技术指标，可以参见如下现行国家或行业标准：《建筑用秸秆植物板材》（GB/T 27796—2011）、《水泥基泡沫保温板》（JC/T 2200—2013）、《维纶纤维增强水泥平板》（JC/T 671—2008）、《灰渣混凝土空心隔墙板》（GB/T 23449—2009）、《纤维水泥夹芯复合墙板》（JC/T 1055—2007）、《外墙内保温板》（JG/T 159—2004）、《玻璃纤维增强水泥轻质多孔隔墙条板》（GB/T 19631—2005）、《纤维增强低碱度水泥建筑平板》（JC/T 626—2008）、《玻璃纤维增强水泥外墙板》（JC/T 1057—2007）、《纤维增强硅酸钙板》（JC/T 564—2008）、《铝箔面硬质聚氨酯泡沫夹芯板》（JC/T 1061—2007）、《钢丝网水泥板》（GB/T 16308—2008）、《蒸压加气混凝土板》（GB 15762—2008）、《氯氧镁水泥板块》（JC/T 568—2007）、《纤维陶瓷板》（JC/T 1045—2007）、《水泥木屑板》（JC/T 411—2007）等。

第三节　墙体装饰砌块

砌块是指所用的比普通砖尺寸大的块材，在

建筑工程中多采用高度为 $180\sim350\mathrm{mm}$ 的小型砌块。生产砌块多采用地方材料和工农业废料，材料来源十分广泛，可节约大量黏土资源，制作非常方便。

一、装饰混凝土砌块

根据现行行业标准《装饰混凝土砌块》（JC/T 641—2008）中的规定，装饰混凝土砌块外观质量和尺寸允许偏差应符合表 1-25 中的要求；装饰混凝土砌块的强度等级应符合表 1-26 中的要求；装饰混凝土砌块的相对含水率应符合表 1-27 中的要求；装饰混凝土砌块的抗冻性能应符合表 1-28 中的要求。

装饰混凝土砌块外观质量和
尺寸允许偏差　　　表 1-25

项　　目			技术指标
外观质量	弯曲（mm）		≤2.0
	裂纹	装饰面	无
		其他面	裂纹延伸的投影长度累计不超过长度尺寸的比例（%） 5.0
			条数（条）　　≤1

项 目			技术指标
外观质量	缺棱掉角	装饰面	
		长度不超过边长的比例(%)	1.5
		棱的个数(个)	≤1
		相邻两边长度不超过边长的比例(%)	0.77
		角的个数(个)	≤1
		其他面	
		长度不超过边长的比例(%)	5.0
		棱角个数(个)	≤2
	颜色花纹	①单色装饰砌块的装饰颜色应基本一致,无明显色差; ②双色或多色装饰砌块装饰面的颜色、花纹,应满足供需双方预先约定的要求。色质饱和度、混色程度等,应基本一致	
尺寸允许偏差	长度、宽度、高度		±2.0mm

注:经两次饰面加工和有特殊装饰要求的装饰砌块,不受此规定限制。

装饰混凝土砌块的强度等级　　表1-26

强度等级	抗压强度(MPa)		强度等级	抗压强度(MPa)	
	平均值	单块最小值		平均值	单块最小值
MU10	≥10.0	≥8.0	MU20	20.0	16.0
MU15	≥15.0	≥12.0	MU25	≥25.0	≥20.0

强度等级	抗压强度（MPa）		强度等级	抗压强度（MPa）	
	平均值	单块最小值		平均值	单块最小值
MU30	≥30.0	≥24.0	贴面装饰砌块强度以抗折强度表示，平均值应≥4.0MPa，单块最小值≥3.2MPa		
MU35	≥35.0	≥28.0			
MU40	≥40.0	≥32.0			

装饰混凝土砌块的相对含水率　　　表 1-27

使用地区	潮湿	中等	干燥
相对含水率（%）	40	35	30

注：潮湿系指年平均相对湿度大于 75% 的地区，中等系指年平均相对湿度 50%～75% 的地区，干燥系指年平均相对湿度小于 50% 的地区。

装饰混凝土砌块的抗冻性能　　　表 1-28

使用条件	抗冻指标	质量损失率（%）	强度损失率（%）
夏热冬暖的地区	F_{15}	≤5	≤25
夏热冬冷的地区	F_{35}		
寒冷地区	F_{50}		
严寒地区	F_{70}		

二、普通混凝土小型空心砌块

根据现行国家标准《普通混凝土小型空心砌

26

块》（GB/T 8239—2014）中的规定，混凝土小型空心砌块的尺寸允许偏差应符合表 1-29 中的要求；混凝土小型空心砌块的外观质量应符合表 1-30 中的要求；混凝土小型空心砌块的强度等级应符合表 1-31 中的要求；混凝土小型空心砌块的抗冻性能应符合表 1-32 中的要求；混凝土小型空心砌块的其他性能应符合表 1-33 中的要求。

混凝土小型空心砌块的尺寸允许偏差　表 1-29

项目名称	技术指标	项目名称	技术指标	项目名称	技术指标
长度(mm)	±2	宽度(mm)	±2	高变(mm)	+3，−2

注：①免浆砌块的尺寸允许偏差，应由企业根据块型特点自行自给，尺寸偏差不应影响垒砌和墙片性能。
　　②对于薄灰缝的砌块，其高度允许偏差应控制在 +1mm，−2mm。

混凝土小型空心砌块的外观质量　表 1-30

项 目 名 称			技术指标
弯曲(mm)		不大于	2
缺棱掉角	个数(个)	不多于	1
	三个方向投影尺寸的最大值(mm)	不大于	20
裂纹延伸的投影尺寸累计(mm)		不大于	30

27

混凝土小型空心砌块的强度等级　　表 1-31

强度等级	砌块抗压强度（MPa）		强度等级	砌块抗压强度（MPa）	
	平均值不小于	单块最小值不小于		平均值不小于	单块最小值不小于
MU5.0	5.0	4.0	MU25	25.0	20.0
MU7.5	7.5	6.0	MU30	30.0	24.0
MU10	10.0	8.0	MU35	35.0	28.0
MU15	15.0	12.0	MU40	40.0	32.0
MU20	20.0	16.0	—	—	—

混凝土小型空心砌块的抗冻性能　　表 1-32

使用条件	抗冻指标	质量损失率	强度损失率
夏热冬暖地区	D15	平均值≤5%单块最大值≤10%	平均值≤10%单块最大值≤30%
夏热冬冷地区	D25		
寒冷地区	D35		
严寒地区	D50		

注：使用条件应符合《民用建筑热工设计规范》GB 50176 的规定。

混凝土小型空心砌块的其他性能　　表 1-33

项 目 名 称		技术指标
砌块吸水率	L 类	≤10%
	N 类	≤14%
线性干燥收缩值	L 类	≤0.45mm/m
	N 类	≤0.65mm/m

项 目 名 称	技术指标
碳化系数	≥0.85
软化系数	≥0.85
放射性核素限量	应符合 GB 6566 中的规定

三、泡沫混凝土砌块

根据现行行业标准《泡沫混凝土砌块》（JC/T 1062—2007）中的规定，泡沫混凝土砌块的尺寸允许偏差和外观质量应符合表 1-34 中的要求；泡沫混凝土砌块的强度等级应符合表 1-35 中的要求；泡沫混凝土砌块的密度等级应符合表 1-36 中的要求；泡沫混凝土砌块的干燥收缩值和导热系数应符合表 1-37 中的要求；泡沫混凝土砌块的抗冻性能应符合表 1-38 中的要求。

泡沫混凝土砌块的尺寸允许
偏差和外观质量　　　　表 1-34

项　　目		技术指标	
		一等品 （B）	合格品 （C）
尺寸允许偏差 （mm）	长度	±4	±6
	宽度	±3	+3/−4
	高度	±3	+3/−4

项　目		技术指标	
		一等品 (B)	合格品 (C)
缺棱掉角	最小尺寸不大于(mm)	30	30
	最大尺寸不大于(mm)	70	70
	大于以上尺寸的缺棱掉角 个数不多于(个)	1	2
平面弯曲不得大于(mm)		3	5
裂纹	贯穿一棱二面的裂纹长度 不大于裂纹所在面的裂纹 方向尺寸总和的	1/3	1/3
	任一面上的裂纹长度不得 大于裂纹方向尺寸的	1/3	1/2
	大于以上尺寸的裂纹 条数,不多于(条)	0	2
粘模和损坏深度不大于(mm)		20	30
表面疏松、层裂		不允许	
表面油污		不允许	

泡沫混凝土砌块的强度等级　表 1-35

强度 等级	立方体抗压强度 (MPa) ≥		强度 等级	立方体抗压强度 (MPa) ≥	
	平均值	单组最小值		平均值	单组最小值
A0.5	0.5	0.4	A1.5	1.5	1.2
A1.0	1.0	0.8	A2.5	2.5	2.0

30

强度等级	立方体抗压强度 （MPa） ≥		强度等级	立方体抗压强度 （MPa） ≥	
	平均值	单组最小值		平均值	单组最小值
A3.5	3.5	2.8	A7.5	7.5	6.0
A5.0	5.0	4.0	—	—	—

泡沫混凝土砌块的密度等级　　表1-36

密度等级	B03	B04	B05	B06	B07	B08	B09	B10
干表观密度 （kg/m³）≤	330	430	530	630	730	830	930	1030

泡沫混凝土砌块的干燥收缩值和导热系数　表1-37

密度等级	B03	B04	B05	B06	B07	B08	B09	B10
干燥收缩值 （快速法） （min/m）≤	—				0.90			
导热系数(干态) [W/(m·K)]≤	0.08	0.10	0.12	0.14	0.18	0.21	0.24	0.27

泡沫混凝土砌块的抗冻性能　　表1-38

使用条件	抗冻指标	质量损失率 （%）	强度损失率 （%）
夏热冬暖的地区	F_{15}	≤5	≤20
夏热冬冷的地区	F_{25}		
寒冷地区	F_{35}		
严寒地区	F_{50}		

另外，泡沫混凝土砌块的碳化系数应不小于 0.80。

四、轻集料混凝土小型空心砌块

根据现行国家标准《轻集料混凝土小型空心砌块》（GB/T 15229—2011）中的规定，轻集料混凝土小型空心砌块的尺寸偏差和外观质量应符合表 1-39 中的要求；轻集料混凝土小型空心砌块的密度等级应符合表 1-40 中的要求；轻集料混凝土小型空心砌块的强度等级应符合表 1-41 中的要求；轻集料混凝土小型空心砌块的抗冻性能应符合表 1-42 中的要求；轻集料混凝土小型空心砌块的干燥收缩率和相对含水率应符合表 1-43 中的要求；轻集料混凝土小型空心砌块的其他性能应符合表 1-44 中的要求。

轻集料混凝土小型空心砌块的
尺寸偏差和外观质量　　　表 1-39

序号	项　目		技术指标
1	尺寸偏差（mm）	长度	±3
		宽度	±3
		高度	±3
2	最小外壁厚度（mm）	用于承重墙体　≥	30
		用于非承重墙体　≥	20

序号	项　　目		技术指标
3	肋厚(mm)	用于承重墙体　≥	25
		用于非承重墙体　≥	20
4	缺棱掉角	个数(块)　≤	2
		三个方向投影的最大值(mm) ≤	20
5	裂缝延伸的累计尺寸(mm)	≤	30

轻集料混凝土小型空心砌块的密度等级　表 1-40

密度等级	干表观密度范围 （kg/m³）	密度等级	干表观密度范围 （kg/m³）
700	≥610,≤700	1100	≥1010,≤1100
800	≥710,≤800	1200	≥1110,≤1200
900	≥810,≤900	1300	≥1210,≤1300
1000	≥910,≤1000	1400	≥1310,≤1400

轻集料混凝土小型空心砌块的强度等级　表 1-41

强度等级	抗压强度（MPa）		密度等级范围 （kg/m³）
	平均值	最小值	
MU2.5	≥2.5	≥2.0	≤800
MU3.5	≥3.5	≥2.8	≤1000
MU5.0	≥5.0	≥4.0	≤1200

强度等级	抗压强度（MPa）		密度等级范围（kg/m³）
	平均值	最小值	
MU7.5	≥7.5	≥6.0	≤1200ᵃ、≤1300ᵇ
MU10.0	≥10.0	≥8.0	≤1200ᵃ、≤1400ᵇ
—	—	—	—

注：当砌块的抗压强度同时满足 2 个强度等级或 2 个以上
强度等级要求时，应以要求的最高强度等级为准；
a. 除自燃煤矸石掺量不小于砌块质量 35% 以外的其他砌
块；b. 自燃煤矸石掺量不小于砌块质量 35% 的砌块。

轻集料混凝土小型空心砌块的抗冻性能　表 1-42

使用条件	抗冻指标	质量损失率（%）	强度损失率（%）
温和与夏热冬暖的地区	D15		
夏热冬冷的地区	D25	≤5	≤25
寒冷地区	D35		
严寒地区	D50		

**轻集料混凝土小型空心砌块的干燥
收缩率和相对含水率　　表 1-43**

干燥收缩率（%）	相对含水率（%）		
	潮湿地区	中等湿度地区	干燥地区
＜0.03	≤45	≤40	≤35
≥0.03，＜0.045	≤40	≤35	≤30
＞0.045，≤0.065	≤35	≤30	≤25

轻集料混凝土小型空心砌块的其他性能　表 1-44

项目名称	技术指标
碳化系数	≥0.80
软化系数	≥0.80
放射性核素限量	应符合《建筑材料放射性核素限量》GB 6566 中的规定

五、蒸压加气混凝土砌块

根据现行国家标准《蒸压加气混凝土砌块》(GB 11968—2006) 中的规定，蒸压加气混凝土砌块的规格尺寸应符合表 1-45 中的要求；蒸压加气混凝土砌块的尺寸偏差和外观质量应符合表 1-46 中的要求；蒸压加气混凝土砌块的立方体抗压强度应符合表 1-47 中的要求；蒸压加气混凝土砌块的各体积密度级别应符合表 1-48 中的要求；加气混凝土砌块的强度级别应符合表 1-49 中的要求；蒸压加气混凝土砌块的干燥收缩、抗冻性和导热系数应符合表 1-50 中的要求。

蒸压加气混凝土砌块的规格尺寸　表 1-45

长度 L(mm)	宽度 B(mm)	高度 H(mm)
600	100，120，125，150，180，200，240，250，300	200，240，250，300

蒸压加气混凝土砌块的尺寸偏差和外观质量 表 1-46

项　　目				技术指标	
				优等品 (A)	合格品 (B)
尺寸允许偏差(mm)		长度	L	±3	±4
		宽度	B	±1	±2
		高度	H	±1	±2
缺棱掉角	最小尺寸不得大于(mm)			0	30
	最大尺寸不得大于(mm)			0	70
	大于以上尺寸的缺棱掉角个数，不多于(个)			0	2
裂纹长度	贯穿一棱二面的裂纹长度不得大于裂纹所在面的裂纹方向尺寸总和的			0	1/3
	任一面上的裂纹长度不得大于裂纹方向尺寸的			0	1/2
	大于以上尺寸的裂纹条数，不多于(条)			0	2
爆裂、粘模和损坏深度(mm)				10	30
平面弯曲				不允许	
表面疏松、层裂				不允许	
表面油污				不允许	

蒸压加气混凝土砌块的立方体抗压强度　表 1-47

强度级别	立方体抗压强度		强度级别	立方体抗压强度	
	平均值不小于	单组最小值不小于		平均值不小于	单组最小值不小于
A1.0	1.0	0.8	A5.0	5.0	4.0
A2.0	2.0	1.6	A7.5	7.5	6.0
A2.5	2.5	2.0	A10.0	10.0	8.0
A3.5	3.5	2.8	—	—	—

蒸压加气混凝土砌块的干密度　表 1-48

干密度级别		B03	B04	B05	B06	B07	B08
干密度	优等品(A),≤	300	400	500	600	700	800
	合格品(B),≤	325	425	525	625	725	825

加气混凝土砌块的强度级别　表 1-49

干密度级别		B03	B04	B05	B06	B07	B08
干密度	优等品(A)	A1.0	A2.0	A3.5	A5.0	A7.5	A10.0
	合格品(B)			A2.5	A3.5	A5.0	A7.5

蒸压加气混凝土砌块的干燥收缩、抗冻性和导热系数　表 1-50

干密度级别			B03	B04	B05	B06	B07	B08
干燥收缩值	快速法	mm/m	≤0.8					
	标准法[1]		≤0.5					

干密度级别			B03	B04	B05	B06	B07	B08
抗冻性	质量损失（%）		span ≤5.0					
	冻后强度 （MPa）≥	优等品(A)	0.8	1.6	2.8	4.0	6.0	8.0
		合格品(B)			2.0	2.8	4.0	6.0
导热系数（干态）[2] ［W/(m·K)］≤			0.10	0.12	0.14	0.16	0.18	0.20

注：（1）规定采用标准法、快速法测定砌块干燥收缩值，
　　　　若测定结果发生矛盾不能判定时，则以标准法
　　　　测定的结果为准。
　　（2）用于墙体的蒸压加气混凝土砌块，允许不测导热
　　　　系数。

六、石膏砌块

根据现行行业标准《石膏砌块》（JC/T 698—
2010）中的规定，石膏砌块的规格尺寸应符合表1-
51中的要求；石膏砌块的外观质量应符合表1-52
中的要求；石膏砌块的尺寸和尺寸偏差应符合表1-
53中的要求；石膏砌块的物理力学性能应符合表
1-54中的要求。

石膏砌块的规格尺寸　　　　　　表1-51

长度(mm)	厚度(mm)	高度(mm)
600、666	80 、100 、120 、150	500

石膏砌块的外观质量　　表 1-52

项目名称	技 术 指 标
缺角	同一砌块不应多于 1 处,缺角的尺寸应小于 30mm×30mm
板面裂缝、裂纹	不应有贯穿裂缝;长度小于 30mm、宽度小于 1mm 的非贯穿裂纹不应多于 1 条
气孔	直径 5~10mm 的气孔不应多于 2 处;直径大于 10mm 的气孔不应有
油污	砌块上不得有油污

石膏砌块的尺寸和尺寸偏差　　表 1-53

序号	项目名称	具体要求(mm)
1	长度偏差	±3.0
2	高度偏差	±2.0
3	厚度偏差	±1.0
4	平整度	≤1.0
5	孔与孔之间、孔与板面之间的最小壁厚	≥15.0

石膏砌块的物理力学性能　　表 1-54

项 目 名 称		具体要求
表观密度 (kg/m³)	实心石膏砌块	≤1100
	空心石膏砌块	≤800
断裂荷载(N)		≥2000
软化系数		≥0.60

第二章 建筑装饰石材

天然石材是一种有悠久历史的建筑装饰材料，它不仅具有较高的强度、硬度、耐久性、耐磨性等优良性能，而且经表面处理后可获得优良的装饰性，对建筑物起着保护和装饰双重作用。建筑装饰用的饰面石材，是从天然岩体开采、可加工成各种块状或板状材料。建筑装饰石材包括天然石材和人造石材两类。用于建筑装饰工程中的天然饰面石材品种繁多，主要分为大理石和花岗石两大类。另外，还有天然石灰石、天然砂岩和天然板石等建筑板材。

人造石材是近些年发展起来的一种新型建筑装饰材料，无论在材料加工生产、适用范围方面，还是在装饰效果、产品价格等方面，都显示出极大的优越性，成为一种具有发展前途的建筑装饰材料。

第一节 天然大理石建筑板材

天然大理石是一种变质岩，它是由石灰岩、白云岩、方解石、蛇纹石等在高温、高压作用下变质而生成，其结晶主要由方解石和白云石组成，其成分以碳酸钙为主。

一、天然大理石建筑板材

根据现行国家标准《天然大理石建筑板材》（GB/T 19766—2005）中的规定，本标准适用于建筑装饰用天然大理石建筑板材，其他用途的天然大理石建筑板材可参照采用。

天然大理石建筑板材的规格尺寸允许偏差，应符合表 2-1 中的规定。

天然大理石建筑板材的规格
尺寸允许偏差

表 2-1

项　　目				允许偏差(mm)		
				优等品	一等品	合格品
规格尺寸允许偏差	普通型板材	长度、宽度		0，−1.0		0，−1.5
		厚度(mm)	≤12	±0.5	±0.8	±1.0
			>12	±1.0	±1.5	±2.0
		干挂板材厚度(mm)		+2.0，0		+3.0，0
	圆弧型板材	壁厚		≥20		
		弦长		0，−1.0		0，−1.5
		高度		0，−1.0		0，−1.5
平面度允许公差	普通型板材	板材长度(mm)	≤400	0.2	0.3	0.5
			>400～≤800	0.5	0.6	0.8
			>800	0.7	0.8	1.0
	圆弧型板材	直线度(按板材高度)	≤800	0.8	1.0	1.2
			>800	0.8	1.0	1.2
		线轮廓度		0.8	1.0	1.2

项 目			允许偏差(mm)		
			优等品	一等品	合格品
角度允许公差	普通型板材	板材长度(mm) ≤400	0.3	0.4	0.5
		板材长度(mm) >400	0.4	0.5	0.7
		拼缝板正面与侧面夹角	≤90°		
	圆弧型板材	角度允许公差(mm)	0.4	0.6	0.8
		侧面角	≥90°		

天然大理石建筑板材的正面外观质量，应符合表 2-2 中的规定。

天然大理石建筑板材的正面外观质量 表 2-2

缺陷名称	规定内容	优等品	一等品	合格品
裂纹	长度超过 10mm 的不允许条数(条)	0	0	0
缺棱	长度≤8mm，宽度≤1.5mm（长度≤4mm，宽度≤1mm 不计），每米长度允许个数(个)	0	1	2
缺角	沿板材边长顺延方向，长度≤3mm、宽度≤3mm（长度≤2mm、宽度≤2mm 不计），每块板的允许个数(个)			
色斑	面积≤6mm²（面积<2mm² 不计），每块板的允许个数(个)			

42

缺陷名称	规 定 内 容	优等品	一等品	合格品
砂眼	直径在 2mm 以下	0	不明显	有,不影响装饰效果

注:1. 同一批板材的色调应基本调和,花纹应基本一致。

2. 板材允许粘结和修补,粘结和修补后不影响板材的装饰效果和物理性能。

天然大理石建筑板材的物理力学性能,应符合表 2-3 中的规定。

天然大理石建筑板材的物理力学性能 表 2-3

项　　目		技术指标	项　　目	技术指标
体积密度(g/cm³)		≥2.30	吸水率(%)	≤0.50
干燥压缩强度(MPa)		≥50.0	耐磨度[①](1/cm³)	≥10
干燥	弯曲强度(MPa)	≥7.0	镜面板材的镜向光泽度	不低于 70 光泽度或供需双方协商
水饱和		≥7.0		

[①] 为了颜色和设计效果,以两块或多块天然大理石板材组合拼接时,耐磨度差异应不大于 5,建议适用于经受严重踩踏的阶梯、地面和月台使用的石材耐磨度最小为 12。

二、天然大理石荒料

根据现行的行业标准《天然大理石荒料》(JC/T 202—2011)中的规定,天然大理石荒料的外观质

43

量应符合下列要求：同一批天然大理石荒料的色调、花纹应基本一致。当出现明显的裂纹时，应扣除裂纹所造成荒料体积损失，扣除体积损失后每块荒料的规格尺寸，应符合其最小尺寸要求。

天然大理石荒料的物理性能，应符合表 2-4 中的规定。

天然大理石荒料的物理性能　　　表 2-4

项　　目		技术指标		
		方解石大理石荒料	白云石大理石荒料	蛇纹石大理石荒料
体积密度(g/cm³)		≥2.60	≥2.80	≥2.56
吸水率(%)		≤0.50	≤0.50	≤0.60
压缩强度，≥ (MPa)	干燥	52.0	52.0	69.0
	水饱和			
弯曲强度，≥ (MPa)	干燥	7.0	7.0	6.9
	水饱和			

第二节　天然花岗岩建筑板材

根据现行国家标准《天然花岗石建筑板材》(GB/T18601—2009) 中规定，天然花岗石建筑板材的加工质量要求，应符合表 2-5 中的规定；天然花岗石建筑板材正面外观质量，应符合表 2-6 中的规定。

表 2-5

天然花岗石建筑板材的加工质量（单位：mm）

项　目			具体要求					
			镜面和细面板材			粗面板材		
			优等品	一等品	合格品	优等品	一等品	合格品
规格尺寸允许偏差	毛光板	平面度	0.80	1.00	1.50	1.50	2.00	3.00
		厚度 ≤12	±0.5	±1.0	+1.0, -1.5	+1.0, -2.0	—	—
		厚度 >12	±1.0	±1.5	±2.0	±2.0	±2.0	+2.0, -3.0
	普通型板	长度、宽度	0,-1.0	0,-1.0	0,-1.5	0,-1.0	0,-1.0	0,-1.5
		厚度 ≤12	±0.5	±1.0	+1.0, -1.5	+1.0, -2.0	—	—
		厚度 >12	±1.0	±1.5	±2.0	±2.0	±2.0	+2.0, -3.0
		干挂板厚度 ≥	-1.0~+3.0					
	圆弧板	壁厚 ≥	18					
		弦长	0,-1.0		0,-1.5	0,-2.0		0,-2.0
		高度	0,-1.0		0,-1.0	0,-1.0		0,-1.5

项 目			具体要求					
			镜面和细面板材			粗面板材		
			优等品	一等品	合格品	优等品	一等品	合格品
平面度的允许公差	普通型板 板材长度 L	L≤400	0.20	0.35	0.50	0.60	0.80	1.00
		400<L<800	0.50	0.65	0.80	1.20	1.50	1.80
		>800	0.70	0.85	1.00	1.50	1.80	2.00
	圆弧板 直线度（按板材高度）	≤800	0.80	1.00	1.20	1.00	1.20	1.50
		>800	1.00	1.00	1.50	1.50	1.50	2.00
	线轮廓度		0.80	1.00	1.20	1.00	1.50	2.00
角度允许公差	普通型板 板材长度 L	L≤400	0.30	0.50	0.80	0.30	0.50	0.80
		L>400	0.40	0.60	1.00	0.40	0.60	1.00
	拼缝板正面与侧面夹角		≤90°					
	圆弧板 侧面角 α		≥90°					
镜面板板材的镜向光泽度			不低于 80 光泽单位，特殊需要和圆弧板由供需双方协商确定					

46

天然花岗石建筑板材正面外观质量　表 2-6

缺陷名称	规定内容	具体要求		
		优等品	一等品	合格品
裂纹	长度不超过两端顺延至板边总长度的 1/10(长度＜20mm 的不计),每块板的允许条数(条)	不允许	1	2
缺棱	长度≤10mm,宽度≤1.2mm(长度≤5mm,宽度≤1mm 不计),周边每米长度允许个数(个)			
缺角	沿板材边长,长度≤3mm、宽度≤3mm(长度≤2mm、宽度≤2mm 不计),每块板的允许个数(个)			
色斑	面积≤15mm×30mm(面积＜10mm×10mm 不计),每块板的允许个数(个)		2	3
色线	长度不超过两端顺延至板边总长度的 1/10(长度＜40mm 的不计),每块板的允许条数(条)			

注：干挂板材不允许有裂纹存在。

　　天然花岗石建筑板材的物理性能及放射性,应符合表 2-7 中的规定。

天然花岗石建筑板材的物理性能及放射性　表2-7

项　　目		技术指标	
		一般用途	功能用途
体积密度(g/cm³)		≥2.56	≥2.56
吸水率(%)		≤0.60	≤0.40
压缩强度 (MPa)	干燥	≥100.0	≥131.0
	水饱和		
弯曲强度 (MPa)	干燥	≥8.0	≥8.3
	水饱和		
耐磨性①(1/cm³),≥		25	25
特殊要求		工程对物理性能指标有特殊要求的, 按工程要求执行	
放射性		应符合《建筑材料放射性核素限量》 (GB 6566—2010)的规定	

①使用地面、楼梯踏步、台面等严重踩踏或磨损部位的
应检此项。

第三节　天然砂岩建筑板材

根据现行国家标准《天然砂岩建筑板材》
(GB/T 23452—2009)中的规定,天然砂岩建筑板
材的加工质量应符合表2-8中的要求。

天然砂岩建筑板材的加工质量 　**表 2-8**

①毛板平面度公差和厚度偏差(mm)			
项目	优等品	一等品	合格品
厚度偏差 ≤12	±0.5	±0.8	±1.0
厚度偏差 >12	±1.0	±1.5	±2.0
平面度公差	1.50	1.80	2.00

②普通板规格尺寸允许偏差(mm)			
项目	优等品	一等品	合格品
长度、宽度	0，−1.0	0，−1.0	0，−1.5
厚度偏差 ≤12	±0.5	±0.8	±1.0
厚度偏差 >12	±1.0	±1.5	±2.0

③圆弧板规格尺寸允许偏差(mm)			
项目	优等品	一等品	合格品
弦长、高度	0，−1.0	0，−1.0	0，−1.5

注：圆弧板壁厚最小值应不小于 20mm

④普通板平面度的允许公差(mm)			
板材长度	优等品	一等品	合格品
≤400	0.60	0.80	1.00
400～800	1.20	1.50	1.80
>800	1.50	1.80	2.00

⑤圆弧板直线度与轮廓度的允许公差(mm)				
项目		优等品	一等品	合格品
直线度(按板材高度)	≤800	1.00	1.20	1.50
	>800	1.50	1.50	2.00
线轮廓度		1.00	1.50	2.00

⑥普通板材的角度允许公差(mm)			
项目	优等品	一等品	合格品
板材长度	优等品	一等品	合格品
≤400	0.30	0.50	0.80
>400	0.40	0.60	1.00

注：1. 圆弧板的端面角度允许公差：优等品为 0.40mm,
　　　一等品为 0.60mm，合格品为 0.80mm。

　　2. 普通板的拼缝板材正面与侧面的夹角不得大于 90°。

　　3. 圆弧板侧面角度应不小于 90°。

　　4. 板材的表面加工处理由供需双方协商确定。

　　天然砂岩建筑板材的外观质量，应符合表 2-9
中的规定。

天然砂岩建筑板材的外观质量　　　**表 2-9**

缺陷名称	规 定 内 容	优等品	一等品	合格品
裂纹	长度超过 10mm 的允许条数(条)	0	0	0

缺陷名称	规 定 内 容	优等品	一等品	合格品
缺棱	长度≤8mm、宽度≤1.5mm（长度≤4mm、宽度≤1mm不计），每米长度允许个数（个）	0	1	2
缺角	沿板材边长顺延方向，长度≤3mm、宽度≤3mm（长度≤2mm、宽度≤2mm不计），每块板的允许个数（个）			
色斑	面积≤6mm²（面积<2mm²不计），每块板的允许个数（个）			
砂眼	直径在2mm以下		不明显	有,不影响装饰效果

注：1. 对毛板的缺棱、缺角不做要求。

2. 同一批天然大理石荒料的色调、花纹应基本一致。

3. 板材允许粘结和修补，粘结和修补后不影响板材的装饰效果和物理性能。

天然砂岩建筑板材的物理力学性能，应符合表 2-10 中的规定。

天然砂岩建筑板材的物理力学性能 表 2-10

项　　目	技术指标		
	杂砂岩	石英砂岩	石英岩
体积密度（g/cm³），≥	2.00	2.40	2.56
吸水率（%），≤	8.0	3.0	1.0

项　目		技术指标		
		杂砂岩	石英砂岩	石英岩
压缩强度,≥ （MPa）	干燥	12.6	68.9	137.9
	水饱和			
弯曲强度,≥ （MPa）	干燥	2.4	6.9	13.9
	水饱和			
耐磨性(1/cm³),≥		2	8	8

注：1. 耐磨性仅适用在地面、楼梯踏步、台面等易磨损
　　　部位的砂岩石材。
　　2. 工程对天然砂岩建筑板材物理力学性能及项目有
　　　特殊要求的，按工程要求执行。

第四节　天然石灰石建筑板材

根据现行国家标准《天然石灰石建筑板材》（GB/T 23453—2009）中的规定，天然石灰石建筑板材的加工质量应符合表 2-11 中的要求；天然石灰石建筑板材的外观质量应符合表 2-12 中的要求；天然石灰石建筑板材的物理力学性能应符合表 2-13 中的要求。

天然石灰石建筑板材的加工质量　**表 2-11**

①毛板平面度公差和厚度偏差(mm)				
项目		优等品	一等品	合格品
厚度 偏差	≤12	±0.5	±0.8	±1.0
	>12	±1.0	±1.5	±2.0
平面度公差		0.80	1.00	1.50

52

②普通板规格尺寸允许偏差（mm）			
项目	优等品	一等品	合格品
长度、宽度	0，−1.0	0，−1.0	0，−1.5
厚度 偏差 ≤12	±0.5	±0.8	±1.0
>12	±1.0	±1.5	±2.0

③圆弧板规格尺寸允许偏差（mm）			
项目	优等品	一等品	合格品
弦长、高度	0，−1.0	0，−1.0	0，−1.5
注：圆弧板壁厚最小值应不小于20mm			

④普通板平面度的允许公差（mm）			
板材长度	优等品	一等品	合格品
≤400	0.20	0.30	0.50
400～800	0.50	0.60	0.80
>800	0.70	0.80	1.00

⑤圆弧板直线度与轮廓度的允许公差（mm）			
项目	优等品	一等品	合格品
直线度（按 板材高度） ≤800	0.60	0.80	1.00
>800	0.80	1.00	1.20
线轮廓度	0.80	1.00	1.20

⑥普通板材的角度允许公差（mm）			
板材长度	优等品	一等品	合格品
≤400	0.30	0.50	0.80
>400	0.40	0.60	1.00

注：1. 圆弧板的端面角度允许公差：优等品为0.40mm，
  一等品为0.60mm，合格品为0.80mm。

2. 普通板的拼缝板材正面与侧面的夹角不得大于90°。

3. 圆弧板侧面角度应不小于90°。

4. 板材的表面加工处理由供需双方协商确定。

天然石灰石建筑板材的外观质量　表 2-12

缺陷名称	规 定 内 容	优等品	一等品	合格品
裂纹	长度超过 10mm 的允许条数(条)	0	0	0
缺棱	长度≤8mm、宽度≤1.5mm(长度≤4mm、宽度≤1mm 不计),每米长度允许个数(个)	0	1	2
缺角	沿板材边长顺延方向,长度≤3mm、宽度≤3mm(长度≤2mm、宽度≤2mm 不计),每块板的允许个数(个)			
色斑	面积≤6mm²(面积<2mm²不计),每块板的允许个数(个)			
砂眼	直径在 2mm 以下		不明显	有,不影响装饰效果

注: 1. 对毛板的缺棱、缺角不做要求。
　　2. 同一批天然大理石荒料的色调、花纹应基本一致。
　　3. 板材允许粘结和修补,粘结和修补后不影响板材的装饰效果和物理性能。

天然石灰石建筑板材的物理力学性能　表 2-13

项　　目		技术指标		
		低密度石灰石	中密度石灰石	高密度石灰石
吸水率(%),≤		12.0	7.5	3.0
压缩强度,≥(MPa)	干燥	12.0	28.0	55.0
	水饱和			

54

项　目		技术指标		
		低密度 石灰石	中密度 石灰石	高密度 石灰石
弯曲强度，≥ （MPa）	干燥	2.9	3.4	6.9
	水饱和			
耐磨性(1/cm³)，≥		10	10	10

注：1. 耐磨性仅适用在地面、楼梯踏步、台面等易磨损
　　部位的砂岩石材。

2. 工程对天然石灰石建筑板材物理力学性能及项目
　　有特殊要求的，按工程要求执行。

第五节　天然板石建筑板材

根据现行国家标准《天然板石》（GB/T
18600—2009）中的规定，天然板石建筑板材
饰面板和瓦板的外观缺陷应符合表 2-14 中的要
求；饰面板和瓦板规格尺寸允许偏差应符合表
5-15 中的要求；天然板石建筑板材平整度和角
度允许偏差应符合表 2-16 中的要求；天然板石
建筑板材的物理化学性能应符合表 2-17 中的
要求。

天然板石建筑板材饰面板和
瓦板的外观缺陷　　　　　表 2-14

板材种类	缺陷名称	规 定 内 容	技术指标	
			一等品	合格品
饰面板	缺角	沿板材边长顺延方向,长度≤5mm、宽度≤5mm(长度≤2mm、宽度≤2mm 不计),每块板的允许个数(个)	1	2
	色斑	面积不超过 15mm×15mm(面积小于 5mm×5mm 不计),每块板的允许个数(个)	0	2
	裂纹	贯穿于其厚度方向的裂纹	不允许	
	人工凿痕	劈分板石时产生的明显加工痕迹	不允许	
	台阶高度	装饰面上阶梯部分的最大高度	≤3mm	≤5mm
瓦板	缺角	沿板材边长,长度不大于边长的 8%(长度小于边长 3%的不计),每块板上允许个数(个)	2	2
	白斑	面积不超过 15mm×15mm(面积小于 5mm×5mm 不计),每块板的允许个数(个)	0	2

56

板材种类	缺陷名称	规定内容	技术指标	
			一等品	合格品
瓦板	人工凿痕	劈分板石时产生的明显加工痕迹	不允许	不允许
	裂纹	可见裂纹和隐含裂纹	不允许	不允许
	台阶高度	装饰面上阶梯部分的最大高度	≤1mm	≤2mm
	崩边	打边处理时产生的边缘损失	宽度≤15mm	

饰面板和瓦板规格尺寸允许偏差　　表 2-15

板材种类	项目		技术指标	
			一等品	合格品
饰面板	长度、宽度（mm）	≤300	±1.0	±2.0
		>300	±2.0	±3.0
	厚度（定厚板）		±2.0	±3.0
瓦板	长度、宽度（mm）	≤300	±1.5	±1.5
		>300	±2.0	±3.0
	单块板材厚度（mm）		±1.0	±1.5
	100块板材厚度变化率（%）≤	厚度≤5mm	15	20
		厚度>5mm	20	25

注：1. 定厚度是指合同中对厚度有规定要求的板材。
　　2. 同一块板材的厚度允许极差为：饰面板（定厚板）3mm；瓦板 1.5mm。

天然板石建筑板材平整度和角度允许偏差　表 2-16

项　　目		技术指标			
		饰面板		瓦板	
		一等品	合格品	一等品	合格品
平整度 （mm）	长度≤300	1.5	3.0	不超过 长度的 0.5%	不超过 长度的 0.5%
	长度＞300	2.0	4.0		
角度 （mm）	长度≤300	1.0	2.0	不超过 长度的 0.5%	不超过 长度的 1.0%
	长度＞300	1.5	3.0		

天然板石建筑板材的物理化学性能　表 2-17

饰面板的物理化学性能

项　　目	技术指标			
	室内用		室外用	
	C_1类	C_2类	C_3类	C_4类
弯曲强度（MPa），≥	10.0	50.0	20.0	62.0
吸水率（%），≤	0.45		0.25	
耐气候性软化深度（mm），≤	0.64			
耐磨性（$1/cm^3$），≥	8.0			

瓦板的物理化学性能

项目	R_1类	R_2类	R_3类
吸水率（%），≤	0.25	0.36	0.45
破坏荷载（N），≥	1800		
耐气候性软化深度（mm），≤	0.36		

注：1. 耐磨性仅适用在地面、楼梯踏步、台面等易磨损
　　　部位的砂岩石材。
　　2. 工程对天然石灰石建筑板材物理力学性能及项目
　　　有特殊要求的，按工程要求执行。

第六节　人造装饰石材

人造石材是以不饱和聚酯树脂为胶粘剂，配以天然大理石或方解石、白云石、硅砂、玻璃粉等无机物粉料，以及适量的阻燃剂、颜色等，经配料混合、瓷铸、振动压缩、挤压等方法成型固化制成的。按照制造原料不同人造石材主要可分为：树脂型人造石材、复合型人造石材、水泥型人造石材和烧结型人造石材四大类。

与天然石材相比，人造石具有色彩艳丽、光洁度高、颜色均匀一致，抗压耐磨、韧性好、结构致密、坚固耐用、比重轻、不吸水、耐侵蚀风化、色差小、不褪色、放射性低等优点。具有资源综合利用的优势，在环保节能方面具有不可低估的作用，也是名副其实的建材绿色环保产品。已成为现代建筑首选的饰面材料。

一、人造石

现行行业标准《人造石》（JC/T 908—2013）中规定，人造石是指以高分子聚合物或两者混合物为粘合材料，以天然石材碎（粉）料和或天然石英石（砂、粉）或氢氧化铝粉等为主要原材料，加入颜料及其他辅助剂，经搅拌混合、凝结固化等工序复合而成的材料，统称人造石。主要包括人造实体面材、人造石石英石和人造石岗石等。

人造实体面材简称为实体面材，是指以甲基丙烯酸甲酯（俗称亚克力）为基体，主要氢氧化铝为填料，加入颜料及其他辅助剂，经浇筑成型或真空模塑或模压成型的人造石，学名称为矿物填充型高分子复合材料。

人造石石英石简称为石英石或人造石英石，是指以天然石英石（砂、粉）、硅砂、尾矿渣等无机材料（其主要成分为二氧化硅），以高分子聚合物或两者混合物为粘合材料制成的人造石，俗称为石英微晶合成装饰板或人造硅晶石。

人造石岗石简称为岗石或人造大理石，是指以大理石、石灰石等的碎料、粉料为主要原料，以高分子聚合物或两者混合物为粘合材料制成的人造石。

人造实体面材、人造石石英石和人造石岗石按照相应条件，均可分为优等 A 级和合格 B 级两个等级。

（一）人造石的规格尺寸

根据现行行业标准《人造石》（JC/T 908—2013）中规定，人造石的规格尺寸应符合表 2-18 中的要求。

人造石的规格尺寸（单位：mm） 表 2-18

人造石类别	项目	技术指标
人造实体面材	标准规格	人造实体面材分为三种标准规格尺寸(长度×宽度×厚度)： Ⅰ型：2440×760×6.0； Ⅱ型：2440×760×12.0； Ⅲ型：3050×760×12.0
人造石石英石（矩形板）	边长	400、600、760、800、900、1000、1200、1400、1450、1500、1600、2000、2400(2440)、3000、3050、3600
	厚度	8、10、12、15、16、18、20、25、30
人造石岗石（矩形板）	边长	400、600、800、900、1000、1200
	厚度	12、15、16、16.5、18、20、30

（二）人造石的具体要求

根据现行行业标准《人造石》（JC/T 908—2013）中规定，人造实体面材、人造石石英石和人造石岗石的具体要求应符合表 2-19 中的规定。

人造实体面材、人造石石英石和
人造石岗石的具体要求 表 2-19

要　　求	人造石种类		
	人造实体面材	人造石石英石	人造石岗石
尺寸偏差	√	√	√
外观质量	√	√	√

要 求	人造石种类		
	人造实体 面材	人造石石 英石	人造石 岗石
巴氏硬度	√	—	—
莫氏硬度	—	√	√
荷载变形和冲击韧性	√	—	—
吸水率	—	√	√
落球冲击	√	√（仅限用 于台面时）	√
弯曲性能	√	√	√
压缩强度	—	√	√
耐磨性	√	√	√
线性膨胀系数	√	√	√
色牢度与老化性能	√		
光泽度		√	√
放射性防护 分类控制	√	√	√
耐污染性	√	√（仅限用 于台面时）	—
耐燃烧性能	√	—	—
耐化学药品性	√	√（仅限用 于台面时）	

要　　求	人造石种类		
	人造实体面材	人造石石英石	人造石岗石
耐热性	√	√（仅限用于台面时）	—
耐高温性能	√	√（仅限用于台面时）	—

注："√"表示有要求；"—"表示无要求。

（三）人造石的尺寸偏差

1. 人造实体面材的尺寸偏差

（1）规格尺寸偏差。人造实体面材规格尺寸偏差应符合下列要求：①长度和宽度偏差允许值为规定尺寸的 0%～0.3%；②厚度偏差的允许值为：大于 6mm 的，不大于±0.3mm；不大于 6mm 的，不大于±0.2mm；③其他产品的厚度偏差的允许值应不大于规定厚度的±3%。

（2）对角线偏差。同一块板材对角线最大差值不大于 5mm。

（3）平整度要求。①Ⅰ型和Ⅲ型实体面板：不大于 0.5mm；②Ⅱ型实体面板：不大于 0.3mm；③其他产品的平整度偏差的允许值应不大于规定厚度的±3%。

（4）边缘不直度。板材边缘不直度，不大于1.5mm/m。

2. 人造石石英石的尺寸偏差

人造石石英石的规格尺寸偏差应符合表 2-20中的要求；人造石石英石的角度公差应符合表 2-21中的要求；人造石石英石的平整度应符合表 2-22中的要求；人造石石英石的边缘不直度应符合表 2-23中的要求。

人造石石英石的规格尺寸
偏差（单位：mm）　　　　表 2-20

项　　目	技术指标	
	A 级	B 级
板材边长	0，−1.0	0，−1.5
板材厚度	+1.5，−1.5	+1.8，−1.8

人造石石英石的角度公差　　　表 2-21

板材长度（L）（mm）	技术指标（mm/m）	
	A 级	B 级
L≤400	≤0.30	≤0.60
400<L≤800	≤0.40	≤0.80
L>800	≤0.50	≤0.90

人造石石英石的平整度　　表 2-22

板材长度（L） （mm）	技术指标（mm/m）	
	A 级	B 级
L≤400	≤0.20	≤0.40
400<L≤800	≤0.50	≤0.70
800<L≤1200	≤0.70	≤0.90
L >1200	由供需双方商定	

人造石石英石的边缘不直度　　表 2-23

板材边长（m）	<1.2	板材边长（m）	≥1.2
边缘不直度 （mm/m）	1.5	边缘不直度 （mm/m）	由供需双方商定

3. 人造石岗石的尺寸偏差

人造石岗石板材的规格尺寸偏差、角度公差、平整度和边缘不直度与人造石石英石板材完全相同。

（四）人造石的外观质量

人造实体面材的外观质量应符合表 2-24 中的要求；人造石石英石的外观质量应符合表 2-25 中的要求；人造石岗石的外观质量应符合表 2-26 中的要求。

人造实体面材的外观质量　　表 2-24

项　　目	技　术　指　标
色泽	色泽均匀一致,不得有明显的色差
板边	板材四边平整,表面不得有缺棱掉角的现象
花纹图案[a]	图案清晰,花纹明显;对花纹图案有特殊要求的,由供需双方商定
表面	光滑平整、无波纹、无刮痕、无裂纹,不允许有气泡及大于 0.5mm 的杂质
拼接[b]	拼接处不得有可察觉的接驳痕

　[a] 仅适用于有花纹图案的产品;

　[b] 仅适用于有拼接的产品。

人造石石英石的外观质量　　表 2-25

名称	规　定　内　容	技术指标	
		A 级	B 级
缺棱	长度不超过 10mm,宽度不超过 1.2mm(长度不大于 5mm,宽度不大于 1mm 不计),周边每米长允许个数(个)	0	≤2 (总数或分数)
缺角	面积不超过 5mm×2mm(面积小于 2mm×2mm 不计),每块板允许个数(个)		
气孔	直径不大于 1.5mm(小于 0.3mm 的不计),板材正面每平方米允许个数(个)		

66

名称	规定内容	技术指标	
		A 级	B 级
裂纹	板材正面不允许出现,但不包括填料中石粒(块)自身带来的裂纹和仿天然石裂纹;底面裂纹不能影响板材的力学性能		

注:板材允许修补,修补后不得影响板材装饰质量和物理性质。

人造石岗石的外观质量　　　　表 2-26

名称	规定内容	技术指标	
		A 级	B 级
缺棱	长度不超过 10mm,宽度不超过 1.2mm(长度不大于 5mm,宽度不大于 1mm 不计),周边每米长允许个数(个)	0(允许修补)	≤1
缺角	面积不超过 5mm×2mm(面积小于 2mm×2mm 不计),每块板允许个数(个)		≤2
气孔	最大直径不大于 1.5mm(小于 0.3mm 的小计),板材正面每平方米允许个数(个)		≤1
裂纹	不允许出现,但不包括填料中石粒(块)自身带来的裂纹和仿天然石裂纹		

注:大骨料产品外观缺陷由供需双方商定。

（五）人造石的硬度要求

（1）巴氏硬度。实体面材 PMMA 类（压克力类）：A 级不小于 65、B 级不小于 60；实体面材 UPR 类（不饱和类）：A 级不小于 60、B 级不小于 55。

（2）莫氏硬度。石英石的莫氏硬度不小于 5；岗石的莫氏硬度不小于 3。

（六）人造石的荷载变形和冲击韧性

Ⅰ、Ⅲ 型实体面材最大残余挠度值不应超过 0.25mm，试验后表面不得有破裂；Ⅱ型板和Ⅳ型板中厚度小于 12.0mm 时不要求此性能。实体面材冲击韧性不小于 $4.0kJ/m^2$。

（七）人造石的吸水率要求

石英石的吸水率应小于 0.20%；岗石的吸水率应小于 0.35%。

（八）人造石的落球冲击性能

（1）实体面材。450g 钢球，A 级品的冲击高度不低于 2000mm，B 级品的冲击高度不低于 1200mm，样品不破损。

（2）石英石。石英石用于台面时，450g 钢球，A 级品的冲击高度不低于 1200mm，B 级品的冲击高度不低于 800mm，样品不破损。石英石用于墙面和地面时，225g 钢球，1200mm 高度自由落下，

68

样品不破损。

（3）岗石。225g 钢球，800mm 高度自由落下，样品不破损。

（九）人造石的弯曲性能要求

（1）实体面材。实体面材的弯曲强度不小于 40MPa，弯曲弹性模量不小于 6.5GPa。

（2）石英石。石英石的弯曲强度不小于 35MPa。

（3）岗石。岗石的弯曲强度不小于 15MPa。

（十）人造石的压缩强度要求

石英石的压缩强度不小于 150MPa，岗石的压缩强度不小于 80MPa。

（十一）人造石的耐磨性要求

（1）实体面材。实体面材的耐磨性不大于 0.6g。

（2）石英石。石英石的耐磨性不大于 300mm²。

（3）岗石。岗石的耐磨性不大于 500mm²。

（十二）人造石的线性热膨胀系数

（1）实体面材。实体面材的线性热膨胀系数不大于 5.0×10^{-5}℃$^{-1}$。

（2）石英石。石英石的线性热膨胀系数不大于 3.5×10^{-5}℃$^{-1}$。

（3）岗石。岗石的线性热膨胀系数不大于 4.0×10^{-5}℃$^{-1}$。

（十三）人造石的色牢度与老化性能

实体面材试样与控制样品比较，不得呈现任何破裂、裂缝、气泡或表面质感变化。试样与控制样品间的色差不应超过 2CIE 单位。

（十四）人造石的光泽度要求

石英石镜面板材镜向光泽度：高光板大于 70，其他镜面板材镜向光泽度要求由供需双方商定；岗石镜面板材镜向光泽度：高光板大于 70，40＜光板≤70，20＜低光板≤40。其他镜面板材镜向光泽度要求由供需双方商定。

（十五）人造石的放射性防护分类控制

人造石的放射性应符合《建筑材料放射性核素限量》（GB 6566—2010）中 A 类的规定。

（十六）人造石的耐污染性要求

（1）实体面材。实体面材试样耐污值总和不大于 64，最大污迹深度不大于 0.12mm。

（2）石英石。当用作台面材料时，石英石耐污值总和不大于 64，最大污迹深度不大于 0.12mm；用于非台面材料的石英石，其耐污染性由供求双方商定。

（十七）人造石的耐燃烧性能

（1）实体面材香烟燃烧。实体面材与香烟接触过程中，或在此之后，不得有明火燃烧或阴燃。任

70

何形式的损坏不得影响产品的使用性，并可通过研磨剂和抛光剂大致恢复至原状。

（2）实体面材阻燃性能。实体面材的阻燃性能以氧指数评定，要求不小于40。

（十八）人造石的耐化学药品性

（1）实体面材。实体面材试样表面应无明显损伤，轻度损伤用600目砂纸轻擦即可除去，损伤程度应不影响板材的使用性，并易恢复至原状。

（2）石英石。当用作台面材料时，石英石试样表面应无明显损伤，轻度损伤用600目砂纸轻擦即可除去，损伤程度应不影响板材的使用性，并易恢复至原状。无破裂、裂缝或起泡。任何变色采用研磨剂和抛光剂可除去并接近板材原状，并不影响板材的使用。用于非台面材料的石英石，其耐化学药品性由供求双方商定。

（十九）人造石的耐高温性能

（1）实体面材。实体面材试样表面应无破裂、裂缝或起泡等显著影响。表面缺陷易打磨恢复至原状，并不影响板材的使用。进行仲裁时，修复后样品与试验前样品的色差应不超过2CIE单位。

（2）石英石。当用作台面材料时，石英石试样表面应无破裂、裂缝或起泡。任何变色采用研磨剂和抛光剂可除去并接近板材原状，并不影响板材的使用。进行仲裁时，修复后样品与试验前样品的色差应不超过 2CIE 单位；用于非台面材料的石英石，其耐高温性能耐由供求双方商定。

（二十）人造石的耐热性能

（1）实体面材。实体面材试样表面应无破裂、裂缝或起泡。任何变色采用研磨剂和抛光剂可除去并接近板材原状，并不影响板材的使用。进行仲裁时，修复后样品与试验前样品的色差应不超过 2CIE 单位。

（2）石英石。当用作台面材料时，石英石试样表面应无破裂、裂缝或起泡。任何变色采用研磨剂和抛光剂可除去并接近板材原状，并不影响板材的使用。进行仲裁时，修复后样品与试验前样品的色差应不超过 2CIE 单位；用于非台面材料的石英石，其耐加热性由供求双方商定。

二、建筑装饰用水磨石

根据现行行业标准《建筑装饰用水磨石》（JC/T 507—2012）中的规定，建筑装饰用水磨石是指以水泥或水泥和树脂的混合物为胶粘剂、以天然碎石和砂或石粉为主要骨料，经搅拌、振动或压制成型、养护，表面经研磨和/或抛光等工序制作而成的建筑装饰材料。一般可分为普通水磨石（P）、水泥人造石（R）、不发火水磨石（BH）、洁净水磨石

(JS)、防静电水磨石（FJ）等。

根据现行行业标准《建筑装饰用水磨石》（JC/T 507—2012）中的规定，预制水磨石的常用规格尺寸应符合表 2-27 中的要求；水磨石装饰面的外观缺陷技术要求见表 2-28；有图案水磨石磨光面越线和图案偏差技术要求见表 2-29；预制水磨石的尺寸允许偏差、平面度、角度允许极限公差应符合表 2-30 中的要求；水磨石的物理力学性能应符合表 2-31 中的要求。

预制水磨石的常用规格

尺寸（单位：mm） 表 2-27

项　目	技术指标						
长度	300	305	400	500	600	800	1200
宽度	300	305	400	500	600	800	—

注：其他规格尺寸由设计使用部门与生产厂共同议定。

水磨石装饰面的外观缺陷技术要求 表 2-28

缺陷名称	技术要求	
	普通水磨石	水泥人造石
裂缝	不允许	不允许
返浆、杂质	不允许	不允许
色差、划痕、杂石、气孔	不明显	不明显
边角缺损	不允许	不允许

73

有图案水磨石磨光面越线和

图案偏差技术要求　　　表 2-29

缺陷名称	技术要求	
	普通水磨石	水泥人造石
图案偏差	≤3mm	≤2mm
越线	越线距离≤2mm， 长度≤10mm,允许 2 处	不允许

预制水磨石的尺寸允许偏差、平面度、角度

允许极限公差（单位：mm）　　　表 2-30

类别	长度、宽度		厚度		平面度		角度	
	普通水磨石	水泥人造石	普通水磨石	水泥人造石	普通水磨石	水泥人造石	普通水磨石	水泥人造石
Q	0，−1	0，−1	+1，−2	±1	0.8	0.6	0.8	0.6
D	0，−1	0，−1	±2	+1，−2	0.8	0.6	0.8	0.6
T	±2	±1	±2	+1，−2	1.5	1.0	1.0	0.8
G	±3	±2	±2	+1，−2	2.0	1.5	1.5	1.0

水磨石的物理力学性能　　　表 2-31

项　目		技术要求	
		普通水磨石	水泥人造石
抗折强度(MPa)	平均值	≥5.0	≥10.0
	最小值	≥4.0	≥8.0

74

项　　目	技术要求	
	普通水磨石	水泥人造石
吸水率(%)	≥8.0	≥4.0
光泽度(光泽单位)	≥25	≥60

水磨石的其他功能性性能应符合下列要求：

（1）地面用的水磨石耐磨度应大于等于1.5。

（2）有防滑要求的水磨石的防滑等级应符合下列要求或设计要求：①通常情况下，防滑等级应不低于1级；②对于室内老人、儿童、残疾人等活动较多的场所，防滑等级应达到2级；③对于室内易浸水的地面，防滑等级应达到3级；④对于室内有设计坡度的干燥地面，防滑等级应达到2级，有设计坡度易浸水的地面，防滑等级应达到4级；⑤对于室外有设计坡度的地面，防滑等级应达到4级，其他室外地面的防滑等级应达到3级；⑥石材地面工程的防滑等级指标要求见表2-32。

石材地面工程的防滑等级指标要求　　表2-32

防滑等级	0	1	2	3	4
抗滑值 F_B	$F_B<25$	$25≤F_B<35$	$35≤F_B<45$	$45≤F_B<55$	$F_B>55$
摩擦系数			≥0.50		

（3）防静电型水磨石的防静电性能应达到 GJB 3007A 防静电工作区技术要求。

（4）不发火水磨石的不发火性能应达到《建筑地面工程施工质量验收规范》（GB 50209—2010）中附录 A 的要求。

（5）水磨石的耐污染性能应符合设计要求。

（6）洁净水磨石的空气洁净度等级应符合设计要求。

三、微晶石材

微晶石材又称微晶玻璃，它作为豪华建筑装饰的新型高档装饰材料，正逐渐受到设计和使用单位的青睐。微晶石材既不是传统意义上用来采光的玻璃材料，也不是用于玻璃幕墙的装饰玻璃，而是一种全部用天然材料制成的人造石材，是一种新研制成功的高级装饰材料，较天然花岗石具有更灵活的装饰设计和更佳的装饰效果。

微晶玻璃装饰板的成分与天然花岗石基本相同，均属于硅酸盐质材料。这种新型材料除具有比天然石材具有更高的强度、耐蚀性和耐磨性外，还具有吸水率小（0%～0.1%）、无放射性污染、颜色可随意调整、色调均匀一致、光泽柔和晶莹、表面洁白无瑕、规格大小可控制、能生产弧形板等优点。

微晶玻璃板的技术性能在很多方面优于大理石和花岗岩，微晶玻璃板与大理石、花岗岩饰面板主要性能比较，如表 2-33 所示。

微晶玻璃板与大理石、花岗石
饰面板主要性能比较　　　　表 2-33

主　要　性　能	微晶石板	大理石板	花岗石板
密度（g/cm³）	2.70	2.70	2.70
抗压强度（MPa）	300~549	60~150	100~300
抗折强度（MPa）	40~60	8~15	10~20
莫氏硬度	65	3~5	5.5
吸水率（%）	0~0.1	0.30	0.35
扩散反射率（%）	89	59	66
耐酸性（1%H_2SO_4）（%）	0.08	10.3	1.0
耐碱性（1%NaOH）（%）	0.05	0.30	0.10
热膨胀系数（10^{-7}/℃）	62	80~200	50~150
耐海水性（mg/cm²）	0.08	0.19	0.17
抗冻性（%）	0.028	0.23	0.25

第三章　建筑装饰陶瓷

陶瓷材料系以黏土等为主要原料，经配料、混合、制坯、干燥、焙烧等工艺而制成。陶瓷是陶器、炻器和瓷器的总称。陶瓷材料按原料和烧制温度不同，可分为陶器、瓷器和炻器。陶瓷材料按其用途不同，可以分为建筑陶瓷、卫生陶瓷、美术陶瓷、园林陶瓷、日用陶瓷、特种陶瓷、电子陶瓷和陶瓷机械等8种。

第一节　装饰内墙面砖

内墙面砖又称釉面砖、陶瓷砖或瓷片，它是用瓷土或优质陶土为主要原料，加入一定量非可塑性掺和料和助熔剂，共同研磨成浆体，经榨泥、烘干成为含有一定水分的坯料之后，通过模具压制成薄片坯体，再经烘干、素烧、施釉、釉烧而制成。

内墙面砖是用于建筑物内墙面装饰的薄板状精陶制品。装饰内墙面砖的结构由两部分组成，即坯体和表面釉彩层。表面施釉，制品经烧成后表面细腻、平滑、光亮，颜色丰富多彩，图案五彩缤纷，极富有装饰性；耐水性、耐蚀性好，强度较高，不易玷污，易于清洗。

工程实践证明：内墙面砖（陶瓷砖）是一种性能优良、价格适宜的内墙装饰材料。内墙面砖除了具有装饰功能外，还具有防火、耐水、抗腐蚀等功能。釉面砖的主要种类及特点，如表 3-1 所示。

釉面砖的主要种类及特点　　　　表 3-1

釉面砖种类		代号	主 要 特 点
白色釉面砖		FJ	色纯白、釉面光亮、清洁大方
彩色釉面砖	有光彩色釉面砖	YG	釉面光亮晶莹、色彩丰富雅致
	无光彩色釉面砖	SHG	釉面半无光、不晃眼、色泽一致、柔和
装饰釉面砖	花釉砖	HY	系在同一砖上施以多种彩釉，经高温烧成。色釉互相渗透，花纹千姿百态，装饰效果良好
	结晶釉砖	JJ	晶化辉映，纹理多姿
	斑纹釉砖	BW	斑纹釉面，丰富多彩
	理石釉砖	LSH	具有天然大理石花纹，颜色丰富，美观大方
图案砖	白地图案砖	BT	系在白色釉面砖上装饰各种图案，经高温烧成。纹样清晰，色彩明朗
	色地图案砖	YGT DYGT SHGT	系在有光或无光的彩色釉面砖上，装饰各种图案，经高温烧成。具有浮雕、缎光、绒毛、彩漆等效果

釉面砖种类		代号	主 要 特 点
字画釉面砖	瓷砖画	—	以各种釉面砖拼成各种瓷砖画,或根据已有画稿烧成釉面砖,拼成各种瓷砖画,清晰美观,永不褪色
	色釉陶瓷字	—	以各种包釉、瓷土烧制而成,色彩丰富,光亮美观,永不褪色

一、陶瓷砖

现行国家标准《陶瓷砖》(GB/T 4100—2015)中规定,陶瓷砖系指由黏土砖和其他无机非金属原料制造的用于覆盖墙面和地面的薄板制品。陶瓷砖是在室温下通过挤压或干压或其他方法成型、干燥后,在满足性能要求的温度下烧制而成。陶瓷砖可分为有釉(GL)和无釉(UGL),而且是不可燃、不怕光的。

陶瓷砖按成型方法和吸水率分类见表 3-2,陶瓷砖的技术要求见表 3-3~表 3-5。

陶瓷砖按成型方法和吸水率分类　表 3-2

吸水率 成型方法	低吸水率	中吸水率		高吸水率
	Ⅰ类 $E \leqslant 3\%$	Ⅱa 类	Ⅱb 类	类
A(挤压)	AⅠ类	AⅡa1 类[①]	AⅡb1 类[①]	AⅢ类
		AⅡa2 类	AⅡb2 类	

80

吸水率 / 成型方法	低吸水率	中吸水率		高吸水率
	Ⅰ类 $E \leqslant 3\%$	Ⅱa类	Ⅱb类	类
B(干压)	BⅠa类,瓷质砖 $E \leqslant 0.5\%$	BⅡa类	BⅡb类	BⅢ类[②]
	BⅠb类,瓷质砖 $0.5\% < E \leqslant 3.0\%$			
C(其他)[③]	CⅠ类[③]	CⅡa类[③]	CⅡb类[③]	CⅢ类[③]

①AⅡa类和AⅡb类按照产品不同性能分为两个部分;

②BⅢ类仅包括有釉砖,此类不包括吸水率大于10%的干压成型无釉砖。

③《陶瓷砖》(GB/T 4100—2015)标准中不包括这类砖。

挤压陶瓷砖技术要求($E \leqslant 3\%$,AⅠ类) 表 3-3

尺寸和表面质量		精细	普通
长度和宽度	每块砖(2条或4条边)的平均尺寸相对于工作尺寸(W)的允许偏差(%)	±1.0% 最大±2mm	±2.0% 最大±4mm
	每块砖(2条或4条边)的平均尺寸相对于10块砖(20条或40条边)平均尺寸的允许偏差(%)	±1.0%	±1.5%
	制造商选择工作尺寸应满足以下要求: a. 模数砖名义尺寸连接宽度允许在 3～11mm[①];b. 非模数砖工作尺寸与名义尺寸之间的偏差不大于±3mm		

尺寸和表面质量		精细	普通
厚度： a. 厚度由制造商确定； b. 每块砖厚度的平均值相对于工作尺寸厚度的允许偏差(%)		±10%	±10%
边直度②（正面） 相对于工作尺寸的最大允许偏差(%)		±0.5%	±0.6%
直角度 相对于工作尺寸的最大允许偏差(%)		±1.0%	±1.0%
表面平整度最大允许偏差%	相对于由工作尺寸计算的对角线的中心弯曲度	±0.5%	±1.5%
	相对于工作尺寸的边弯曲度	±0.5%	±1.5%
	相对于由工作尺寸计算的对角线的中心翘曲度	±0.8%	±1.5%
表面质量③		至少95%的砖主要区域无明显缺陷	

物理性能		精细	普通
吸水率⑧（质量分数）		平均值≤3.0%，单值≤3.3%	平均值≤3.0%，单值≤3.3%
破坏强度（N）	厚度≥7.5mm	≥1100	≥1100
	厚度<7.5mm	≥600	≥600

82

物理性能		精细	普通
断裂模数(N/mm^2),不适用于破坏强度≥3000N 的砖		平均值≥23,单值≥18	平均值≥23,单值≥18
耐磨性	无釉地砖耐磨损体积(mm^3)	≤275	≤275
	有釉地砖表面耐磨性④	报告陶瓷砖耐磨性级别和转数	
线性热膨胀系数⑤	从环境温度到100℃	见《陶瓷砖》(GB/T 4100—2015)附录 Q	
抗热震性⑤		见《陶瓷砖》(GB/T 4100—2015)附录 Q	
有釉砖抗釉裂性⑥		经试验应无釉裂	
抗冻性⑤		见《陶瓷砖》(GB/T 4100—2015)附录 Q	
地砖摩擦因数		制造商应报告陶瓷地砖的摩擦因数和地砖试验方法	
湿膨胀(mm/m)		见《陶瓷砖》(GB/T 4100—2015)附录 Q	
小色差⑤		见《陶瓷砖》(GB/T 4100—2015)附录 Q	
抗冲击性⑤		见《陶瓷砖》(GB/T 4100—2015)附录 Q	
化学性能		精细	普通
耐污染性	a. 有釉砖	最低3级	最低3级
	b. 无釉砖⑦	见《陶瓷砖》(GB/T 4100—2015)附录 Q	

化学性能		精细	普通
抗化学腐蚀性	耐低浓度酸和碱 a. 有釉砖 b. 无釉砖⑦	制造商应报告耐化学腐蚀性等级	制造商应报告耐化学腐蚀性等级
	耐高浓度酸和碱⑤	见《陶瓷砖》 (GB/T 4100—2015)附录 Q	
	耐家庭化学试剂和 游泳池盐类 a. 有釉砖 b. 无釉砖⑦	不低于 GB 级 不低于 UB 级	不低于 GB 级 不低于 UB 级
	铅和镉的溶出量⑧	见《陶瓷砖》 (GB/T 4100—2015)附录 Q	

① 以非公制尺寸为基础的习惯用法也可用在同类型砖的连接宽度上；

② 不适用于有弯曲形状的砖；

③ 在烧成过程中，产品与标准板之间的微小色差是难免的。本条款不适用于在砖的表面有意制造的色差（表面可能是有釉的、无釉的或部分有釉的）或在砖的部分区域内为了突出产品的特点而希望的色差。用于装饰目的的斑点或色斑不能看作为缺陷；

④ 有釉地砖耐磨性分级可参照《陶瓷砖》(GB/T 4100—2015) 附录 P 的规定；

⑤ 表中所列"附录 Q"涉及项目不是所有产品都必检的，是否有必要对这些项目进行检验应按《陶瓷砖》(GB/T 4100—2015) 附录 Q 的规定确定；

⑥ 制造商对于为装饰效果而产生的裂纹应加以说明，这种情况下，标准规定的釉裂试验不适用；

⑦ 如果色泽有微小变化，不应算作化学腐蚀；

⑧ 吸水率最大单个值为 0.5% 的砖是全玻的砖（常被认为是不吸水的）。

84

挤压陶瓷砖技术要求（3%＜E≤6%，AⅡa类—第1部分）　　表3-4

尺寸和表面质量		精细	普通
长度和宽度	每块砖(2条或4条边)的平均尺寸相对于工作尺寸(W)的允许偏差(%)	±1.25% 最大±2mm	±2.00% 最大±4mm
	每块砖(2条或4条边)的平均尺寸相对于10块砖(20条或40条边)平均尺寸的允许偏差(%)	±1.0%	±1.5%
	制造商选择工作尺寸应满足以下要求： a. 模数砖名义尺寸连接宽度允许在3～11mm[①]；b. 非模数砖工作尺寸与名义尺寸之间的偏差不大于±3mm		
厚度： a. 厚度由制造商确定； b. 每块砖厚度的平均值相对于工作尺寸厚度的允许偏差(%)		±10%	±10%
边直度[②](正面) 相对于工作尺寸的最大允许偏差(%)		±0.5%	±0.6%
直角度 相对于工作尺寸的最大允许偏差(%)		±1.0%	±1.0%
表面平整度最大允许偏差%	相对于由工作尺寸计算的对角线的中心弯曲度	±0.5%	±1.5%
	相对于工作尺寸的边弯曲度	±0.5%	±1.5%
	相对于由工作尺寸计算的对角线的中心翘曲度	±0.8%	±1.5%

尺寸和表面质量	精细	普通
表面质量③	至少95％的砖主要区域 无明显缺陷	

物理性能		精细	普通
吸水率(质量分数)		3.0＜平均值 ≤6.0％， 单值≤6.5％	3.0＜平均值 ≤6.0％， 单值≤6.5％
破坏强度(N)	厚度≥7.5mm	≥950	≥950
	厚度＜7.5mm	≥600	≥600
断裂模数(N/mm²)，不适用于 破坏强度≥3000N的砖		平均值≥20， 单值≥18	平均值≥20， 单值≥18
耐磨性	无釉地砖耐磨损体积(mm³)	≤393	≤393
	有釉地砖表面耐磨性④	报告陶瓷砖耐磨性级别和转数	
线性热膨胀系数⑤	从环境温度到100℃	见《陶瓷砖》 (GB/T 4100—2015)附录Q	
抗热震性⑤		见《陶瓷砖》 (GB/T 4100—2015)附录Q	
有釉砖抗釉裂性⑥		经试验应无釉裂	
抗冻性⑤		见《陶瓷砖》 (GB/T 4100—2015)附录Q	
地砖摩擦因数		制造商应报告陶瓷地砖的摩 擦因数和地砖试验方法	

86

物理性能	精细	普通
湿膨胀(mm/m)	见《陶瓷砖》(GB/T 4100—2015)附录Q	
小色差⑤	见《陶瓷砖》(GB/T 4100—2015)附录Q	
抗冲击性⑤	见《陶瓷砖》(GB/T 4100—2015)附录Q	

化学性能		精细	普通
耐污染性	a. 有釉砖	最低3级	最低3级
	b. 无釉砖⑦	见《陶瓷砖》(GB/T 4100—2015)附录Q	
抗化学腐蚀性	耐低浓度酸和碱 a. 有釉砖 b. 无釉砖⑦	制造商应报告耐化学腐蚀性等级	制造商应报告耐化学腐蚀性等级
	耐高浓度酸和碱⑤	见《陶瓷砖》(GB/T 4100—2015)附录Q	
	耐家庭化学试剂和游泳池盐类 a. 有釉砖 b. 无釉砖⑦	不低于GB级 不低于UB级	不低于GB级 不低于UB级

物理性能	精细	普通
铅和镉的溶出量	见《陶瓷砖》(GB/T 4100—2015)附录 Q	

①以非公制尺寸为基础的习惯用法也可用在同类型砖的连接宽度上；

②不适用于有弯曲形状的砖；

③在烧成过程中，产品与标准板之间的微小色差是难免的。本条款不适用于在砖的表面有意制造的色差（表面可能是有釉的、无釉的或部分有釉的）或在砖的部分区域内为了突出产品的特点而希望的色差。用于装饰目的的斑点或色斑不能看作为缺陷；

④有釉地砖耐磨性分级可参照《陶瓷砖》(GB/T 4100—2015)附录 P 的规定；

⑤表中所列"附录 Q"涉及项目不是所有产品都必检的，是否有必要对这些项目进行检验应按《陶瓷砖》(GB/T 4100—2015)附录 Q 的规定确定；

⑥制造商对于为装饰效果而产生的裂纹应加以说明，这种情况下，标准规定的釉裂试验不适用；

⑦如果色泽有微小变化，不应算是化学腐蚀。

挤压陶瓷砖技术要求（3%<E≤6%，

AⅡa类—第2部分） 表 3-5

	尺寸和表面质量	精细	普通
长度和宽度	每块砖(2条或4条边)的平均尺寸相对于工作尺寸(W)的允许偏差(%)	±1.5%最大±2mm	±2.00%最大±4mm

88

尺寸和表面质量		精细	普通
长度和宽度	每块砖(2条或4条边)的平均尺寸相对于10块砖(20条或40条边)平均尺寸的允许偏差(%)	±1.5%	±1.5%
	制造商选择工作尺寸应满足以下要求：a. 模数砖名义尺寸连接宽度允许在3~11mm①；b. 非模数砖工作尺寸与名义尺寸之间的偏差不大于±3mm		
厚度：a. 厚度由制造商确定；b. 每块砖厚度的平均值相对于工作尺寸厚度的允许偏差(%)		±10%	±10%
边直度②(正面)相对于工作尺寸的最大允许偏差(%)		±0.5%	±0.6%
直角度相对于工作尺寸的最大允许偏差(%)		±1.0%	±1.0%
表面平整度最大允许偏差%	相对于由工作尺寸计算的对角线的中心弯曲度	±1.0%	±1.5%
	相对于工作尺寸的边弯曲度	±1.0%	±1.5%
	相对于由工作尺寸计算的对角线的中心翘曲度	±1.5%	±1.5%
表面质量③		至少95%的砖主要区域无明显缺陷	

89

物理性能		精细	普通
吸水率(质量分数)		3.0<平均值 ≤6.0%, 单值≤6.5%	3.0<平均值 ≤6.0%, 单值≤6.5%
破坏强度(N)	厚度≥7.5mm	≥800	≥800
	厚度<7.5mm	≥600	≥600
断裂模数(N/mm²),不适用于破坏强度≥3000N 的砖		平均值≥13, 单值≥11	平均值≥13, 单值≥11
耐磨性	无釉地砖耐磨损体积(mm³)	≤541	≤541
	有釉地砖表面耐磨性④	报告陶瓷砖耐磨性级别和转数	
线性热膨胀系数⑤	从环境温度到100℃	见《陶瓷砖》(GB/T 4100—2015)附录 Q	
抗热震性⑤		见《陶瓷砖》(GB/T 4100—2015)附录 Q	
有釉砖抗釉裂性⑥		经试验应无釉裂	
抗冻性⑥		见《陶瓷砖》(GB/T 4100—2015)附录 Q	
地砖摩擦因数		制造商应报告陶瓷地砖的摩擦因数和地砖试验方法	
湿膨胀(mm/m)		见《陶瓷砖》(GB/T 4100—2015)附录 Q	
小色差⑤		见《陶瓷砖》(GB/T 4100—2015)附录 Q	
抗冲击性⑤		见《陶瓷砖》(GB/T 4100—2015)附录 Q	

化学性能		精细	普通
耐污染性	a. 有釉砖	最低 3 级	最低 3 级
	b. 无釉砖⑦	见《陶瓷砖》(GB/T 4100—2015)附录 Q	
抗化学腐蚀性	耐低浓度酸和碱 a. 有釉砖 b. 无釉砖⑦	制造商应报告耐化学腐蚀性等级	制造商应报告耐化学腐蚀性等级
	耐高浓度酸和碱⑤	见《陶瓷砖》(GB/T 4100—2015)附录 Q	
	耐家庭化学试剂和游泳池盐类 a. 有釉砖 b. 无釉砖⑦	不低于 GB 级 不低于 UB 级	不低于 GB 级 不低于 UB 级
铅和镉的溶出量		见《陶瓷砖》(GB/T 4100—2015)附录 Q	

①以非公制尺寸为基础的习惯用法也可用在同类型砖的连接宽度上；

②不适用于有弯曲形状的砖；

③在烧成过程中，产品与标准板之间的微小色差是难免的。本条款不适用于在砖的表面有意制造的色差（表面可能是有釉的或部分有釉的）或在砖的部分区域内为了突出产品的特点而希望的色差。用于装饰目的的斑点或色斑不能看作为缺陷；

④有釉地砖耐磨性分级可参照《陶瓷砖》(GB/T 4100—2015)附录 P 的规定；

⑤表中所列"附录 Q"涉及项目不是所有产品都必检的，是否有必要对这些项目进行检验应按《陶瓷砖》(GB/T 4100—2015)附录 Q 的规定确定；

⑥制造商为了装饰效果而产生的釉裂应加以说明，这种情况下，标准规定的釉裂试验不适用；

⑦如果色泽有微小变化，不应算是化学腐蚀。

有釉地砖耐磨性分级　　表 3-6

级别	说　　　明
0	该级有釉砖不适用铺贴地面
1	该级有釉砖适用于柔软的鞋袜或不带划痕灰尘的光脚使用的地面(例如,没有直接通向室外通道的卫生间或卧室使用的地面)
2	该级有釉砖适用于柔软的鞋袜或普通鞋袜使用的地面。大多数情况下,偶尔有少量划痕灰尘(例如,家中起居室,但不包括厨房、入口处和其他有较多来往的房间),该等级的砖不能用特殊的鞋,例如带平头钉的鞋
3	该级有釉砖适用于平常的鞋袜,带有少量划痕灰尘的地面(例如,家庭的厨房、客厅、走廊、阳台、凉廊和平台)。该等级的砖不能用特殊的鞋,例如带平头钉的鞋
4	该级有釉砖适用于有划痕灰尘,来往行人频繁的地面,使用条件比 3 类地面砖恶劣(例如,入口处、饭店的厨房、旅店、展览馆和商店等)
5	该级有釉砖适用于行人非常频繁并能经受划痕灰尘的地面,甚至于在使用环境较恶劣的场所(例如,公共场所如商务中心、机场大厅、旅馆门厅、公共过道和工业应用场所等)

部分非强制性试验项目的说明　　表 3-7

试验方法	说　　　明
陶瓷砖试验方法 第 5 部分:用恢复系数确定砖的抗冲击性(GB/T 3810.5)	该试验使用在抗冲击性有特别要求的场所。一般轻负荷场所要求的恢复系数是 0.55,重负荷场所则要求更高的恢复系数

试验方法	说　明
陶瓷砖试验方法 第8部分:线性热膨胀的测定(GB/T 3810.8)	大多数陶瓷砖都有微小的线性膨胀,如果陶瓷砖安装在高热变性的情况下,应进行该项试验
陶瓷砖试验方法 第9部分:抗热震性的测定(GB/T 3810.9)	所有的陶瓷砖都应当具有耐高温性,凡是有可能经受热震应力的陶瓷砖都应当进行该项试验
陶瓷砖试验方法 第10部分:湿膨胀的测定(GB/T 3810.10)	大多数有釉砖和无釉砖都有微小的自然湿膨胀,当正确铺贴或安装时,不会引起铺贴问题,但在不规范安装和一定的湿度条件下,当湿膨胀大于 0.06%(0.66mm/m),就有可能出问题
陶瓷砖试验方法 第12部分:抗冻性的测定(GB/T 3810.12)	对于明示并准备用在受冻环境中的产品,必须通过该项试验,一般对明示不用于受冻环境中的产品,不要求该项试验
陶瓷砖试验方法 第13部分:耐化学腐蚀性 的 测 定 (GB/T 3810.13)	陶瓷砖通常都具有抗普通化学药品的性能,若准备将陶瓷砖在有可能受腐蚀的环境下使用时,应按进行高浓度酸和碱的耐化学腐蚀性试验
陶瓷砖试验方法 第14部分:耐污染性的测定(GB/T 3810.14)	该标准要求对有釉砖是强制的。对无釉砖,若在有污染的环境下使用,建议制造商考虑耐污染性的问题。对于某些有釉砖因釉层下的坯体吸水而引起的暂时色差,《陶瓷砖试验方法 第14部分:耐污染性的测定》不适用

试验方法	说　明
陶瓷砖试验方法 第15部分：有釉砖铅和镉溶出量的测定（GB/T 3810.15）	当有釉砖是用加工食品的工作台或墙面，且砖的釉面与食品有可能接触的场所时，则要求进行该项试验
陶瓷砖试验方法 第16部分：小色差的测定（GB/T 3810.16）	《陶瓷砖试验方法 第16部分：小色差的测定》只适用于在特定环境下的单色有釉砖，而且仅在认为单色有釉砖之间的小色差是重要的特定情况下采用本标准方法

在国家标准《陶瓷砖》（GB/T 4100—2015）中，具体规定了挤压陶瓷砖和干压陶瓷砖的技术要求，在设计、采购、施工和验收时，必须严格按照《陶瓷砖》中的要求核查其质量。

二、薄型陶瓷砖

根据现行行业《薄型陶瓷砖》（JC/T 2195—2013）中的规定，厚度不大于 5.5mm 的陶瓷砖称为薄型陶瓷砖。薄型陶瓷砖的尺寸偏差应符合表 3-8 中的要求；薄型陶瓷砖的破坏强度和断裂模数应符合表 3-9 中的要求。

薄型陶瓷砖的尺寸偏差　　　　表 3-8

尺寸		表面积(S)		
		$S \leqslant 90cm^2$	$90 < S \leqslant 190cm^2$	$S > 190cm^2$
长度和宽度	每块砖(2 条或 4 条边)的平均尺寸相对于工作尺寸的允许偏差(%)	±1.2 最大 ±1.4mm	±0.8 最大 ±1.4mm	±0.5 最大 ±1.6mm
	每块砖(2 条或 4 条边)的平均尺寸相对于 10 块砖(20 或 40 条边)平均尺寸的允许偏差(%)	±0.8	±0.6	±0.4
	模数砖名义尺寸连接宽度允许在 2~5mm 之间			
	非模数砖工作尺寸与名义尺寸之间的偏差不大于±2%,最大 5mm			
厚度	每块砖厚度的平均值相对于工作尺寸厚度的允许偏差(%)	±10.0	±10.0	±10.0 最大 ±0.5mm
边直度(正面)相对于工作尺寸的最大允许偏差(%)		±0.75	±0.50	±0.50 最大 ±1.6mm
直角度相对于工作尺寸的最大允许偏差(%)		±0.75	±0.50	±0.50 最大 ±1.6mm

尺寸	表面积(S)		
	S≤90cm²	90<S≤190cm²	S>190cm²
中心弯曲度 相对于工作尺寸计算的对角线的中心弯曲度(%)	±0.75	±0.50	±0.50 最大 ±1.6mm
边弯曲度 相对于工作尺寸的边弯曲度(%)	±0.75	±0.50	±0.50 最大 ±1.6mm
翘曲度 相对于工作尺寸计算的对角线的翘曲度(%)	±0.75	±0.50	±0.50 最大 ±1.6mm
背纹及深度	由制造商确定		

薄型陶瓷砖的破坏强度和断裂模数　　表 3-9

类别	破坏强度(N)	断裂模数(MPa)
墙砖	平均值≥390	平均值≥38,单个值≥35
地砖	平均值≥650	平均值≥38,单个值≥35

根据现行行业《薄型陶瓷砖》（JC/T 2195—2013）中的规定，薄型陶瓷砖的其他性能应符合下列要求：

（1）耐磨性。对无釉薄型陶瓷地砖，其耐磨损体积应≤175mm³；对有釉薄型陶瓷地砖表面耐磨

96

性，制造商应报告其级别和转数。

（2）线性热膨胀系数。若薄型陶瓷砖安装在有高热变性的情况下时，制造商应报告薄型陶瓷砖的线性热膨胀系数。

（3）抗热震性。经抗热震性试验后，应无裂纹、无破损。

（4）抗釉裂性。经抗釉裂性试验后，应无釉裂、无破损。

（5）抗冻性。经抗冻性试验后，应无裂纹、无剥落、无破损。

（6）地砖摩擦系数。制造商应报告地面用的薄型陶瓷砖的摩擦系数和试验方法。

（7）湿膨胀。当薄型陶瓷砖安装在潮湿的环境下时，制造商应报告薄型陶瓷砖的湿膨胀性能。

（8）小色差。在对小色差有特别要求时，薄型陶瓷砖小色差应符合下列规定：有釉砖 $\Delta E < 0.75$，无釉砖 $\Delta E < 1.0$。

（9）抗冲击性。在对抗冲击性有特别要求时，制造商应报告薄型陶瓷砖经抗冲击性试验后测得的恢复系数。

（10）光泽度。制造商应报告薄型陶瓷砖的光泽度。

（11）耐污染性。经耐污染性试验后，有釉薄型陶瓷砖的耐污染性应不低于3级；经耐污染性试验后，制造商应报告无釉薄型陶瓷砖的耐污染性级别。

（12）耐低浓度酸和碱。制造商应报告薄型陶瓷砖的耐低浓度酸和碱腐蚀性等级。

（13）耐高浓度酸和碱。制造商应报告薄型陶瓷砖的耐高浓度酸和碱腐蚀性等级。

（14）耐家庭化学试剂和游泳池盐类。经家庭化学试剂和游泳池盐类的腐蚀性试验后，有釉薄型陶瓷砖的耐腐蚀性应不低于GB级，无釉薄型陶瓷砖的耐腐蚀性应不低于UB级。

（15）铅和镉的溶出量。当有釉薄型陶瓷是用于加工食品的工作台或墙面，而且砖的釉面与食品有可能接触的场所时，制造商应报告薄型陶瓷砖的铅和镉的溶出量。

（16）放射性核素限量。薄型陶瓷砖放射性核素限量应符合现行国家标准《建筑材料放射性核素限量》（GB 6566—2010）中的规定。

三、轻质陶瓷砖

根据现行行业《轻质陶瓷砖》（JC/T 1095—2009）中的规定，以陶瓷原料或工业废料为主要原料，经成型、高温烧成等生产工艺而制成的低容重（≤1.50g/cm）陶瓷砖。轻质陶瓷砖按其容重（B）

不同，可分为 A 类（$1.00g/cm^3 < B \leqslant 1.50g/cm^3$）和 B 类（$B < 1.00g/cm^3$）；轻质陶瓷砖按其表面特征不同，可分为有釉轻质陶瓷砖和无釉轻质陶瓷砖。

轻质陶瓷砖的表面至少95%的砖主要区域无明显缺陷，不允许有裂纹和分层；产品的尺寸由制造商确定，特殊要求的尺寸可由供需双方协商。轻质陶瓷砖的尺寸允许偏差应符合表3-10中的要求。

轻质陶瓷砖的尺寸允许偏差　　表 3-10

尺寸		表面积 S(cm^2)			
		$S \leqslant$ 190	$190 < S$ $\leqslant 410$	$410 < S$ $\leqslant 1600$	$S >$ 1600
长度和宽度	每块砖(2条或4条边)的平均尺寸相对于工作尺寸的允许偏差(%)	±0.8	±0.6	±0.5	±0.4
	每块砖(2条或4条边)的平均尺寸相对于10块砖(20条或40条边)平均尺寸的允许偏差(%)	±0.4	±0.4	±0.4	±0.3
	制造商应选用以下尺寸：①模数砖名义尺寸连接宽度允许在 2～5mm 之间；②非模数砖工作尺寸与名义尺寸之间的偏差不大于±2%，最大 5mm				

99

尺寸		表面积 S(cm²)			
		$S \leqslant 190$	$190 < S \leqslant 410$	$410 < S \leqslant 1600$	$S > 1600$
厚度	每块砖厚度的平均值相对于工作尺寸厚度的允许偏差(%)	±10.0			
	边直度(正面)相对于工作尺寸的最大允许偏差(%)	±0.50	±0.50	±0.50	±0.30
	直角度相对于工作尺寸的最大允许偏差(%)	±0.60	±0.60	±0.60	±0.50
		边长 $L > 600$mm 的轻质陶瓷砖,直角度用大小头和对角线的偏差表示,最大偏差应≤2.0mm			
表面平整度最大允许偏差(%)	相对于工作尺寸计算的对角线的中心弯曲度	−0.3,+0.5			
	相对于工作尺寸的边弯曲度	−0.3,+0.5			
	相对于工作尺寸计算的对角线的翘曲度	−0.3,+0.5			
	边长大于600mm的轻质陶瓷砖,表面平整度用上凸和下凹表示,其最大偏差不超过2.0mm				

根据现行行业《轻质陶瓷砖》（JC/T 1095—2009）中的规定，轻质陶瓷砖的其他性能应符合下列要求：

（1）破坏强度和断裂模数。轻质陶瓷砖的破坏强度和断裂模数应符合表 3-11 中的要求。

轻质陶瓷砖的破坏强度和断裂模数　　表 3-11

类别	破坏强度(N)	断裂模数(MPa)
A 类	平均值≥1300	平均值≥11，单个值≥10
B 类	平均值≥1000	平均值≥9，单个值≥8

（2）抗热震性。经抗热震性试验后，应无裂纹、无破损。

（3）有釉产品抗釉裂性。经抗釉裂性试验后，应无裂纹、无剥落、无破损。

（4）抗冻性。用作冷冻环境下的产品，经抗冻性试验后，应无裂纹、无剥落、无破损。

（5）放射性核素限量。轻质陶瓷砖放射性核素限量应符合现行国家标准《建筑材料放射性核素限量》（GB 6566—2010）中的规定。

（6）导热系数。用作墙体隔热材料时，轻质陶瓷砖在23℃时的导热系数应不大于0.60W/(m·K)。应向客户报告在10℃或23℃（热带地区时为40℃）

时导热系数的设计值。

（7）吸水率。当对轻质陶瓷砖产品有要求时，制造商应报告产品的吸水率。

（8）有釉砖铅和镉的溶出量。当砖的釉面与食品有可能接触的场所时，制造商应报告薄型陶瓷砖的铅和镉的溶出量。

第二节　装饰外墙面砖

一、外墙面砖

装饰外墙面砖是指用于建筑物外墙的陶质建筑装饰砖，其以陶土为原料，加上其他材料后配制成生料，采用半干法压制成型，然后在 1100℃左右温度下煅烧而成。外墙面砖有施釉和不施釉之分，从外观看表面有光泽或无光泽；或表面光滑和表面粗糙，具有不同的质感。从颜色上则有红、褐、黄、白等色之分。背面为了与基层墙面能很好地粘结，常具有一定的吸水率，并制作有凹凸的沟槽。

外墙面砖按施釉和不施釉，可分为釉面外墙面砖和无釉外墙面砖；按着色方法不同，可分为自然着色、人工着色和色釉着色等 3 个品种；按外墙面砖表面的质感不同，可分为平面、麻面、毛面、磨

光面、抛光面、纹点面、仿花岗石面、压花浮雕面
等制品。

（一）外墙面砖的规格尺寸

按墙地砖表面装饰方法的不同，可分为有釉砖
和无釉砖。

1. 彩色釉面陶瓷墙地砖

彩色釉面陶瓷墙地砖是指适用于建筑物墙
面、地面装饰用的彩色釉面陶瓷墙地砖，简称
彩釉砖。彩釉砖按砖的尺寸大小不同，又可分
为大型、中型和小型三种。彩釉砖的平面形状
分为正方形和长方形两种，其中长宽比大于3
的称为条砖。彩色釉面陶瓷墙地砖的主要规格
尺寸见表3-12。

彩色釉面陶瓷墙地砖的主
要规格（尺寸单位：mm） 表**3-12**

大型	500×500	600×600	800×800	900×900	1000×1000	1200×600
中型	100×100	150×150	200×200	250×250	300×300	400×400
	150×75	200×100	200×150	250×150	300×150	300×200
小型	115×65	240×65	130×65	260×65	其他规格的产品由供需双方商定	

彩釉砖的表面有平面和立体浮雕面的，有镜面和防滑亚光面的，有带纹点和仿大理石、花岗石图案的，有使用各种装饰釉作釉面的。彩釉砖色彩瑰丽、品种繁多、丰富多变，具有极强的装饰性和耐久性。

2. 无釉陶瓷墙地砖

无釉陶瓷墙地砖简称无釉砖，是主要适用于建筑物地面、道路和庭院等装饰用的一种无釉陶瓷地砖，是一种专用于铺地的耐磨炻质无釉面砖。无釉陶瓷墙地砖按产品的表面质量和变形偏差分为优等品、一等品和合格品 3 个等级，产品的规格尺寸见表 3-13。除表中所列正方形和长方形规格外，无釉砖还有六角形、八角形及叶片状等形态的异型产品。

无釉陶瓷墙地砖的主要

规格尺寸（mm）　　　　表 3-13

小型	300×300	400×400	450×450	500×500	600×600
大型	800×800	900×900	1000×1000	1000×2000	—

（二）外墙面砖成型方法和吸水率

装饰外墙面砖的成型方法和吸水率应符合表 3-14 中的要求。

陶瓷砖按成型方法和吸水率分类　表 3-14

成型方法	Ⅰ类 (E≤3%)	Ⅱa类 (3%<E ≤6%)	Ⅱb类 (6%<E ≤10%)	Ⅲ类 (E>10%)
A (挤压)	AⅠ类	AⅡa1类①	AⅡb1类①	AⅢ类
		AⅡa2类①	AⅡb2类①	
B (干压)	BⅠa类 (瓷质砖 E ≤0.5%)	BⅡa类 细炻砖	BⅡb类 炻质砖	BⅢ类② 陶质砖
	BⅠb类 (瓷质砖 0.5% <E≤3%)			

①AⅡa类和AⅡb类按产品不同性能分为两个部分；

②BⅢ类仅包括有釉砖，此类不包括吸水率大于10%的干压成型无釉砖。

（三）外墙面砖的技术质量要求

外墙面砖的技术质量要求，主要包括尺寸允许偏差、表面质量、物理力学性能和耐化学腐蚀性等。

1. 尺寸允许偏差

无釉外墙面砖的尺寸允许偏差应符合表 3-15 中的规定；彩釉外墙面砖的尺寸允许偏差应符合表 3-16 中的规定。

无釉外墙面砖的尺寸允

许偏差（单位：mm）　　　　表 3-15

基本尺寸		允许偏差
边长(L)	L<100	±1.5
	100≤L≤200	±2.0
	200<L≤300	±2.5
	L>300	±3.0
厚度(H)	H≤10	±1.0
	H>10	±1.5

彩釉外墙面砖的尺寸允许

偏差（单位：mm）　　　　表 3-16

基本尺寸		允许偏差
边长(L)	L<150	±1.5
	L=150~200	±2.0
	L>200	±2.5
厚度(H)	H<12	±1.0

2. 表面质量

（1）无釉外墙面砖的表面质量及变形应符合表 3-17 中的规定。

无釉外墙面砖的表面质量及变形　表 3-17

缺陷	优等品	一级品	合格品
斑点、起泡、熔洞、磕碰、粉、麻面、图案模糊	距离砖面1m 处目测无可见缺陷	距离砖面2m 处目测缺陷不明显	距离砖面 3m 处目测缺陷不明显
裂缝	不允许		总长不超过对应边长的 6%
开裂			正面不大于 5mm
色差	距离砖面 1.0m 处目测缺陷不明显		距离砖面 1.0m 处目测缺陷不明显
缺陷	优等品	一级品	合格品
平整度(%)	±0.50	±0.60	±0.80
边直角(%)	±0.50	±0.60	
直角度(%)	±0.60	±0.70	

注：无釉外墙面砖表面凸背纹的高度及凹背纹的深度均不得小于 0.5mm。

（2）彩釉外墙面砖表面质量及变形应符合表 3-18 中的规定。

彩釉外墙面砖表面质量及变形　　表 3-18

缺陷	优等品	一等品	合格品
斑点、起泡、熔洞、磕碰、粉、麻面、图案模糊	距离砖面1m 处目测有可见缺陷的砖数不超过 5%	距离砖面2m 处目测有可见缺陷的砖数不超过 5%	距离砖面 3m 处目测缺陷不明显
色差	距离砖面 3m 处目测缺陷不明显		
中心弯曲度(%)	±0.5	±0.6	−0.6～+0.8
翘曲度(%)	±0.5	±0.6	±0.7
边直角(%)	±0.5	±0.6	±0.7
直角度(%)	±0.5	±0.7	±0.8

3. 耐化学腐蚀性

根据耐酸性能和耐碱性能的不同，把彩釉面砖的耐化学腐蚀性分为 AA 级、A 级、B 级、C 级和 D 级五个等级。彩釉面砖耐化学腐蚀性等级划分，如图 3-1 所示。

4. 物理力学性能

无釉面砖的物理力学性质：吸水率 3%～6%；经 3 次急冷急热循环试验，不出现炸裂或裂纹。经 20 次冻融循环，不出现破裂或裂纹；弯曲强度平均值不小于 24.5MPa。

彩釉面砖的物理力学性质：吸水率不大于

10%；经 3 次急冷急热循环试验，不出现炸裂或裂纹。经 20 次冻融循环，不出现破裂或裂纹。

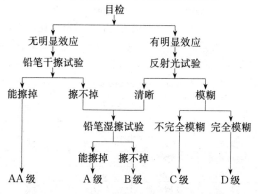

图 3-1　彩釉面砖耐化学腐蚀性等级划分

二、玻化砖

玻化砖是坯料在 1230℃ 以上的高温下，使砖中的熔融成分呈玻璃态，具有玻璃般的亮丽质感的一种新型高级铺地砖，在工程上也称为瓷质玻化砖。我国上海斯米克建筑陶瓷有限公司生产的斯米克玻化砖，是按照欧洲 EN-176 标准生产的，共有 4 大系列，100 多个品种。如纯色系列、彩点系列、聚晶与梦幻系列、特殊用途的系列等，主要色系有白色、灰色、黑色、黄色、红色、绿色、蓝色、褐色等。主要规格有：200mm × 200mm × 20mm、300mm × 300mm × 30mm、400mm × 400mm × 40mm、500mm×500mm×50mm。

我国生产的斯米克玻化砖技术性能优良，所以很快在很多工程中成功应用。表 3-19 为斯米克玻化砖的技术标准。

斯米克玻化砖的技术标准　　　　表 3-19

试验项目	测试方法	欧洲标准 EN-176	国内标准
吸水率	EN99	≤0.30%	≤0.10%
抗折强度	EN100	>27MPa	>46MPa
长度偏差	EN98	±0.6%	±0.4%
宽度偏差	EN98	±0.6%	±0.4%
厚度偏差	EN98	±5%	±3%
表面平整度偏差	EN98	±0.5%	±0.4%
边直度偏差	EN98	±0.6%	±0.4%
直角度偏差	EN98	±0.5%	±0.4%
耐磨度	EN102	<205mm^3	<130mm^3
莫氏硬度	EN101	>6	>7
线性热膨胀系数	EN103	<9×10^{-6}K^{-1}	<7×10^{-6}K^{-1}
耐化学腐蚀性	EN106	认可	认可
耐热性	EN104	认可	认可
抗冻性	EN202	认可	认可
摩擦系数		0.40≤ μ<0.74	0.70(干) 0.44(湿)

第三节　装饰陶瓷锦砖

陶瓷锦砖以瓷化好，吸水率小，抗冻性能强为特色而成为外墙装饰的重要材料。特别是有釉和磨光制品以其晶莹、细腻的质感，更加提高了耐污染能力和材料的高贵感。

一、陶瓷锦砖

陶瓷锦砖是陶瓷什锦砖的简称，俗称纸皮砖，又称马赛克（外来语 Mosaic 的译音），它是由边长不大于 50mm、具有多种色彩和不同形状的小块砖，镶拼成各种花色图案的陶瓷制品。其生产工艺是采用优质瓷土烧制成方形、长方形、六角形等薄片小块瓷砖后，按设计图案反贴在牛皮纸上组成一联，每 40 联为一箱，每箱约 3.7m²。

（一）陶瓷锦砖的品种、形状和规格

1. 陶瓷锦砖的品种

陶瓷锦砖分类方法很多，工程上常按以下几种方法分类：按表面性质可分为有釉锦砖、无釉锦砖；按砖联可分为单色陶瓷锦砖和拼花陶瓷锦砖两种；按其尺寸允许偏差和外观质量可分为优等品和合格品两个等级。

2. 基本形状和规格

陶瓷锦砖的形状很多，常见的有：正方形、长方形、对角形、六角形、半八角形、长条对角形和斜长条形等，陶瓷锦砖的基本形状和规格，如表 3-20 所示。

3. 陶瓷锦砖的拼花图案

在陶瓷锦砖出厂前，应将不同形状、不同颜色的边长不大于 50mm 的小瓷砖单品成块组合成各种图案，用牛皮纸贴在正面拼成，作为成品供应。在具体使用时，联与联可连续铺贴形成连续图案饰面。表 3-21 为陶瓷锦砖的几种基本拼花图案。

（二）陶瓷锦砖的特点及用途

1. 陶瓷锦砖的特点

陶瓷锦砖是一种良好的墙地面装饰材料，它不仅具有质地坚实、色泽美观、图案多样的优点，而且具有抗腐蚀、耐火、耐磨、耐冲击、耐污染、自重较轻、吸水率小、防滑、抗压强度高、易清洗、永不褪色、价格低廉等优质性能。

2. 陶瓷锦砖的用途

陶瓷锦砖由于其砖块较小、抗压强度高，不易被踩碎，所以主要用于地面铺贴。不仅可用于工业与民用建筑的清洁车间、门厅、走廊、卫生间、餐厅、厨房、浴室、化验室、居室等内墙和地面，而且也可用于高级建筑物的外墙饰面装饰，它对建筑立面有较好的装饰效果，并可增强建筑物的耐久性。

陶瓷锦砖的基本形状和规格　　表 3-20

名称	形状	分类	规格尺寸/(mm)				
			a	b	c	d	厚度
正方		大方 中大方 中方 小方	39.0 23.6 18.5 15.21	39.0 23.6 18.5 15.2	— — — —	— — — —	5.0 5.0 5.0 5.0
长方 （长条）		长方 （长条）	39.0	18.5	—	—	5.0 5.0 5.0 5.0
对角		大对角 小对角	39.01 32.0	19.5 16.2	27.8 22.4	— —	5.0 5.0
斜长条 （长条）		斜长条 （长条）	36.0	12.0	—	24.0	5.0
斜条 （对角）		长条 对角	7.7	15.4	11	22.3	5.0

名称	形状	分类	规格尺寸/(mm)				
			a	b	c	d	厚度
五角		大五角	23.62	23.6	—	35.4	5.0
		小五角	18.51	18.5	—	27.8	5.0
半八角		—	15.2	30.4		22.3	5.0
六角			25.0				5.0

（三）陶瓷锦砖的技术质量要求

根据现行行业标准《陶瓷马赛克》（JC/T 456—2005）中规定，陶瓷锦砖的技术质量要求，主要包括尺寸允许偏差、外观质量、技术指标等。

1. 尺寸允许偏差

单块砖的尺寸和每联锦砖线路、联长的尺寸及其允许偏差应符合表 3-22 中的规定。

陶瓷锦砖的几种基本拼花图案　　表 3-21

拼花编号	拼花说明	拼花图案
拼-1	各种正方形与正方形相拼	
拼-2	正方与长条相拼	
拼-3	大方、中方及长条相拼	
拼-4	中方与大对角相拼	
拼-5	小方与小对角相拼	
拼-6	小方及大对角相拼	
	小方及小对角相拼	
拼-7	斜长条与斜长条相拼	
拼-8	斜长条与斜长条相拼	
拼-9	长条对角与小方相拼	
拼-10	正方与五角相拼	
拼-11	半八解与正方相拼	
拼-12	各种六角相拼	
拼-13	大方、中方、长条相拼	
拼-14	小对角、中大方相拼	
拼-15	各种长条相拼	

陶瓷马赛克的尺寸允许偏差（mm）　表 3-22

项目		允许偏差		项目		允许偏差	
		优等品	合格品			优等品	合格品
单块陶瓷马赛克	长度和宽度	±0.5	±1.0	每联陶瓷马赛克	线路	±0.6	±1.0
	厚度	±0.3	±0.4		联长	±1.5	±2.0

注：特殊要求由供需双方商定。

2. 外观质量

陶瓷锦砖边长≤25mm 的外观质量缺陷允许范围应符合表 3-23 中的规定，陶瓷锦砖边长＞25mm 的外观质量缺陷允许范围应符合表 3-24 中的规定。

边长≤25mm 陶瓷马赛克的外观质量 表 3-23

缺陷名称	表示方法	缺陷允许范围				备注
		优等品		合格品		
		正面	反面	正面	反面	
夹层、釉裂、开裂	—	不允许				—
斑点、粘疤、起泡、坯粉、麻面、波纹、缺釉、桔釉、棕眼、落脏、熔洞	—	不明显		不严重		—
缺角(mm)	斜边长	＜2.0	＜4.0	2.0～3.5	4.0～5.5	正、背面缺角不允许在同一角部,正面只允许缺角1处
	深度	不大于砖厚的 2/3				
缺边(mm)	长度	＜3.0	＜6.0	3.0～5.0	6.0～8.0	正、背面缺边不允许出现在同一侧面;同一侧面不允许有 2处缺边,正面只允许2处缺边
	宽度	＜1.5	＜2.5	1.5～2.0	2.5～3.0	
	深度	＜1.5	＜2.5	1.5～2.0	2.5～3.0	
变形(mm)	翘曲	不明显				
	大小头	0.2		0.4		

116

边长＞25mm 陶瓷马赛克的外观质量　表 3-24

缺陷名称	表示方法	缺陷允许范围 优等品 正面	缺陷允许范围 优等品 反面	缺陷允许范围 合格品 正面	缺陷允许范围 合格品 反面	备注
夹层、釉裂、开裂	—	不允许				—
斑点、粘疤、起泡、坯粉、麻面、波纹、缺釉、桔釉、棕眼、落脏、熔洞		不明显		不严重		—
缺角(mm)	斜边长	＜2.3	＜4.5	2.3～4.3	4.5～6.5	正、背面缺角不允许在同一角部，正面只允许缺角1处
缺角(mm)	深度	不大于砖厚的 2/3				正、背面缺角不允许在同一角部，正面只允许缺角1处
缺边(mm)	长度	＜4.5	＜8.0	4.5～7.0	8.0～10.0	正、背面缺边不允许出现在同一侧面；同一侧面不允许有2处缺边，正面只允许2处缺边
缺边(mm)	宽度	＜1.5	＜3.0	1.5～2.0	3.0～3.5	正、背面缺边不允许出现在同一侧面；同一侧面不允许有2处缺边，正面只允许2处缺边
缺边(mm)	深度	＜1.5	＜2.5	1.5～2.0	2.5～3.5	正、背面缺边不允许出现在同一侧面；同一侧面不允许有2处缺边，正面只允许2处缺边
变形(mm)	翘曲	0.3	0.5			
变形(mm)	大小头	0.6	1.0			

3. 陶瓷马赛克的技术指标

陶瓷马赛克的技术指标应符合表 3-25 中的要求。

陶瓷马赛克的技术指标　　　表 3-25

项目		质量指标
吸水率(%) ≤	无釉	0.2
	有釉	1.0
耐磨性	无釉	耐深度磨损体积不大于175mm³
	有釉	用于铺地的釉陶瓷马赛克表面耐磨性报告磨损等级和转数
抗热震性		经 5 次抗热震性试验后不出现炸裂或裂纹
抗冻性		由供需双方协商
耐化学腐蚀性		由供需双方协商
成联陶瓷马赛克	色差	单色陶瓷马赛克及联间同色砖色差优等品目测基本一致,合格品目测稍有色差
	铺贴衬材的粘结性	陶瓷马赛克与铺贴衬材粘结性试验后,不允许有陶瓷马赛克脱落
	铺贴衬材的剥离性	表贴陶瓷马赛克的剥离时间不大于 40min
	铺贴衬材的露出	表贴、背贴陶瓷马赛克铺贴后,不允许有铺贴衬材露出

118

二、耐酸砖

根据现行国家标准《耐酸砖》（GB/T 8488—2008）中的规定，由黏土或其他非金属原料，经成型、烧结等工艺处理，适用于耐酸腐蚀内衬及地面的砖或板状的耐酸制品。耐酸砖可分为有釉砖和无釉砖两类。

（一）耐酸砖的外观质量要求

耐酸砖的外观质量要求应符合表 3-26 中的规定。

耐酸砖的外观质量要求(单位:mm)　**表 3-26**

缺陷类别	技术要求	
	优等品	合格品
裂纹	工作面:不允许 非工作面:宽不大于0.25,长 5～15,允许2条	工作面:宽不大于0.25,长 5～15,允许 1 条 非工作面:宽不大于0.50,长 5～20,允许 2 条
开裂	不允许	不允许
磕碰损伤	工作面:深入工作面1～2;砖厚小于 20 时,深不大于 3;砖厚 20～30 时,深不大于 5;砖厚大于 30 时,深不大于 10 的磕碰 2 处;总长不大于 35 非工作面:深 3～4,长不大于 35,允许 3 处	工作面:深入工作面 1～4;砖厚小于 20 时,深不大于 5;砖厚 20～30 时,深不大于 8;砖厚大于 30时,深不大于 10 的磕碰 2处;总长不大于 40 非工作面:深 2～5,长不大于 40,允许 4 处

119

缺陷类别	技术要求	
	优等品	合格品
疵点	工作面:最大尺寸1~2,允许3个 非工作面:最大尺寸1~3,每个面允许3个	工作面:最大尺寸2~4,允许3个 非工作面:最大尺寸3~6,每个面允许4个
釉裂	不允许	不允许
缺釉	总面积不大于100mm²,每处不大于30mm²	总面积不大于200mm²,每处不大于50mm²
桔釉	不允许	不超过釉面面积的1/4
干釉	不允许	不影响使用

注:标型砖应有一个大面（230mm×113mm）达到表3-26对于工作面的要求,如需方订货时指定工作面,则该面应符合表3-26的要求。

（二）耐酸砖的尺寸偏差及变形

耐酸砖的尺寸偏差及变形应符合表3-27中的规定。

（三）耐酸砖的物理化学性能

耐酸砖的物理化学性能应符合表3-28中的规定。

120

耐酸砖的尺寸偏差及变形(单位:mm)　表 3-27

项目		允许偏差	
		优等品	合格品
尺寸偏差	尺寸≤30	±1	±2
	30<尺寸≤150	±2	±3
	150<尺寸≤230	±3	±4
	尺寸>230	由供需双方协商	
变形:翘曲大小头	尺寸≤150	2.0	2.5
	150<尺寸≤230	2.5	3.0
	尺寸>230	由供需双方协商	

耐酸砖的物理化学性能　表 3-28

项目	技术要求			
	Z-1	Z-2	Z-3	Z-4
吸水率(%)	≤0.2	≤0.5	≤2.0	≤4.0
弯曲强度(MPa)	≥58.8	≥39.2	≥29.4	≥19.6
耐酸度(%)	≥99.8	≥99.8	≥99.8	≥99.7
耐急冷急热性(℃)	温差100℃	温差100℃	温差130℃	温差150℃
	试验一次后,试样不得有裂纹、剥落等破损现象			

注:耐酸砖按理化指标分为 Z-1、Z-2、Z-3、Z-4 四种牌号。

三、耐酸耐温砖

根据现行行业标准《耐酸耐温砖》 (JC/T 424—2005)中的规定,由黏土或其他非金属原料,经成型、烧结等工艺处理，适用于耐酸腐蚀内衬及地面的砖或板状的耐酸耐温制品。耐酸耐温砖按理化指标可分为 NSW-1 和 NSW-2 两个牌号。

（一）耐酸耐温砖的外观质量要求

耐酸耐温砖的外观质量要求应符合表 3-29 中的规定。

耐酸耐温砖的外观质量要求（单位：mm） 表 3-29

<table>
<tr><th colspan="2" rowspan="2">缺陷类别</th><th colspan="2">技术要求</th></tr>
<tr><th>优等品</th><th>合格品</th></tr>
<tr><td rowspan="2">裂纹</td><td>工作面</td><td>长 3～5，允许 3 条</td><td>长 5～10，允许 3 条</td></tr>
<tr><td>非工作面</td><td>长 5～10，允许 3 条</td><td>长 5～15，允许 3 条</td></tr>
<tr><td rowspan="2">磕碰</td><td>工作面</td><td>伸入工作面 1～3，深不大于 5，总长不大于 30</td><td>伸入工作面 1～4，深不大于 8，总长不大于 40</td></tr>
<tr><td>非工作面</td><td>长 5～20，允许 5 条</td><td>长 10～20，允许 5 条</td></tr>
<tr><td colspan="2">开裂</td><td colspan="2">不允许</td></tr>
<tr><td rowspan="2">疵点</td><td>工作面</td><td>最大尺寸 1～3，允许 3 个</td><td>最大尺寸 2～3，允许 3 个</td></tr>
<tr><td>非工作面</td><td>最大尺寸 2～3，每个面允许 3 个</td><td>最大尺寸 2～4，每个面允许 4 个</td></tr>
</table>

注：1. 缺陷不允许集中，$10cm^2$ 正方形内不得多于 5 处；

2. 标形砖应有一个大面（230mm×113mm）达到表 3-27 对于工作面的要求，如需方订货时指定工作面，则该面应符合表 3-27 的要求。

（二）耐酸耐温砖的尺寸偏差及变形

耐酸耐温砖的尺寸偏差及变形应符合表 3-30 中的规定。

耐酸耐温砖的尺寸

偏差及变形(单位:mm)　　**表 3-30**

项目		允许偏差	
		优等品	合格品
尺寸偏差	尺寸≤30	±1	±2
	30<尺寸≤150	±2	±3
	150<尺寸≤230	±3	±4
	尺寸>230	由供需双方协商	
变形:翘曲大小头	尺寸≤150	2.0	2.5
	150<尺寸≤230	2.5	3.0
	尺寸>230	由供需双方协商	

（三）耐酸耐温砖的物理化学性能

耐酸耐温砖的物理化学性能应符合表 3-31 中的要求。

耐酸耐温砖的物理化学性能　　**表 3-31**

项目	技术要求	
	NSW-1	NSW-2
吸水率(%)	≤5.0	≤8.0
弯曲强度(MPa)	≥80	≥60
耐酸度(%)	≥99.7	≥99.7
耐急冷急热性(℃)	试验温差 200℃	试验温差 250℃
	试验一次后,试样不得有裂纹、剥落等破损现象	

四、微晶玻璃陶瓷复合砖

根据现行行业标准《微晶玻璃陶瓷复合砖》（JC/T 994—2006）中的规定，将微晶玻璃熔块粒施于陶瓷坯体表面，经高温晶化烧结，使微晶玻璃面层和陶瓷基体复合而成的建筑装饰用饰面材料。按其表面加工程度可分为镜面砖和亚光砖。

（一）微晶玻璃陶瓷复合砖的外观质量

微晶玻璃陶瓷复合砖的外观质量应符合表 3-32 中的要求。

微晶玻璃陶瓷复合砖的外观质量   表 3-32

缺陷名称	缺陷最大允许范围
缺棱	不允许，但长度小于 3mm、宽度小于 1mm 的可不计
缺角	不允许，但小于 2mm×2mm×2mm 的可不计
棕眼	直径 0.5～1.5mm≤8 个/m²，且不多于 2 个/标准面；直径小于 0.3～0.5mm 的足以引起色变的密集不允许
熔洞	不允许
色斑	直径大于 3mm 的不允许；直径 1.5～3.0mm≤4 个/m²，且不多于 1 个/标准面；直径 0.5～1.5mm≤8 个/m²，且不多于 2 个/标准面；0.5mm 以下足以引起色变的密集不允许
裂纹、漏磨、抛疵	不允许

124

缺陷 名称	缺陷最大允许范围
色差	同一批产品应无明显可见色差。有特殊要求时,可由供需双方协商。假如事先未达协议,对于绝色饰面产品,则应使用通用的工业宽容度(cf),色差 ΔE 为0.75。但用于装饰目的的斑点或色斑不能看作为缺陷
夹层	不允许

（二）微晶玻璃陶瓷复合砖的尺寸偏差

微晶玻璃陶瓷复合砖的尺寸偏差应符合表 3-33 中的要求；微晶玻璃陶瓷复合砖的破坏强度和断裂模数应符合表 3-34 中的要求。

微晶玻璃陶瓷复合砖的尺寸偏差　　表 3-33

尺寸		尺寸允许偏差	试验方法
长度和宽度	每块砖（2 条或 4 条边）的平均尺寸相对于工作尺寸的允许偏差(%)	±1.0mm	GB/T 3810.2
	制造商应选择以下尺寸： 模数砖名义尺寸连接宽度允许在2～5mm 非模数砖工作尺寸与名义尺寸之间的偏差不大于±2%，最大 5mm		

125

尺寸		尺寸允许偏差	试验方法
厚度	每块砖厚度的平均值相对于工作尺寸厚度的允许偏差(%)	±5	GB/T 3810.2
边直度(正面)相对于工作尺寸的最大允许偏差(%)		±0.20 且最大偏差 ≤2.0mm	GB/T 3810.2
直角度 相对于工作尺寸的最大允许偏差(%)(适用于最大边长 L ≤600mm 的产品)		±0.20 且最大偏差 ≤2.0mm	GB/T 3810.2
对边长度差(mm)(%)(适用于最大边长 L ≤600mm 的产品)		≤1.0mm	GB/T 3810.2
对角线长度差(mm)(%)(适用于最大边长 L ≤600mm 的产品)		600mm<L≤800mm 时: ≤1.5mm 800mm<L≤1000mm 时: ≤2.0mm L>1000mm 时: ≤3.0mm	GB/T 3810.2
表面平整度 最大允许偏差(%)		±0.20, 且最大偏差 ≤2.0mm	GB/T 3810.2

微晶玻璃陶瓷复合砖的
破坏强度和断裂模数　　表 3-34

名称	破坏强度(N)	断裂模数(MPa)
微晶玻璃陶瓷复合砖	平均值≥3000	平均值≥35,单个值≥32

（三）微晶玻璃陶瓷复合砖的其他要求

根据现行行业标准《微晶玻璃陶瓷复合砖》（JC/T 994—2006）中的规定，微晶玻璃陶瓷复合砖的其他性能应符合下列要求：

（1）吸水率。微晶玻璃陶瓷复合砖的吸水率平均值不大于 0.5%，单个值不大于 0.6%。

（2）地砖耐磨性。用作地砖的产品，其耐磨损体积应不大于 150mm³；用作地砖的产品，制造商应报告产品的耐磨级别和转数。

（3）抗热震性。经抗热震性试验后，应无裂纹、无破损。

（4）抗裂性。经抗裂性试验后，应无裂纹、无剥落、无破损。需要制样时，应将五块样品切割为 100mm×100mm 的试样。

（5）抗冻性。经抗冻性试验后，应无裂纹、无剥落、无破损。

（6）抗冲击性。经抗冲击性试验后无破损，且制造商应报告所测得的恢复系数。

（7）镜面砖光泽度。镜面砖的光泽度平均值不小于 90 光泽单位，单值不小于 85 光泽单位。

（8）地砖摩擦系数。制造商应报告地面用微晶玻璃陶瓷复合砖的摩擦系数和试验方法。

（9）耐低浓度酸和碱。制造商应报告微晶玻璃陶瓷复合砖耐低浓度酸和碱腐蚀性等级。

（10）耐高浓度酸和碱。若准备将产品在有可能受强腐蚀性的环境使用时，应进行高浓度酸和碱的耐化学腐蚀性试验，经过试验后应不低于 GHB。

（11）耐家庭化学试剂和游泳池盐类。经过试验后应不低于 GA 级。

（12）耐污染性。经耐污染性试验后，微晶玻璃陶瓷复合砖的耐污染性应不低于 4 级。

（13）铅和镉的溶出量。产品用于加工食品的工作台或墙面，与食品有可能接触的场所时，制造商应报告薄型陶瓷砖的铅和镉的溶出量，由供需双方协商确定应符合食品卫生的相关规定。

（14）放射性核素限量。薄型陶瓷砖放射性核素限量应符合现行国家标准《建筑材料放射性核素限量》（GB 6566—2010）中 A 类的规定。

第四节　其他装饰陶瓷

随着科学技术的不断发展，陶瓷制品日新月

异，新型墙地砖不断涌现。目前，在建筑装饰工程中常见到的新型装饰陶瓷墙砖和地砖有：劈离砖、彩胎砖、麻面砖、陶瓷艺术砖、梯沿砖、金属釉面砖、黑瓷装饰板等。

一、劈离砖

劈离砖又名劈开砖或劈裂砖，是用于内外墙或地面装饰的建筑装饰瓷砖。劈离砖是以长石、石英，高岭土等陶瓷原料经干法或湿法粉碎混合后制成具有较好可塑性的湿坯料，用真空螺旋挤出机挤压成双面以扁薄的筋条相连的中空砖坯，再经切割，干燥然后在 1100℃ 以上高温下烧成，再以手工或机械方法将其沿筋条的薄弱连接部位劈开而成两片。劈离砖按表面的粗糙程度分为精细砖和普通砖两种；按用途来分可分为墙面砖和地面砖两种。

劈离砖强度高、吸水率低、抗冻性强、防潮防腐、耐磨耐压，耐酸碱，防滑；色彩丰富，自然柔和，表面质感变幻多样，或清秀细腻，或浑厚粗犷；表面施釉者光泽晶莹，富丽堂皇；表面无釉者质朴典雅、大方，无反射眩光。劈离砖的质量应符合下列各项要求。

（1）尺寸偏差。长度、宽度和厚度尺寸允许偏差应符合表 3-35 中的要求。

129

长度、宽度和厚度尺寸允许偏差　表 3-35

项目名称		允许偏差	
		精细砖	普通砖
长度和宽度	每块砖(2 条或 4 条边)的平均尺寸相对于工作尺寸的允许偏差(%)	±1.25% 最大±2mm	±2.00% 最大±4mm
	每块砖(2 条或 4 条边)的平均尺寸相对于 10 块砖(20 条或 40 条边)平均尺寸的允许偏差(%)	±1.00%	±1.50%
厚度	每块砖厚度的平均值相对于工作尺寸厚度的允许偏差(%)	±10%	±10%

（2）模数砖名义尺寸连接宽度应为 3～11mm，非模数砖工作尺寸与名义尺寸之间的允许偏差为±3mm。

（3）边直度、直角度和表面平整度应符合表 3-36中的要求。

（4）表面质量。至少有 95%的砖主要区域无明显缺陷。

（5）含水率。劈离砖的吸水率平均值为 $3\% < E \leqslant 6\%$，单个值不大于 6.5%。

（6）破坏强度和断裂模数。劈离砖的破坏强度和断裂模数应符合表 3-37 中的要求。

边直度、直角度和表面平整度　　表 3-36

项目名称	允许偏差(%)	
	精细砖	普通砖
边直度(正面) 　相对于工作尺寸的最大允许偏差(不适用于有弯曲形状的砖)	±0.5	±0.6
直角度 　相对于工作尺寸的最大允许偏差(不适用于有弯曲形状的砖)	±1.0	±1.0
表面平整度:相对于工作尺寸的最大允许偏差 　对于由工作尺寸计算的对角线的中心弯曲度 　对于由工作尺寸计算的边弯曲度 　对于由工作尺寸计算的对角线的翘曲度	±0.5 ±0.5 ±0.8	±1.5 ±1.5 ±1.5

劈离砖的破坏强度和断裂模数　　表 3-37

名称	破坏强度(N)	断裂模数(MPa)
劈离砖	厚度≥7.5mm 时,平均值≥900 厚度<7.5mm 时,平均值≥600	平均值≥20, 单个值≥18

注:不适用于破坏强度≥3000N 的砖。

（7）抗热震性。经抗热震试验后应报告试验结果。

（8）抗釉裂性。对于有釉的砖，经抗釉裂试验后应报告试验结果。

（9）抗冻性。经抗冻试验后应报告试验结果。

（10）耐磨性。无釉砖耐深度磨损体积不大于393mm³；用于铺地的有釉砖表面耐磨性试验后应报告磨损等级和转数。

（11）抗冲击性。经抗冲击性试验后无破损，且应报告所测得的平均恢复系数。

（12）线性热膨胀系数（从室温到100℃）。经试验后应报告线性热膨胀系数试验结果。

（13）湿膨胀（用 mm/m 表示）。经试验后应报告砖湿膨胀的平均值。

（14）小色差。经试验后应报告砖的色差值。

（15）地砖的摩擦系数。经试验后应报告地砖的摩擦系数和试验方法。

（16）耐低浓度酸和碱。生产企业应报告砖耐低浓度酸和碱腐蚀性等级。

（17）耐高浓度酸和碱。生产企业应报告砖耐高浓度酸和碱腐蚀性等级。

（18）耐家庭化学试剂和游泳池盐类。经过试验后有釉砖应不低于 GB 级，无釉砖应不低于 UB 级。

（19）耐污染性。经耐污染性试验后，有釉砖应不低于3级，无釉砖应报告试验耐污染级别。

（20）铅和镉的溶出量。经铅和镉的溶出量试验后，应报告有釉面砖的铅和镉的溶出量。

二、装饰琉璃制品

建筑装饰琉璃制品是用难溶黏土成型后，经配料、干燥、素烧、施釉、釉烧而成。在建筑装饰琉璃制品表面形成釉层，既提高了其表面的强度，又提高了其防水性能，同时也增加了装饰效果。

（一）建筑装饰琉璃制品的品种

在我国的古代传统的建筑装饰中，所用的各种琉璃制品，种类繁多，名称复杂，有数百种之多，且多用旧时术语命名，因此有些琉璃制品的名称，并不那么通俗易懂。琉璃瓦是其中用量最多的一种，常用的有几十种，约占琉璃制品总产量的70%左右，瓦件的品种更是五花八门，难以准确分类。

琉璃瓦类制品，按其形状和用途分为板瓦、筒瓦、滴水、底瓦、勾头等品种。琉璃脊类制品有正脊筒瓦、垂脊筒瓦、岔脊筒瓦、围脊筒瓦、博脊连砖、群色条、窜头、三连砖、方眼勾头、正当沟、斜当沟、押带条、平口条等品种。琉璃装饰件制品有正吻、垂兽、合角兽、仙人、走兽等品种。在当

133

今建筑装饰工程中，除仿古建筑常用琉璃瓦、琉璃砖、琉璃兽等外，还常用一些琉璃花窗、琉璃花格、琉璃栏杆等各种装饰制件。另外，还有陈设于室内外的建筑装饰工艺品，如琉璃桌凳、花盆、鱼缸、花瓶、绣墩等。

（二）建筑装饰琉璃制品的形状

由于建筑装饰琉璃制品在我国有悠久历史，经过几千年的实践和发展，如今的琉璃制品可谓五彩缤纷、琳琅满目、形状各异、组成巧妙。在现代建筑装饰琉璃制品中常见的瓦件形状，如图 3-2 所示。

（三）建筑装饰琉璃制品的规格

我国建筑装饰琉璃制品的规格尺寸，可以分为标定尺寸和产品尺寸两种。标定尺寸是《清代营造则例》中提出的琉璃瓦件的规格尺寸，而产品尺寸是我国各地琉璃瓦件生产单位自定的尺寸。

由于我国幅员广大，各地气候不同，习惯不同，因此，各地产品在尺寸上也反映了适应当地气候特点和习惯需要。尤其是我国的北方和南方，产品尺寸差别较大，按第二届全国建筑卫生陶瓷标准化技术委员会第二次年会通过的新修订的《建筑琉璃制品》规定，琉璃制品（主要为适用于屋面的瓦）产品规格由供需双方协商确定。

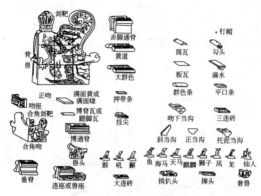

图 3-2　琉璃瓦件形状示意图

　　由于琉璃制品是我国古代发明的特有的建筑装饰材料，加之现代仍大部分沿用原来的产品形状、类别和规格，所以我国将琉璃瓦的型号仍用古代的名称，被称之为"样"，古代有 10 种，但有两种不用，所以实际为 8 种。最常用者为五样、六样、七样。

　　（四）建筑装饰琉璃制品的质量要求

　　建筑装饰琉璃制品的技术质量要求，主要包括规格尺寸、外观质量和物理力学性质三个方面：

　　1. 建筑装饰琉璃制品的尺寸

　　由于建筑装饰琉璃制品的种类很多，形状各种

135

各样，所以其尺寸也很不固定，可根据建筑装饰工程的具体需要，由供需双方协商确定。但尺寸允许偏差必须符合国家有关规定。常用的琉璃瓦尺寸如图 3-3 所示。

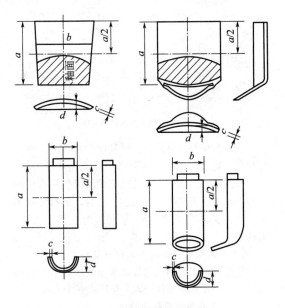

图 3-3　琉璃瓦的尺寸示意图

2. 建筑装饰琉璃制品的外观质量

琉璃制品按外观质量分为优等品、一级品和合格品。外观质量必须符合表 3-38～表 3-40 的规定。同一件产品允许外观缺陷项目，优等品不超过 3 项，一级品不超过 5 项。

琉璃瓦类的外观质量　　　　表 3-38

缺陷项目	计量单位	优等品		一级品		合格品	
		显见面	非显见面	显见面	非显见面	显见面	非显见面
磕碰 黏疤 缺釉	mm²	总面积100，最大为60	最大200，2处 不计	总面积200，最大80，1处	最大300，2处 不计	总面积225，最大120	最大450，2处 不计
裂纹	mm	总长度15，深度不大于1/3厚度	总长度40，深度不允许有贯穿开裂	总长度20，深度不大于1/3厚度	总长度50，深度不允许有贯穿开裂	总长度30，深度不大于1/3厚度	总长度75，深度不允许有贯穿开裂
釉泡 落脏 杂质 变形	mm	$2<\varphi\leqslant4$ 2处 $a\geqslant350,6$ $350>a>250,5$ $a\leqslant250,4$	不计	$2<\varphi\leqslant3$ 3处 $a\geqslant350,8$ $350>a>250,7$ $a\leqslant250,6$	不计	$2<\varphi\leqslant5$ 3处 $a\geqslant350,10$ $350>a>250,9$ $a\leqslant250,8$	不计
色差		不明显				稍有色差	

注：表中的"不计"指缺陷对使用效果无影响。

137

琉璃制品脊类和饰件(吻)

类外观质量

表 3-39

缺陷项目	计量单位	优等品		一级品		合格品	
		显见面	非显见面	显见面	非显见面	显见面	非显见面
磕碰 黏疤 缺釉	mm²	总面积150,最大80		总面积200,最大80,1处		总面积225,最大120	
裂纹	mm	最大长度20,深度不大于1/3厚度,总长度<60	不计	最大长度35,深度不大于1/3厚度,总长度<80	不计	最大长度50,深度不大于1/3厚度,总长度<120	不计
釉泡 落脏 杂质	mm	$2<\varphi\leqslant3$ 4 处		$2<\varphi\leqslant5$ 5 处		$3\leqslant\varphi\leqslant5$ 5 处	
变形		$a\geqslant350,6$ $350>a>250,5$ $a\leqslant250,4$		$a\geqslant350,8$ $350>a>250,7$ $a\leqslant250,6$		$a\geqslant350,10$ $350>a>250,9$ $a\leqslant250,8$	
色差		不明显		稍有色差			

注:表中的"不计"指缺陷对使用效果无影响。

138

缺陷项目	计量单位	优等品		一级品		合格品	
		显见面	非显见面	显见面	非显见面	显见面	非显见面
		$c \leqslant 300$	$c > 300$	$c \leqslant 300$	$c > 300$	$c \leqslant 300$	$c > 300$
磕碰 黏疤 缺釉	mm²	总面积30,最大15,1处	总面积50,最大25,1处	总面积50,最大20,1处	总面积75,最大30,1处	总面积75,最大30,1处	总面积85,最大45,1处
裂纹	mm	总长度15,深度不大于1/3厚度	总长度25,深度不大于1/3厚度	总长度20,深度不大于1/3厚度	总长度30,深度不大于1/3厚度	总长度30,深度不大于1/3厚度	总长度45,深度不大于1/3厚度
釉泡 落脏 杂质	mm	$2 < \varphi \leqslant 3$ 1处	$2 < \varphi \leqslant 4$ 1处	$2 < \varphi \leqslant 4$ 2处	$2 < \varphi \leqslant 6$ 2处	$3 < \varphi \leqslant 6$ 2处	$2 < \varphi \leqslant 7$ 2处
变形		6	10	8	12	10	14

注：表中"c"指饰件(兽)类的外形高度。

3. 建筑装饰琉璃制品的物理力学性质

建筑装饰琉璃制品的物理力学性质，如表 3-41 所示。

建筑装饰琉璃制品的物理力学性质 表 3-41

项目	优等品	一级品	合格品
	技　术　指　标		
吸水率(%)	≤12		
抗冻性	冻融循环 15 次		冻融循环 10 次
	无开裂、剥落、掉角、掉棱、起鼓现象。因特殊要求,冷冻最低温度、冻融循环次数可由供需双方协商确定		
弯曲破坏荷载(N)	≥1177		
耐急冷急热性能	3 次循环,无开裂、剥落、掉角、掉棱、起鼓现象		
光泽度(度)	平均值应≥50,可根据需要,由供需双方协商确定		

第四章　装饰玻璃材料

在传统的建筑装饰工程中，玻璃虽然也是不可缺少的建筑装饰材料，但只是单纯地作为采光和装饰用，所以其应用范围并不是非常广泛。随着现代建筑的发展，现代装饰技术的不断进步和人们对建筑物的功能和美观要求不断提高，特别是在功能性方面对玻璃提出更高标准，许多建筑需要具有控制光线、调节热量、节约能源、控制噪声、降低自重、改善环境、提高艺术、有益健康等多种功能，这也是现代建筑对装饰玻璃材料提出的更高要求。

玻璃的种类很多，按玻璃的化学组成成分不同，可分为钠玻璃、钾玻璃、铝镁玻璃、铅玻璃、硼硅玻璃、石英玻璃等。根据玻璃的功能和用途不同，还可分为表 4-1 中所列的几类。

玻璃按功能和用途不同分类　　　表 4-1

玻璃类型	玻璃品种
平板玻璃	普通平板玻璃、高级平板玻璃（浮法玻璃）
声、光、热控制玻璃	热反射膜镀膜玻璃、低辐射镀膜玻璃、导电膜镀膜玻璃、磨砂玻璃、喷砂玻璃、压花玻璃、中空玻璃、泡沫玻璃、玻璃空心砖

玻璃类型	玻璃品种
安全玻璃	夹丝玻璃、夹层玻璃、钢化玻璃
装饰玻璃	彩色玻璃、压花玻璃、磨花玻璃、喷花玻璃、冰花玻璃、刻花玻璃、磨光玻璃、彩釉钢化玻璃、玻璃大理石、激光玻璃
特种玻璃	防辐射玻璃（铅玻璃）、防盗玻璃、电热玻璃、防火玻璃
玻璃纤维及制品	玻璃棉、玻璃毡、玻璃板、玻璃纤维布、玻璃纤维带、玻璃纤维纱等

玻璃按照生产方法不同，可分为普通平板玻璃和浮法玻璃。普通平板玻璃是用石英砂岩粉、硅砂、钾化石、纯碱、芒硝等原料，按一定比例配制，经熔窑高温熔融，通过垂直引上法或平拉法、压延法生产出来的透明五色的平板玻璃；浮法玻璃是用海沙、石英砂岩粉、纯碱、白云石等原料，按一定比例配制，经熔窑高温熔融，玻璃液从池窑连续流至并浮在金属液面上，摊成厚度均匀平整、经火抛光的玻璃带，冷却硬化后脱离金属液，再经退火切割而成的透明五色平板玻璃。

随着现代建筑装饰工程的发展，玻璃已不再是传统单纯的采光和装饰用材料，而是逐渐向多功能方向发展，玻璃的深加工制品具有调节温度、控制光线、隔声吸声、提高建筑装饰艺术性等功能，为建筑工程设计提供了更多的选择性，扩大了建筑装饰玻璃的使用范围，玻璃已成为现代建筑中的重要材料之一。

第一节　普通平板玻璃

普通平板玻璃也称为白片玻璃、单片玻璃、原片玻璃或净片玻璃等，简称为玻璃，是平板玻璃中生产量最大、使用面最广的一种，也是指未经加工的平板玻璃制品。

根据现行国家标准《平板玻璃》（GB 11614—2009）中的规定，本标准适用于各种工艺生产的钠钙硅平板玻璃，但不适用于压花玻璃和夹丝玻璃。

一、普通平板玻璃的分类和尺寸要求

1. 普通平板玻璃的分类方法

（1）平板玻璃按生产方法不同，可分为无色透明平板玻璃和本体着色平板玻璃。

（2）平板玻璃按外观质量不同，可分为合格品、一等品和优等品。

（3）平板玻璃按其公称厚度可分为：2mm、3mm、4mm、5mm、6mm、8mm、10mm、12mm、15mm、19mm、22mm、25mm。

2. 普通平板玻璃的尺寸要求

平板玻璃的尺寸偏差、对角线差、厚度偏差和厚薄差，应符合表 4-2 中的规定。

平板玻璃的尺寸偏差、对角线
差、厚度偏差和厚薄差　　　表 4-2

	公称厚度	尺寸偏差	
		尺寸≤3000	尺寸>3000
尺寸偏差 （mm）	2～6	±2	±3
	8～10	+2，－3	+3，－4
	12～15	±3	±4
	19～25	±5	±5
	注：平板玻璃应切裁成矩形，其长度和宽度的尺寸偏差应不超过表中的规定		
对角线差	对角线差应不大于其平均长度的 0.2%		
	公称厚度	厚度偏差	厚薄差
厚度偏差 和厚薄差 （mm）	2～6	±0.2	0.2
	8～12	±0.3	0.3
	15	±0.5	0.5
	19	±0.7	0.7
	22～25	±1.0	1.0

二、普通平板玻璃的外观质量要求

普通平板玻璃合格品、一等品和优等品的外观质量要求，应当分别符合表 4-3 中的各项规定。

普通平板玻璃的外观质量要求　　　　表 4-3

	缺陷种类	质量要求			
平板玻璃合格品外观质量	点状缺陷	尺寸(L)/(mm)	允许个数限定	尺寸(L)/(mm)	允许个数限定
		$0.5 \leqslant L \leqslant 1.0$	2.0S	$2.0 < L \leqslant 3.0$	0.5S
		$1.0 < L \leqslant 2.0$	1.0S	$L > 3.0$	0
	点状缺陷密集度	尺寸≥0.5mm 的点状缺陷最小间距不小于 300mm，直径 ≥100mm 圆内尺寸 0.3mm 的点状缺陷不超过 3 个			
	线道和裂纹	不允许			
	划伤	允许范围		允许条数限定	
		宽度≤0.5mm，长度≤60mm		3.0S	
	光学变形	公称厚度	无色透明平板玻璃	本色透明平板玻璃	
		2mm	≥40°	≥40°	
		3mm	≥45°	≥40°	
		≥4mm	≥50°	≥45°	
	断面缺陷	公称厚度不超过 8mm 时，不超过玻板的厚度；8mm 以上时，不超过 8mm			
	注：点状缺陷中的光畸变点视为 0.5～1.0mm 的缺陷				

	缺陷种类	质量要求			
平板玻璃一等品外观质量	点状缺陷	尺寸(L)/(mm)	允许个数限定	尺寸(L)/(mm)	允许个数限定
		0.3≤L≤0.5	2.0S	1.0<L≤1.5	0.2S
		0.5<L≤1.0	0.5S	L>1.5	0
	点状缺陷密集度	尺寸≥0.3mm 的点状缺陷最小间距不小于 300mm,直径≥100mm 圆内尺寸 0.2mm 的点状缺陷不超过 3 个			
	线道和裂纹	不允许			
	划伤	允许范围		允许条数限度	
		宽度≤0.2mm,长度≤40mm		2.0S	
	光学变形	公称厚度	无色透明平板玻璃	本色透明平板玻璃	
		2mm	≥50°	≥45°	
		3mm	≥55°	≥50°	
		4~12mm	≥60°	≥55°	
		≥15mm	≥55°	≥50°	
	断面缺陷	公称厚度不超过 8mm 时,不超过玻板的厚度;8mm 以上时,不超过 8mm			
	注:点状缺陷中不允许有光畸变点				

146

缺陷种类	质量要求			
平板玻璃优等品外观质量	点状缺陷	尺寸(L)/(mm)	允许个数限定	尺寸(L)/(mm)	允许个数限定
		0.3≤L≤0.5	1.0S	L>1.0	0
		0.5<L≤1.0	0.2S		
	点状缺陷密集度	尺寸≥0.3mm 的点状缺陷最小间距不小于 300mm,直径≥100mm 圆内尺寸 0.1mm 的点状缺陷不超过 3 个			
	线道和裂纹	不允许			
	划伤	允许范围		允许条数限度	
		宽度≤0.1mm, 长度≤30mm		2.0S	
	光学变形	公称厚度	无色透明平板玻璃	本色透明平板玻璃	
		2mm	≥50°	≥50°	
		3mm	≥55°	≥50°	
		4~12mm	≥60°	≥55°	
		≥15mm	≥55°	≥50°	
	断面缺陷	公称厚度不超过 8mm 时,不超过玻板的厚度;8mm 以上时,不超过 8mm			
	注:点状缺陷中不允许有光畸变点				

注:表中 S 是以平方米为单位的玻璃板面积数值,按《数值修约规则与极限数值的表示和判定》(GB/T 8170—2008)修约,保留小数点后两位,点状缺陷的允许个数限度及划伤允许条数限度为各系数与 S 相乘所得的数值,按《数值修约规则与极限数值的表示和判定》(GB/T 8170—2008)修约。

三、普通平板玻璃的光学特征要求

平板玻璃的透光率是衡量其透光能力的重要指标，它是光线透过玻璃后的光通量占透过前光通量的百分比。普通平板玻璃的光学特征要求，应符合表 4-4 中的规定。

普通平板玻璃的光学特征　　　　表 4-4

无色透明平板玻璃的可见光透射比					
公称厚度（mm）	可见光透射比最小值(%)	公称厚度（mm）	可见光透射比最小值(%)	公称厚度（mm）	可见光透射比最小值(%)
2	89	6	85	15	76
3	88	8	83	19	72
4	87	10	81	22	69
5	86	12	79	25	67

本色透明平板玻璃的可见光透射比、太阳光直接透射比、太阳能总透射比偏差

种类	偏差(%)	种类	偏差(%)	种类	偏差(%)
可见光（380～780mm）透射比	2.0	太阳光（380～780mm）直接透射比	3.0	太阳能（300～2500mm）总透射比	4.0

注：（1）玻璃可见光透射比：为光线透过玻璃后的光通量与光线透过玻璃前的光通量比值。

（2）本色透明平板玻璃的颜色均匀性，同一批产品色差应符合 $\Delta E_{ab} \leqslant 2.5$。

（3）特殊的厚度和光学特征要求，由供需双方协商。

第二节 装饰安全玻璃

为了提高建筑装饰玻璃的安全性，减小玻璃的脆性，提高玻璃的强度，通常可采用以下方法：用退火法消除其内应力，用物理钢化回火、化学钢化法使玻璃中形成可缓解外力作用的均匀预应力，消除玻璃表面缺陷。安全玻璃是一类经剧烈振动或撞击不破碎的玻璃。目前，在建筑装饰工程中常用的安全玻璃有防火玻璃、钢化玻璃、夹丝玻璃和夹层玻璃。

一、防火玻璃

防火玻璃是指具有防火功能的建筑外墙用幕墙或门窗玻璃。根据现行国家标准《防火玻璃 第1部分：建筑用安全玻璃》（GB 15763.1—2009）中的规定，本标准适用于复合防火玻璃及经钢化工艺制造的单片防火玻璃。

（一）防火玻璃的分类方法

防火玻璃的分类方法，可参见表4-5。

防火玻璃的分类方法　　　　表4-5

分类方法	防火玻璃种类及说明
按组成结构分	复合防火玻璃（FFB），由两层或两层以上玻璃复合而成，或由一层玻璃和有机材料复合而成，并满足相应耐火等级要求的特种玻璃
	单片防火玻璃（DFB），由单层玻璃构成，并满足相应耐火等级要求的特种玻璃

分类方法	防火玻璃种类及说明
按耐火性能分	隔热型防火玻璃(A类),同时满足耐火完整性、耐火隔热性要求的防火玻璃
	非隔热型防火玻璃(C类),仅满足耐火完整性要求的防火玻璃
按耐火极限分	按耐火的时间分类,可分为 0.50h、1.00h、1.50h、2.00h、3.00h

（二）防火玻璃的尺寸允许偏差

防火玻璃的尺寸允许偏差,应符合表 4-6 中的规定。

防火玻璃的尺寸允许偏差　　　　表 4-6

复合防火玻璃的尺寸允许偏差(mm)

玻璃的公称厚度 d	厚度允许偏差	长度或宽度(L)允许偏差	
		$L \leqslant 1200$	$1200 < L \leqslant 2400$
$5 \leqslant d < 11$	±1.0	±2.0	±3.0
$11 \leqslant d < 17$	±1.0	±3.0	±4.0
$17 \leqslant d < 24$	±1.3	±4.0	±5.0
$24 \leqslant d < 35$	±1.5	±5.0	±6.0
$d > 35$	±2.0	±5.0	±6.0

单片火玻璃的尺寸允许偏差（mm）

玻璃的公称厚度 d	厚度允许偏差	长度或宽度（L）允许偏差		
		$L \leqslant 1000$	$1000 < L \leqslant 2000$	$L > 2000$
5，6	±0.2	+1，−2	±3.0	±4.0
8，10	±0.3	+2，−3		
12	±0.3			
15	±0.5	±4.0	±4.0	
19	±0.7	±5.0	±5.0	±6.0

（三）防火玻璃的外观质量

防火玻璃的外观质量，应符合表 4-7 中的规定。

防火玻璃的外观质量   表 4-7

玻璃种类	缺陷名称	质量指标
复合防火玻璃	气泡	直径 300mm 圆内允许长 0.5～1.0mm 的气泡 1 个
	胶合层杂质	直径 500mm 圆内允许长 2.0mm 以下的杂质 2 个
	划伤	宽度≤0.1mm、长度≤50mm 的轻微划伤，每平方米面积内不超过 4 条
		0.1mm<宽度<0.5mm，长度≤50mm 的轻微划伤，每平方米面积内不超过 1 条
	边部爆裂	每米边长允许长度不超过 20mm、自边部向玻璃表面延伸深度不超过厚度一半的爆边 4 个
	叠差、裂纹、脱胶	裂纹、脱胶不允许存在，总叠差不应大于 3mm

151

玻璃种类	缺陷名称	质量指标
单片防火玻璃	边部爆裂	不允许存在
	划伤	宽度≤0.1mm、长度≤50mm 的轻微划伤,每平方米面积内不超过 2 条
	结石、裂纹、缺角	0.1mm<宽度<0.5mm、长度≤50mm 的轻微划伤,每平方米面积内不超过 1 条
		不允许存在

注:复合防火玻璃周边 15mm 范围内的气泡、胶合层杂质不作要求。

（四）防火玻璃的技术性能

防火玻璃的技术性能,应符合表 4-8 中的规定。

二、钢化玻璃

根据现行国家标准《钢化玻璃 第 2 部分:建筑用安全玻璃》（GB 15763.2—2005）中的规定,钢化玻璃是指经热处理工艺后所得到的玻璃,其特点是在玻璃表面形成压应力层,机械强度和耐热冲击强度得到提高,并具有特殊的碎片状态。钢化玻璃其实是一种预应力玻璃,为提高玻璃的强度,通常使用化学或物理的方法,在玻璃表面形成压应力,玻璃承受外力时首先抵消表层应力,从而提高了承载能力,增强玻璃自身抗风压性、抗温差性和冲击性等。

152

防火玻璃的技术性能 表4-8

项目	技术性能要求		
	名称	耐火极限等级	耐火性能要求
耐火性能	隔热型防火玻璃（A类）	3.00h 2.00h 1.50h 1.00h 0.50h	耐火隔热性时间≥3.00h,且耐火完整性时间≥3.00h 耐火隔热性时间≥2.00h,且耐火完整性时间≥2.00h 耐火隔热性时间≥1.50h,且耐火完整性时间≥1.50h 耐火隔热性时间≥1.00h,且耐火完整性时间≥1.00h 耐火隔热性时间≥0.50h,且耐火完整性时间≥0.50h
	非隔热型防火玻璃（C类）	3.00h 2.00h 1.50h 1.00h 0.50h	耐火完整性时间≥3.00h,耐火隔热性时间无要求 耐火完整性时间≥2.00h,耐火隔热性时间无要求 耐火完整性时间≥1.50h,耐火隔热性时间无要求 耐火完整性时间≥1.00h,耐火隔热性时间无要求 耐火完整性时间≥0.50h,且耐火隔热性时间无要求
弯曲度	防火玻璃弓形弯曲度不应超过0.3%,波形弯曲度不应超过0.2%		

项目	技术性能要求
可见光透射比	允许偏差最大值(明示标称值)±3％;允许偏差最大值(未明示标称值)±5％
耐热性能	试验后复合防火玻璃试样的外观质量应符合表7-15中的规定
耐寒性能	试验后复合防火玻璃试样的外观质量应符合表7-15中的规定
耐紫外线辐射性	当防火玻璃使用在有建筑采光要求的场合时,应进行耐紫外线辐照性能测试。复合防火玻璃试样试验后不应产生显著变色、气泡或浑浊现象,并且试验前后可见光透射比相对变化率 ΔT 应不大于10％
抗冲击性能	试样试验破坏数应符合 GB 15763.1—2009 第8.3.4 条的规定。 单片防火玻璃不破坏是指在试验后不破碎;复合防火玻璃不破坏是指在试后只玻璃满足下述条件之一:①玻璃不破碎;②玻璃破碎但钢球未穿透试样
碎片状态	每块试验样品在 50mm×50mm 区域内的碎片数应不低于 40 块。允许有少量长条碎片存在,但其长度不得超过 75mm,且端部不是刀刃状;延伸至玻璃边缘的长条形碎片与玻璃边缘形成的夹角不得大于 45°

154

（一）钢化玻璃的分类方法

（1）钢化玻璃按生产工艺分类，可分为垂直法钢化玻璃和水平法钢化玻璃。垂直法钢化玻璃是指在钢化过程中采取夹钳吊挂的方式生产出来的钢化玻璃；水平法钢化玻璃是指在钢化过程中采取水平辊支撑的方式生产出来的钢化玻璃。

（2）钢化玻璃按其形状分类，可分为平面钢化玻璃和曲面钢化玻璃。

（二）钢化玻璃的尺寸允许偏差

钢化玻璃的尺寸允许偏差，应符合表4-9中的规定。

钢化玻璃的尺寸允许偏差 表4-9

长方形平面钢化玻璃边长允许偏差(mm)

玻璃厚度 (mm)	边长 L			
	$L \leqslant 1000$	$1000 < L$ $\leqslant 2000$	$2000 < L$ $\leqslant 3000$	$L > 3000$
3、4、5、6	+1，−2	±3	±4	±5
8、10、12	+2，−3			
15	±4	±4		
19	±5	±5	±6	±7
>19	由供需双方协商确定			

155

长方形平面钢化玻璃对角线允许偏差(mm)

玻璃厚度	边长 L		
(mm)	L≤2000	2000<L≤3000	L>3000
3、4、5、6	±3.0	±4.0	±5.0
8、10、12	±4.0	±5.0	±6.0
15、19	±5.0	±6.0	±6.0
>19	由供需双方协商确定		

钢化玻璃厚度允许偏差(mm)

厚度	3,4,5,6	8,10	12	15	19	>19
允许偏差	±0.2	±0.3	±0.4	±0.6	±1.0	供需双方协商确定

玻璃边部及圆孔加工质量

边部加工质量	由供需双方协商确定			
圆孔的边部加工质量	由供需双方协商确定			
孔径及其允许偏差(mm)	公称孔径(D)	允许偏差	公称孔径(D)	允许偏差
	D<4	由供需双方协商确定	50<D≤100	±2.0
	4≤D≤50	±1.0	D>100	由供需双方协商确定

玻璃边部及圆孔加工质量				
孔的位置	孔的边部距玻璃边部	≥2d (d 为公称厚度)	孔的边部距玻璃角部	≥6d
	两孔孔边之间的距离	≥2d	圆孔圆心的位置允许偏差	同玻璃边长允许偏差应符合表中的要求

注：1. 其他形状的钢化玻璃的尺寸及其允许偏差，由供需双方协商确定。

2. 对于上表中未作规定的公称厚度的玻璃，其厚度允许偏差可采用表中与其邻近的较薄厚度的玻璃的规定，或由供需双方协商确定。

（三）钢化玻璃的外观质量要求

钢化玻璃的外观质量要求，应符合表 4-10 中的规定。

钢化玻璃的外观质量要求   表 4-10

缺陷名称	说明	允许缺陷数量
边部爆裂	每片玻璃每米边长上允许有长度不超过 10mm，自玻璃边部向玻璃表面延伸深度不超过 2mm，从板的表面向玻璃厚度延伸深度不超过厚度 1/3 的爆裂边	1 处

157

缺陷名称	说明	允许缺陷数量
划伤	宽度在 0.1mm 以下的轻微划伤,每平方米面积内允许存在条数	长度≤100mm时,允许 4 条
	宽度在 0.1mm 以上的划伤,每平方米面积内允许存在条数	宽度 0.1~1mm、长度≤100mm时,允许 4 条
夹钳印	夹钳印中心与玻璃边缘的距离	≤20mm
	边部的变形量	≤2mm
裂纹、缺角	不允许存在	

（四）钢化玻璃的物理力学性能

钢化玻璃的物理力学性能，应符合表 4-11 中的规定。

钢化玻璃的物理力学性能　　　　表 4-11

项目	质量指标
弯曲度	平面钢化玻璃的弯曲度不应超过 0.3%，波形弯曲度不应超过 0.2%
抗冲击性	取 6 块钢化玻璃试样进行试验，试样破坏数不超过 1 块为合格，多于或等于 3 块为不合格。破坏数为 2 块时，再另取 6 块进行试验，6 块必须全部不被破坏为合格

项目	质量指标			
碎片状态	取 4 块钢化玻璃试样进行试验,每块试样在 50mm×50mm 区域内的最少碎片数			
	玻璃品种	公称厚度(mm)	最少碎片数(片)	备注
	平面钢化玻璃	3	30	允许有少量长条碎片,其长度不超过 75mm
		4~12	40	
		≥15	30	
	曲面钢化玻璃	≥4	30	
霰弹袋的冲击性能	取 4 块平面钢化玻璃试样进行试验,必须符合下列①或②中任意一条的规定。 ①玻璃破碎时,每块试样的最大 10 块碎片质量的总和,不得超过相当于试样 65cm 面积的质量,保留在框内的任何无贯穿裂纹的玻璃碎片的长度不能超过 120mm。 ②霰弹袋的下落高度为 1200mm 时,试样不破坏			
表面应力	钢化玻璃的表面应力不应小于 90MPa。以制品为试样,取 3 块试样进行试验,当全部符合规定为合格,2 块试样不符合则为不合格,当 2 块试样符合时,再追加 3 块试样,如果 3 块全部符合规定,则为合格			
耐热冲击性能	钢化玻璃应耐 200℃温差不破坏。 取 4 块试样进行试验,当全部符合规定为合格,2 块试样不符合则为不合格。当 1 块试样不符合时,重新追加 1 块试样,如果它符合规定,则认为该性能合格。当有 2 块不符合时,则重新追加 4 块试样,全部符合规定时则为合格			

三、夹层玻璃

夹层玻璃是指玻璃与玻璃和/或塑料等材料，用中间层分隔并通过处理使其粘结为一体的复合材料的统称。常见和大多数使用的是玻璃与玻璃，中间层分隔并通过处理使其粘结为一体的玻璃构件。夹层玻璃是一种安全玻璃，此种玻璃经过较大的冲击和较剧烈的震动，仅出现裂纹，不至于粉碎。

根据现行国家标准《夹层玻璃 第3部分：建筑用安全玻璃》（GB 15763.3—2009）中的规定，本标准适用于建筑用夹层玻璃。

（一）夹层玻璃的分类及应用

（1）夹层玻璃的分类。夹层玻璃按其形状不同，可分为平面夹层玻璃和曲面夹层玻璃。按霰弹袋的冲击性能不同，可分为Ⅰ类夹层玻璃、Ⅱ-1夹层玻璃、Ⅱ-2夹层玻璃和Ⅲ类夹层玻璃。

（2）夹层玻璃的应用。夹层玻璃主要适用于高层建筑门窗、工业厂房门窗、高压设备观察窗、飞机和汽车风窗及防弹车辆、水下工程、动物园猛兽展览窗、银行门窗、展览橱窗、商业橱窗等处。

（二）夹层玻璃的尺寸允许偏差

夹层玻璃的尺寸允许偏差，应符合表4-12中的规定。

项目	技术指标			
	公称尺寸（边长 L）	公称厚度 ≤8	公称厚度＞8	
			每块玻璃公称厚度 ＜10	每块玻璃公称厚度 ≥10
长度和宽度允许偏差(mm)	L≤1100	+2.0，−2.0	+2.5，−2.0	+3.5，−2.5
	1100＜L ≤1500	+3.0，−2.0	+3.5，−2.0	+4.5，−3.0
	1500＜L ≤2000	+3.0，−2.0	+3.5，−2.0	+5.0，−3.5
	2000＜L ≤2500	+4.5，−2.5	+5.0，−3.0	+6.0，−4.0
	L＞2500	+5.0，−3.0	+5.5，−3.5	+6.5，−4.5
最大允许的叠加差	长度或宽度 L			
	L＜1000	1000≤L ＜2000	2000≤L ＜4000	L≥4000
	2.0	3.0	4.0	6.0
厚度允许偏差(mm)	干法夹层玻璃厚度偏差：干法夹层玻璃的厚度偏差，不能超过构成夹层玻璃的原片厚度允许偏低和中间层材料厚度允许偏差总和。中间层的总厚度＜2mm 时，不考虑中间层的厚度偏差；中间层的总厚度≥2mm 时，其厚度允许偏差为±0.2mm。湿法夹层玻璃厚度偏差：湿法夹层玻璃的厚度偏差，不能超过构成夹层玻璃的原片厚度允许偏低和中间层材料厚度允许偏差总和。湿法中间层厚度允许偏差应符合以下规定			

项目	技术指标			
厚度允许偏差(mm)	中间层厚度 d	$d<1.0$	$1{\leqslant}d<2$	$2{\leqslant}d<3$	$d{\geqslant}3$
	允许偏差	±0.4	±0.5	±0.6	±0.7
	注:对于三层原片以上(含三层)制品、原片材料总厚度超过 24mm 及使用钢化玻璃作为原片时,其厚度允许偏差由供需双方商定				
对角线差	矩形夹层玻璃制品,长边长度不大于 2400mm 时,对角线差不得大于 4mm;长边长度大于 2400mm 时,对角线差由供需双方商定				

（三）夹层玻璃的外观质量要求

夹层玻璃的外观质量要求,应符合表 4-13 中的规定。

（四）夹层玻璃的物理力学性能

夹层玻璃的物理力学性能,应符合表 4-14 中的规定。

四、均质钢化玻璃

均质钢化玻璃是玻璃在钢化工序完成后,进入均质炉内进行均质处理。钢化玻璃均质处理后可减少玻璃在用户使用过程中的自爆。均质钢化玻璃保留了钢化玻璃的特性,机械强度高、抗热冲击性和安全性能好。

表 4-13 夹层玻璃的外观质量要求

项目				技术要求				
			缺陷尺寸 λ(mm)	0.5<λ≤1.0	1.0<λ≤3.0			
			板面的面积 S(m²)	S 不限	$S \leq 1$	$1<S \leq 2$	$2<S \leq 8$	$8<S$
可视区缺陷	允许点状缺陷数	缺陷数（个）	玻璃层数					
			2 层	不得密集存在	1	2	1.0/m²	1.2/m²
			3 层		2	3	1.5/m²	1.8/m²
			4 层		3	4	2.0/m²	2.4/m²
			≥5 层		4	5	2.5/m²	3.0/m²

注：(1)≤0.5mm 的缺陷不予考虑，不允许出现大于 3mm 的缺陷；
(2)当出现下列情况之一时，视为密集缺陷存在：①两层玻璃，出现 4 个或 4 个以上的缺陷，且彼此相距<200mm；②三层玻璃，出现 4 个或 4 个以上的缺陷，且彼此相距<180mm；③四层玻璃，出现 4 个或 4 个以上的缺陷，且彼此相距<150mm；④五层以上玻璃，出现 4 个或 4 个以上的缺陷，且彼此相距<100mm；
(3)单层中间单层厚度大于 2mm 时，上表中的允许缺陷总数增加 1

项目		技术要求			
	缺陷尺寸（长度 L、宽度 B）/(mm)	L≤30 目 B≤0.2	L>30 或 B>0.2		
可视区缺陷 允许线状缺陷数	玻璃面积（S）/(m²)	S 不限	S≤5	5<S≤8	8<S
	允许缺陷数（个）	允许存在	不允许	1	2
周边区的缺陷	使用时装有边框的夹层玻璃周边区域，允许直径不超过 5mm 的点状缺陷存在；如点状缺陷是气泡，气泡面积之和不应超过边缘区面积的 5%；使用时不带边框的夹层玻璃周边区域，由供需双方商定				
裂口、脱胶、缺膜、条纹等缺陷	不允许存在				
边部爆裂	长度或宽度不得超过玻璃的厚度				

夹层玻璃的物理力学性能　　　表 4-14

项目	技术指标
弯曲度	平面夹层玻璃的弯曲度，弓形时应不超过 0.3%，波形时应不超过 0.2%。原片材料使用有非无机玻璃时，弯曲度由供需双方商定
可见光透射比	由供需双方商定
可见光反射比	由供需双方商定
抗风压性能	应由供需双方商定是否有必要进行本项试验，以便合理选择给定风载条件下适宜的夹层玻璃材料、结构和规格尺寸等，或验证所选定夹层玻璃材料、结构和规格尺寸等能否满足设计风压值的要求
耐热性	试验后允许试样存在裂口，超出边部或裂口 13mm 部分不能产生气泡或其他缺陷
耐湿性	试验后试样超出原始边 15mm、切割边 25mm、裂口 10mm 部分不能产生气泡或其他缺陷
耐辐照性	玻璃试样试验后不应产生显著变色、气泡及浑浊现象，并且试验前后可见光透射比相对变化率 ΔT 应不大于 3%
下落球的冲击剥离性能	试验后中间层不得断裂，不得因碎片剥离而暴露

项目	技术指标
霰弹袋的 冲击性能	在每一冲击高度试验后,试样均未破坏和/或安全破坏。破坏时试样同时符合下列要求为安全破坏: ①破坏时允许出现裂缝或开口,但是不允许出现使直径 75mm 的球在 25N 力作用下通过裂缝或开口; ②冲击后试样出现碎片剥离时,称量冲击后 3min 内从试样上剥落下的碎片。碎片总质量不得超过相当于100cm² 试样的质量,最大剥离碎片质量应小于 44cm² 面积试样的质量 Ⅱ-1 类夹层玻璃:3 组试样在冲击高度分别为 300mm、750mm 和 1200mm 时冲击后,试样未破坏和/或安全破坏;但另 1 组试样在冲击高度为 1200mm 时,任何试样非安全破坏; Ⅱ-2 类夹层玻璃:2 组试样在冲击高度分别为 300mm、750mm 时冲击后,试样未破坏和/或安全破坏;但另 1 组试样在冲击高度为 1200mm 时,任何试样非安全破坏; Ⅲ类夹层玻璃:2 组试样在冲击高度分别为 300mm 时冲击后,试样未破坏和/或安全破坏;但另 1 组试样在冲击高度为 750mm 时,任何试样非安全破坏; Ⅰ类夹层玻璃:对霰弹袋的冲击性能不作要求。 分级后的夹层玻璃适用场所建议,见《建筑用安全玻璃　第 3 部分:夹层玻璃》(GB 15763.3—2009)中的附录 A

根据现行国家标准《均质钢化玻璃 第 4 部分：建筑用安全玻璃》（GB 15763.4—2009）中的规定，本标准适用于建筑用均质钢化玻璃。对于建筑以外用的（如工业设备、家具等）均质钢化玻璃，如果没有相应的产品标准，可参照使用本标准。均质钢化玻璃主要应符合下列要求：

（1）均质钢化玻璃的尺寸及允许偏差、厚度及允许偏差、外观质量、抗冲击性、碎片状态、霰弹袋的冲击性能、表面应力、耐热冲击性和平面均质钢化玻璃的弯曲度，均应符合《钢化玻璃 第 2 部分：建筑用安全玻璃》（GB 15763.2—2005）中相应条款的规定。

（2）以 95％的置信区间、5％的破损概率，均质钢化玻璃的弯曲强度（四点弯法）应符合表 4-15 中的规定。

均质钢化玻璃的弯曲强度(四点弯法)　表 4-15

均质钢化玻璃类型	弯曲强度（MPa）	均质钢化玻璃类型	弯曲强度（MPa）
釉面均质钢化玻璃	75	压花均质钢化玻璃	90
以浮法玻璃为原片的均质钢化玻璃	120	镀膜均质钢化玻璃	120

五、半钢化玻璃

半钢化玻璃系指通过控制加热和冷却过程，在玻璃表面引入永久压应力层，使玻璃的机械强度和耐热冲击性能提高，并具有特定的碎片状态的玻璃制品。半钢化玻璃是介于普通平板玻璃和钢化玻璃之间的一个玻璃品种。兼有钢化玻璃的部分优点，同时又避免了钢化玻璃平整度差、易自爆的弱点。

根据现行国家标准《半钢化玻璃》（GB/T 17841—2008）中的规定，本标准适用于经热处理工艺制成的建筑用半钢化玻璃。对于建筑以外用的半钢化玻璃，可根据其产品特点参照使用本标准。

（一）半钢化玻璃的分类及尺寸偏差

1. 半钢化玻璃的分类方法

半钢化玻璃按生产工艺不同，可分为垂直法生产的半钢化玻璃、水平法生产的半钢化玻璃。生产半钢化玻璃所使用的原片，其质量应当符合相应产品标准的要求。

2. 半钢化玻璃的尺寸偏差

（1）厚度偏差。半钢化玻璃制品的厚度偏差应符合所使用的原片玻璃对应标准的规定。

（2）尺寸及允许偏差。半钢化玻璃制品边长允许偏差。半钢化玻璃矩形制品的边长允许偏差，应符合表 4-16 中的规定。

168

半钢化玻璃矩形制品的边长允许偏差　表 4-16

玻璃厚度 (mm)	边长 L(mm)			
	L≤1000	1000<L ≤2000	2000<L ≤3000	L>3000
3、4、5、6	+1.0,−2.0	±3.0	±3.0	±4.0
8、10、12	+2.0,−3.0	—	—	—

（3）半钢化玻璃制品对角线差。半钢化玻璃矩形制品的对角线差应符合表 4-17 的规定。

半钢化玻璃矩形制品

对角线差的允许值　表 4-17

玻璃厚度 (mm)	边长 L(mm)			
	L≤1000	1000<L ≤2000	2000<L ≤3000	L>3000
3、4、5、6	2.0	3.0	4.0	5.0
8、10、12	3.0	4.0	5.0	6.0

（4）半钢化玻璃的圆孔

①本条款只适用于公称厚度不小于 4 mm 的半钢化玻璃制品。圆孔的边部加工质量由供需双方商定。

②孔的直径。孔径一般不小于玻璃的公称厚度，孔径的允许偏差应符合表 4-18 的规定。小于玻璃的公

称厚度的孔的孔径允许偏差由供需双方商定。

半钢化玻璃孔径的允许偏差　　表 4-18

公称孔径 D(mm)	允许偏差 (mm)	公称孔径 D(mm)	允许偏差 (mm)	公称孔径 D(mm)	允许偏差 (mm)
$4 \leqslant D \leqslant 50$	± 1.0	$50 < D \leqslant 100$	± 2.0	$D > 100$	由供需双方商定

③ 孔的位置。孔的位置应符合下列要求：孔的边部距玻璃边部的距离，应不小于玻璃公称厚度的 2 倍；两孔孔边之间的距离，应不小于玻璃公称厚度的 2 倍；孔的边部距玻璃角部的距离，应不小于玻璃公称厚度的 6 倍。

（二）半钢化玻璃的技术要求

半钢化玻璃的各项技术要求，应符合表 4-19 中的规定。

半钢化玻璃的各项技术要求　　表 4-19

项目	技术要求		允许缺陷数
	缺陷名称	说明	
外观质量	边部爆裂	每米边长上允许有长度不超 10mm、自玻璃边部向玻璃表面延伸深度不超过 2mm，从板面向玻璃厚度延伸深度不超过厚度 1/3 的边部爆裂的个数	1 处

170

项目	技术要求			
外观质量	划伤	宽度≤0.1mm、长度≤100mm 每平方米面积内允许存在的条数		4条
		0.1mm＜宽度≤0.5mm、长度≤100mm 每平方米面积内允许存在的条数		3条
	夹钳印	夹钳印与玻璃边缘的距离≤20mm,边部变形量≤2mm		
	裂纹、缺角	不允许存在		
弯曲强度	原片玻璃种类	弯曲强度值(MPa)	原片玻璃种类	弯曲强度值(MPa)
	浮法玻璃、镀膜玻璃	≥70	压花玻璃	≥55
	本条款由供需双方商定采用			
弯曲度	水平法生产的平面玻璃制品的弯曲度应满足以下要求,垂直法生产的平面玻璃制品的弯曲度由供需双方商定			

弯曲度	缺陷种类	弯曲度		缺陷种类	弯曲度	
		浮法玻璃	其他玻璃		浮法玻璃	其他玻璃
	弓形(mm/mm)	0.3%	0.4%	波形(mm/300mm)	0.3	0.5

项目	技术要求			
表面应力值	原片玻璃种类	表面应力	原片玻璃种类	表面应力
	浮法玻璃、镀膜玻璃	24MPa≤表面应力值≤60MPa	压花玻璃	—
碎片状态	厚度小于等于 8mm 的玻璃碎片状态,按 GB/T 17841—2008 第 7、8 条进行检验,每片试样的破碎状态应满足以下要求。厚度大于 8mm 的玻璃的碎片状态由供需双方商定。 (1)碎片状态要求。①碎片至少有一边延伸到非检查区域;②当有碎片的任何一边不能延伸到非检查区域时,此类碎片归类为"小岛"碎片和"颗粒"碎片。 上述碎片应满足如下要求:a. 不应有两个及两个以上的小岛碎片;b. 不应有面积大于 10cm² 的小岛碎片;c. 所有的颗粒碎片的面积之和不应超过 50cm² (2)碎片状态放行条款。①碎片至少有一边延伸到非检查区域;②当有碎片的任何一边不能延伸到非检查区域时,此类碎片归类为"小岛"碎片和"颗粒"碎片。 上述碎片应满足如下要求:a. 不应有 3 个及 3 个以上的"小岛"碎片;b. 所有"小岛"碎片和"颗粒"碎片总面积之和不应超过 500cm²			
耐热冲击	本条款应由供需双方商定采用。试样应耐100℃温差不破坏			
边部质量	边部加工形状及质量由供需双方商定			

六、化学钢化玻璃

根据现行的行业标准《化学钢化玻璃》（JC/T 977—2005）中的规定，化学钢化玻璃系指通过化学离子交换，玻璃表层碱金属离子被熔盐中的其他碱金属离子置换，从而使玻璃的机械强度提高，本标准适用于平面化学钢化玻璃。

（一）化学钢化玻璃的分类方法

化学钢化玻璃按用途不同，可分为建筑用化学钢化玻璃和建筑以外用化学钢化玻璃。建筑用化学钢化玻璃是建筑物或室内作隔断使用的玻璃（CSB）；建筑以外用化学钢化玻璃是用于仪表、光学仪器、复印机、家电面板等的玻璃（CSOB）。化学钢化玻璃按表面应力值不同，可分为Ⅰ类、Ⅱ类和Ⅲ类。化学钢化玻璃按压应力层厚度不同，可分为A类、B类和C类。

（二）化学钢化玻璃的尺寸偏差

化学钢化玻璃的尺寸偏差，包括允许厚度偏差、边长允许偏差和对角线差值，应符合表4-20中的规定。

化学钢化玻璃的尺寸偏差　　　　表 4-20

项目	技术指标					
玻璃厚度允许偏差（mm）	厚度	允许偏差	厚度	允许偏差	厚度	允许偏差
	2、3、4、5、6	±0.2	8、10	±0.3	12	±0.4
	注：厚度小于 2mm 及大于 12mm 的化学钢化玻璃的厚度及厚度偏差由供需双方商定					
边的长度允许偏差（mm）	厚度	边的长度 L				
		$L \leqslant 1000$	$1000 < L \leqslant 2000$	$2000 < L \leqslant 3000$	$L > 3000$	
	<8	+1.0,−2.0	±3.0	±3.0	±4.0	
	≥8	+2.0,−3.0	±3.0	±3.0	±4.0	
	注：对于建筑用矩形化学钢化玻璃，其长度和宽度尺寸的允许偏差应符合表 7-28 中的规定。对于其他形状及建筑以外用化学钢化玻璃，其尺寸偏差由供需双方商定					
矩形玻璃对角线差值（mm）	玻璃公称厚度（mm）	边的长度 L				
		$L \leqslant 2000$	$2000 < L \leqslant 3000$	$L > 3000$		
	3、4、5、6	3.0	4.0	5.0		
	8、10、12	4.0	5.0	6.0		

　　注：厚度小于等于 2mm 及大于 12mm 的矩形化学钢化玻璃对角线差由供需双方商定。

（三）化学钢化玻璃的外观和加工质量

化学钢化玻璃的外观质量和加工质量，应符合表 4-21 中的规定。

化学钢化玻璃的外观质量和加工质量 表 4-21

化学钢化玻璃的外观质量		
缺陷名称	说明	允许缺陷数
边部爆裂	每片玻璃每米边长上允许有长度不超过 10mm，自玻璃边部向玻璃表面延伸深度不超过 2mm，从板的表面向玻璃厚度延伸深度不超过厚度 1/3 的爆裂边	1 处
划伤	宽度在 0.1mm 以下的轻微划伤，每平方米面积内允许存在条数	长度≤100mm 时允许 4 条
裂纹、缺角	不允许存在	
渍迹、污染雾	化学钢化玻璃表面不应有明显的渍迹、污染雾	
注：建筑用化学钢化玻璃外观质量应满足上表中的规定，建筑以外用化学钢化玻璃外观质量由供需双方商定		
化学钢化玻璃的加工质量		
局部加工质量	建筑用化学钢化玻璃的边部应进行倒角及细磨处理。建筑以外用化学钢化玻璃边部质量由供需双方商定	

化学钢化玻璃的加工质量

圆孔边部加工质量	由供需双方商定			
孔径及其允许偏差（mm）	公称孔径（D）	允许偏差[1]	公称孔径（D）	允许偏差[1]
	$D<4$	由供需双方商定	$20<D$ $\leqslant100$	±2.0
	$4\leqslant D\leqslant20$	±1.0	$D>100$	由供需双方商定
孔的位置[2]	建筑用化学钢化玻璃制品孔的边部距玻璃边部的距离	$\geqslant2d$（d 为玻璃公称厚度）	圆孔圆心的位置[3]	同玻璃的边长允许偏差相同
	两孔孔边之间的距离	$\geqslant2d$	孔的边部距玻璃角部的距离	$\geqslant6d$

[1] 适用于公称厚度不小于 4mm 的建筑用化学钢化玻璃。建筑以外用化学钢化玻璃的允许偏差由供需双方商定。

[2] 适用于公称厚度不小于 4mm，且整板玻璃的孔不多于四个的建筑用化学钢化玻璃制品。建筑以外用化学钢化玻璃的允许偏差由供需双方商定。

[3] 圆孔圆心位置的表达方法，一般用圆心的位置坐标（x、y）表达

（四）化学钢化玻璃的物理力学性能

化学钢化玻璃的物理力学性能，应符合表 4-22 中的规定。

化学钢化玻璃的物理力学性能　　表 4-22

项目	技术指标		项目	技术指标	
表面应力 P (MPa)	Ⅰ类	$300<P$ $\leqslant400$	压应力层厚度 d (μm)	A类	$12<d$ $\leqslant25$
	Ⅱ类	$400<P$ $\leqslant600$		B类	$25<d$ $\leqslant50$
	Ⅲ类	$P>600$		C类	$d>50$
弯曲度	玻璃厚度 (mm)	弯曲度	抗冲击性	玻璃厚度(mm)	冲击高度(m)	冲击后状态
	$d\geqslant2$	0.3%		$d<2$	1.0	试样不破坏
	$d<2$	供需双方商定		$d\geqslant2$	2.0	
弯曲强度[①] (四点弯法)MPa		150(以 95%的置信区间，5%的破损概率)			

[①] 适用于厚实 2mm 以上的建筑用化学钢化玻璃。

第三节　装饰节能玻璃

节能玻璃的节能机理主要包括两个方面：一方面是基于阻挡热能辐射热流；另一方面是基于降低热传导，利用两层玻璃间的空气或真空降低结构的传热系数，从而达到保温的目的。目前，在建筑装饰工程中应用的节能玻璃品种越来越多，最常见的有吸热玻璃、热反射玻璃、中空玻璃等。

一、中空玻璃

中空玻璃又称隔热玻璃，是由两层或两层以上的平板玻璃、热反射玻璃、吸热玻璃、夹丝玻璃、钢化玻璃、镀膜反射玻璃、压花玻璃、彩色玻璃等组合在一起，四周用高强度、高气密性复合胶粘剂将两片或多片玻璃与铝合金框架、橡胶条、玻璃条粘结密封，同时在中间填充干燥的空气或惰性气体，也可以涂以各种颜色和不同性能的薄膜。根据现行国家标准《中空玻璃》（GB/T 11944—2012）中的规定，本标准适用于建筑、冷藏等用途的中空玻璃。

（一）中空玻璃的规格尺寸要求

（1）中空玻璃的规格和最大尺寸。中空玻璃的规格和最大尺寸应符合表 4-23 中的规定。

中空玻璃的规格和最大尺寸(单位：mm)　表 4-23

玻璃厚度	间隔厚度	长边的最大尺寸	短边的最大尺寸	最大面积（m²）	正方形边长最大尺寸
3	6	2110	1270	2.4	1270
	9～12	2110	1270	2.4	1270
4	6	2420	1300	2.85	1300
	9～10	2440	1300	3.17	1300
	12～20	2440	1300	3.17	1300

玻璃厚度	间隔厚度	长边的最大尺寸	短边的最大尺寸	最大面积（m²）	正方形边长最大尺寸
5	6	3000	1750	4.00	1750
	9～10	3000	1750	4.80	2100
	12～20	3000	1815	5.10	2100
6	6	4550	1980	5.88	2000
	9～10	4550	2280	8.54	2440
	12～20	4550	2440	9.00	2440
10	6	4270	2000	8.54	2440
	9～10	5000	3000	15.00	3000
	12～20	5000	3180	15.90	3250
12	12～20	5000	3180	15.90	3250

注：短边的最大尺寸不包括正方形。

（2）中空玻璃的尺寸偏差。中空玻璃的尺寸允许偏差，应符合表 4-24 中的规定。

中空玻璃的尺寸允许偏差（单位：mm）　**表 4-24**

长度及宽度		厚度		两对角线之差	胶层厚实
基本尺寸 L	允许偏差	公称厚度 t	允许偏差	正方形和矩形中空玻璃对角线之差，不应大于对角线平均长度的 0.2%	单道密封胶的厚度为（10±2）mm；双道密封胶的厚度为 5～7mm。胶条密封胶层的厚度为（8±2）mm，特殊规格或有特殊要求的产品，由供需双方商定
L<1000	±2.0	t≤17	±1.0		
1000≤L<2000	+2，−3	17≤t<22	±1.5		
≥2000	±3.0	t≥22	±2.0		

注：中空玻璃的公称厚度为玻璃原片的公称厚度与间隔厚度之和。

179

（二）生产中空玻璃的材料要求

生产中空玻璃所用材料，均应满足中空玻璃制造工艺和性能的要求

（1）玻璃。可采用浮法玻璃夹层玻璃、钢化玻璃幕墙用钢化玻璃和半钢化玻璃、着色玻璃、镀膜玻璃和压花玻璃等。浮法玻璃应符合《平板玻璃》（GB 11614—2009）的规定；夹层玻璃应符合《建筑用安全玻璃 第 3 部分：夹层玻璃》（GB 15763.3—2009）的规定；钢化玻璃应符合《建筑用安全玻璃 第 2 部分：钢化玻璃》（GB 15763.2—2009）的规定、幕墙用钢化玻璃和半钢化玻璃应符合《半钢化玻璃》（GB/T 17841—2008）的规定。其他品种的玻璃应符合相应标准或由供需双方商定。

（2）密封胶。生产中空玻璃所用密封胶，应满足以下要求。中空玻璃用弹性密封胶，应符合《中空玻璃用弹性密封剂》（JC/T 486—2001）的规定；中空玻璃用塑性密封胶，应符合现行的有关规定。

（3）胶条。生产中空玻璃用塑性密封胶制成的含有干燥剂和波浪形铝带的胶条，其性能应符合现行的相应标准。

（4）间隔框。生产中空玻璃使用金属间隔框时，应去污或进行化学处理。

（5）干燥剂。生产中空玻璃所用干燥剂质量性

180

能应符合相应标准。

（三）中空玻璃的技术性能要求

（1）外观。中空玻璃不得有妨碍透视的污迹夹杂物及密封胶飞溅现象。

（2）密封性能

① 20 块 4mm＋12mm＋4mm 试样全部满足以下两条规定为合格：a. 在试验压力低于环境气压（10±0.5）kPa 下初始偏差必须≥0.8mm；b. 在该气压下保持 2.5h 后厚度偏差的减少应不超过初始偏差的 15%。

② 20 块 5mm＋9mm＋5mm 试样全部满足以下两条规定为合格：a. 在试验压力低于环境气压 10kPa±0.5k Pa 下初始偏差必须≥0.5mm；b. 在该气压下保持 2.5h 后厚度偏差的减少应不超过初始偏差的 15%。其他厚度的样品供需双方商定

（3）露点。20 块试样露点均≤−40℃为合格。

（4）耐紫外线辐射性能。2 块试样紫外线照射 168 h 试样内表面上均无结雾或污染的痕迹、玻璃原片无明显错位和产生胶条蠕变为合格。如果有 1 块或 2 块试样不合格，可另取 2 块备用试样重新试验，2 块试样均满足要求为合格。

（5）气候循环耐久性能。试样经过循环试验后，可进行露点测试。4 块试样的露点≤−40℃为

合格。

二、阳光控制镀膜玻璃

镀膜玻璃是在玻璃表面涂镀一层或多层金属、合金或金属化合物薄膜，以改变玻璃的光学性能，满足某种特定要求。阳光控制镀膜玻璃是对波长范围 350～1800mm 的太阳光具有一定控制作用的镀膜玻璃。根据现行国家标准《镀膜玻璃　第 1 部分：阳光控制镀膜玻璃》（GB/T 18915.1—2002）中的规定，本标准适用于建筑工程用的阳光控制镀膜玻璃。

（一）阳光控制镀膜玻璃的产品分类和一般要求

1. 阳光控制镀膜玻璃的产品分类

（1）阳光控制镀膜玻璃产品按外观质量、光学性能差值、颜色均匀性分为优等品和合格品两个等级。

（2）阳光控制镀膜玻璃产品按热处理加工性能不同，分为非钢化阳光控制镀膜玻璃、钢化阳光控制镀膜玻璃和半钢化阳光控制镀膜玻璃。

2. 阳光控制镀膜玻璃的一般要求

（1）非钢化阳光控制镀膜玻璃尺寸允许偏差、厚度允许偏差、弯曲度、对角线差，应符合《平板玻璃》（GB 11614—2009）的规定。

（2）钢化阳光控制镀膜玻璃和半钢化阳光控制

镀膜玻璃尺寸允许偏差、厚度允许偏差、弯曲度、对角线差，应符合《半钢化玻璃》（GB/T 17841—2008）的规定。

（二）阳光控制镀膜玻璃的外观质量要求

阳光控制镀膜玻璃的外观质量，应符合表 4-25 中的规定。

阳光控制镀膜玻璃的外观质量　　表 4-25

缺陷名称	说明	优等品	合格品
针孔 （个）	直径＜0.8mm	不允许集中	—
	0.8mm≤直径＜1.2mm	中部：3.0S，且在任意两针孔间距离大于300mm；75mm边部，不允许集中	不允许集中
	1.2mm≤直径＜1.6mm	中部：不允许；75mm边部：3.0S	中部：3.0S；75mm边部：8.0S
	1.6mm≤直径≤2.5mm	不允许	中部：2.0S；75mm边部：5.0S
	直径＞2.5mm	不允许	不允许
斑点 （个）	1.0mm≤直径≤2.5mm	中部：不允许；75mm边部：2.0S	中部：5.0S；75mm边部：6.0S
	2.5mm＜直径≤5.0mm	不允许	中部：1.0S；75mm边部：4.0S
	直径＞5.0mm	不允许	不允许

183

缺陷名称	说明	优等品	合格品
斑纹	目视可见	不允许	不允许
暗道	目视可见	不允许	不允许
膜面划伤	0.1mm≤宽度≤0.3mm，长度≤60mm	不允许	不限，划伤间距离不得小于100mm
	宽度≤0.3mm，长度>60mm	不允许	不允许
玻璃面划伤(条)	宽度≤0.5mm，长度≤60mm	3.0S	—
	宽度≤0.5mm或长度>60mm	不允许	不允许

注：1. 针孔集中是指直径在 100mm 圆面积内超过 20 个。

2. S 是以平方米为单位的玻璃板面积，保留小数点后两位。

3. 允许个数及允许条数为各系数与 S 相乘所得的数值，按 GB/T 8170 修约到整数。

4. 玻璃板的中部是指距玻璃板边缘 75mm 以内的区域，其他部分为边部。

5. 阳光控制镀膜玻璃原片的外观质量，应符合《平板玻璃》（GB 11614—2009）中汽车级别的技术要求。作为幕墙用的钢化、半钢化阳光控制镀膜玻璃，原片进行边部磨边处理。

（三）阳光控制镀膜玻璃的物理力学性能

阳光控制镀膜玻璃的物理力学性能，应符合表4-26 中的规定。

阳光控制镀膜玻璃的物理力学性能 表 4-26

项目		质量指标			
厚度偏差、尺寸偏差、弯曲度、对角线差		应符合《平板玻璃》GB 11614 的规定。钢化阳光镀膜控制玻璃与半钢化阳光镀膜控制玻璃,其厚度偏差、尺寸偏差、弯曲度、对角线差,应符合《幕墙用钢化玻璃与半钢化玻璃》GB 17841 的规定				
光学性能	玻璃类型	允许偏差最大值（明示标称值）		允许最大差值（未明示标称值）	
		优等品	合格品	优等品	合格品
	可见光透射比>30%	±1.5%	±2.5%	≤3.0%	≤5.0%
	可见光透射比≤30%	±1.0%	±2.0%	≤2.0%	≤4.0%
颜色均匀性		采用 CIELAB 均匀色空间的色差 ΔE_{ab} 来表示。反射色差优等品不得大于 2.5CIELAB,合格品不得大于 3.0CIELAB				
耐磨性		试验前后可见光透射比平均值的差值的绝对值不应大于 4%				
耐酸性		试验前后可见光透射比平均值的差值的绝对值不应大于 4%,并且膜层不能有明显变化				

项目	质量指标
耐碱性	试验前后可见光透射比平均值的差值的绝对值不应大于 4%,并且膜层不能有明显变化
其他要求	供需双方协商解决

注：光学性能包括紫外线透射比、可见光透射比、可见光反射比、太阳光直接透射比、太阳光直接反射比和太阳能总透射比,其差值应符合表 4-26 中的规定。

三、低辐射镀膜玻璃

低辐射镀膜玻璃又称低辐射玻璃、"Low-E" 玻璃,是一种对波长范围 $4.5 \sim 25 \mu m$ 的远红外线有较高反射比的镀膜玻璃。低辐射镀膜玻璃还可以复合阳光控制功能,称为阳光控制低辐射玻璃。

根据现行国家标准《镀膜玻璃 第 2 部分:低辐射镀膜玻璃》(GB/T 18915.2—2013)中的规定,本标准适用于建筑用低辐射镀膜玻璃,其他方面使用的低辐射镀膜玻璃也可参照本标准。

(一)低辐射镀膜玻璃的分类方法

低辐射镀膜玻璃产品按外观质量分为优等品和合格品;低辐射镀膜玻璃产品按生产工艺不同,可分为离线的低辐射镀膜玻璃和在线的低辐射镀膜玻璃。低辐射镀膜玻璃可以进一步加工,根据加工的工艺可以分为钢化的低辐射镀膜玻璃、半钢化的低辐射镀膜玻璃、夹层低辐射镀膜玻璃等，在工程中常用的是低辐射镀膜玻璃。

（二）低辐射镀膜玻璃的外观质量

低辐射镀膜玻璃的外观质量，应符合表 4-27 中的规定。

低辐射镀膜玻璃的外观质量　表 4-27

缺陷名称	说明	优等品	合格品
针孔（个）	直径＜0.8mm	不允许集中	—
	0.8mm≤直径＜1.2mm	中部：3.0S，且在任意两针孔间距离大于 300mm；75mm 边部，不允许集中	不允许集中
	1.2mm≤直径＜1.6mm	中部：不允许；75mm 边部：3.0S	中部：3.0S；75mm 边部：8.0S
	1.6mm≤直径≤2.5mm	不允许	中部：2.0S；75mm 边部：5.0S
	直径＞2.5mm	不允许	不允许
斑点（个）	1.0mm≤直径≤2.5mm	中部：不允许；75mm 边部：2.0S	中部：5.0S；75mm 边部：6.0S
	2.5mm＜直径≤5.0mm	不允许	中部：1.0S；75mm 边部：4.0S
	直径＞5.0mm	不允许	不允许

缺陷名称	说明	优等品	合格品
斑纹	目视可见	不允许	不允许
暗道	目视可见	不允许	不允许
膜面划伤	0.1mm≤宽度≤0.3mm,长度≤60mm	不允许	不限,划伤间距离不得小于100mm
	宽度≤0.3mm,长度>60mm	不允许	不允许
玻璃面划伤(条)	宽度≤0.5mm,长度≤60mm	3.0S	—
	宽度≤0.5mm或长度>60mm	不允许	不允许

注：1. 针孔集中是指直径在100mm圆面积内超过20个。

2. S 是以平方米为单位的玻璃板面积,保留小数点后两位。

3. 允许个数及允许条数为各系数与 S 相乘所得的数值,按 GB/T 8170 修约到整数。

4. 玻璃板的中部是指距玻璃板边缘75mm以内的区域,其他部分为边部。

（三）低辐射镀膜玻璃的技术指标

低辐射镀膜玻璃的技术指标,应符合表4-28中的规定。

188

低辐射镀膜玻璃的技术指标　　表 4-28

项目	质量指标	
厚度偏差	应符合《平板玻璃》(GB 11614—2009)的有关规定	
尺寸偏差	应符合《平板玻璃》(GB 11614—2009)的有关规定,不规则形状的尺寸偏差由供需双方商定。钢化、半钢化的低辐射镀膜玻璃尺寸偏差,应符合《建筑用安全玻璃　第 2 部分:钢化玻璃》(GB 15763.2—2005)的规定	
弯曲度	不应超过 0.2%。钢化、半钢化的低辐射镀膜玻璃的弓形弯曲度,不得超过 0.3%,波形弯曲度(mm/300mm)不得超过 0.2%	
对角线差	应符合《平板玻璃》(GB 11614—2009)的有关规定。钢化、半钢化的低辐射镀膜玻璃的对角线差,应符合《建筑用安全玻璃　第 2 部分:钢化玻璃》(GB 15763.2—2005)的规定	
光学性能	允许偏差最大值（明示标称值）	允许最大差值（未明示标称值）
	±1.5%	≤3.0%
颜色均匀性	采用 CIELAB 均匀色空间的色差 ΔE_{ab} 来表示。测量低辐射镀膜玻璃在使用时朝向室外的表面,该表面的反射色差不得大于 2.5CIELAB 色差单位	
耐磨性	试验前后可见光透射比平均值的差值的绝对值不应大于 4%	

项目	质量指标
耐酸性	试验前后可见光透射比平均值的差值的绝对值不应大于4%
耐碱性	试验前后可见光透射比平均值的差值的绝对值不应大于4%
其他要求	供需双方协商解决

注：光学性能包括紫外线透射比、可见光透射比、可见光反射比、太阳光直接透射比、太阳光直接反射比和太阳能总透射比，其差值应符合表4-28中的规定。

四、贴膜玻璃

贴膜玻璃是指平板玻璃表面贴多层聚酯薄膜的平板玻璃。这种玻璃能改善玻璃的性能和强度，使玻璃具有节能、隔热、保温、防爆、防紫外线、美化外观、遮蔽私密、安全等多种功能。根据现行的行业标准《贴膜玻璃》（JC 846—2007）中的规定，本标准适用于建筑用贴膜玻璃，其他场所用贴膜玻璃可参照使用。

（一）贴膜玻璃的分类方法

（1）贴膜玻璃按功能不同，可分为A类、B类、C类和D类。A类具有阳光控制或低辐射及抵御破碎飞散功能；B类具有抵御破碎飞散功能；C类具有阳光控制或低辐射功能；D类仅具有装饰功能。

（2）贴膜玻璃按双轮胎冲击功能不同，可分为Ⅰ级和Ⅱ级。Ⅰ级贴膜玻璃以 450mm 及 1200mm 的冲击高度冲击后，结果应满足表 4-29 中的有关规定；Ⅱ级贴膜玻璃以 450mm 的冲击高度冲击后，结果应满足表 4-29 中的有关规定。

（二）贴膜玻璃的技术要求

贴膜玻璃的技术要求，应符合表 4-29 中的规定。

贴膜玻璃的技术要求　　　　表 4-29

项目	技术指标					
玻璃基片及贴膜材料	贴膜玻璃所用玻璃基片应符合相应玻璃产品标准或技术条件的要求。贴膜玻璃所用的贴膜材料，应符合相应技术条件或订货文件的要求					
厚度及尺寸偏差	贴膜玻璃的厚度、长度及宽度的偏差，必须符合与所使用的玻璃基片的相应的产品标准或技术条件中的有关厚度、长度及宽度的允许偏差要求					
外观质量	贴膜层杂质(含气泡)应满足以下规定,不允许存在边部脱膜、磨伤、划伤及薄膜接缝等要求由供需双方协商确定					
	杂质直径 D(mm)	$D \leqslant 0.5$	$0.5 < D \leqslant 1.0$	$0.5 < D \leqslant 1.0$		$D > 3.0$
	板面面积 A(m²)	任何面积	任何面积	$A \leqslant 1$	$1 < A \leqslant 2$	$2 < A \leqslant 8$	$A > 8$	任何面积
	缺陷数量(个)	不作要求	不得密集存在	1	2	1.0/m²	1.2/m²	不允许存在

注：密集存在是指在任意部位直径 200mm 的圆内，存在 4 个或 4 个以上的缺陷

项目	技术指标	
光学性能	可见光透射比、紫外线透射比、太阳能总透射比、太阳光直接透射比、可见光反射比和太阳光直接反射比应符合以下规定,遮蔽系数应不高于标称值	
	允许偏差最大值 (明示标称值)	允许最大差值 (未明示标称值)
	±2.0%	≤3.0%
传热系数	由供需双方协商确定	
双轮胎冲击试验	试验后试样应符合下列要求:试样不破坏;若试样破坏,产生的裂口不可使直径 76mm 的球在 25N 的最大推力下通过。冲击后 3min 内剥落的碎片总质量不得大于相当于试样 100cm² 面积的质量,最大剥落的碎片总质量不得大于相当于试样 44cm² 面积的质量	
抗冲击性	试验后试样应符合下列要求:试样不破坏;若试样破坏,不得穿透试样。5 块或 5 块试样符合时为合格。3 块或 3 块以下试样符合时为不合格。当 4 块试样符合时,应再追加 6 块试样,6 块试样全部符合要求时为合格	
耐辐照性	试验后试样应同时满足下列要求:试样不可产生气泡,不可产生显著变色,膜层经擦拭不可脱色;贴膜层不得产生显著尺寸变化;试样的可见光透射比相对变化率不应大于 3%。3 块试样全部符合时为合格,1 块试样符合时为不合格。当 2 块试样符合时,应再追加新 3 块试样,3 块试样全部符合要求时为合格	

192

项目	技术指标
耐磨性	试样试验前后的雾度（透明或半透明材料的内部或表面由于光漫射造成的云雾状或混浊的外观）差值均应不大于5%
耐酸性	试验后试样应同时满足下列要求：试样不可产生显著变色；膜层经擦拭不可脱色；不得出现脱膜现象；试验前后的可见光透过比差值不应大于4%。3块试样全部符合时为合格，1块试样符合时为不合格。当2块试样符合时，应再追加3块新试样，3块试样全部符合要求时为合格
耐碱性	同耐酸性
耐温度变化性	试验后试样不得出现变色、脱膜、气泡或其他显著缺陷
耐燃烧性	试验后试样应符合下列a、b或c中任意一条的要求：a. 不燃烧；b. 燃烧，但燃烧速率不大于100mm/min；c. 如果从试验计时开始，火焰在60s内自行熄灭，且燃烧距离不大于50mm，也被认为满足b条燃烧速率要求
粘接强度耐久性	试验后试样的粘接强度应不低于试验前的90%

五、真空玻璃

真空玻璃是将两片平板玻璃四周密闭起来，将其间隙抽成真空并密封排气孔，两片玻璃之间的间隙为0.1~0.2mm，通过真空玻璃的传导、对流和辐射方式散失的热降到最低。

根据现行的行业标准《真空玻璃》（JC/T 1079—2008）中的规定，本标准适用于建筑、家电和其他保温隔热、隔声等用途的真空玻璃，包括用于夹层、中空等复合制品中的真空玻璃。

（一）真空玻璃的分类、材料和尺寸偏差

（1）真空玻璃的分类方法。真空玻璃按其保温性能（K 值）不同，可为1类、2类和3类。

（2）真空玻璃的材料要求。构成真空玻璃的原片质量，应符合《平板玻璃》（GB 11614—2009）中一等品以上（含一等品）的要求，其他材料的质量应符合相应标准的技术要求。

（3）真空玻璃的尺寸偏差。真空玻璃的尺寸偏差，应符合表4-30中的规定。

真空玻璃的尺寸偏差　　　表 4-30

真空玻璃厚度偏差（mm）			
公称厚度	允许偏差	公称厚度	允许偏差
≤12	±0.40	>12	供需双方商定

尺寸及允许偏差（mm）			
公称厚度	边的长度 L		
	L≤1000	1000<L≤2000	L>2000
≤12	±2.0	+2, -3	±3.0
>12	±2.0	±3.0	±3.0
对角线差：按照 JC 846—2007 中规定的方法进行检验，对于矩形真空玻璃，其对角线差不大于对角线平均长度的 0.2%			

194

（二）真空玻璃的技术要求

真空玻璃的技术要求，应符合表 4-31 中的规定。

真空玻璃的技术要求　　　表 4-31

项目	技术指标		
边部加工质量	磨边倒角，不允许有裂纹等缺陷		
支撑物		缺陷种类	质量要求
	缺位	连续	不允许
		非连续	≤3 个/m²
	重叠		不允许
	多余		≤3 个/m²
外观质量	划伤		宽度<0.1mm 的轻微划伤，长度≤100mm 时，允许 4 条/m²；宽度 0.1～1mm 的轻微划伤，长度≤100mm 时，允许 4 条/m²
	爆裂边		每片玻璃每米边长上允许有长度不超过 10mm，自玻璃边部向玻璃表面延伸深度不超过 2mm，自玻璃边部向玻璃表厚度延伸深度不超过 1.5mm 的爆裂边 1 个
	内面污迹和裂纹		不允许

项目	技术指标	
保护帽	高度及形状由供需双方商定	
弯曲度	玻璃厚度	弓形弯曲度
	≤12	0.3%
	>12	供需双方商定
保温性能（K 值）	类别	K 值［W/(m² · K)］
	1	$K \leqslant 1.0$
	2	$1.0 < K \leqslant 2.0$
	3	$2.0 < K \leqslant 2.8$
耐辐照性	样品试验前后 K 值的变化率应不超过 3%	
封闭边质量	封闭边部后的熔融封接缝应保持饱满、平整,有效封闭边宽度应≥5mm	
气候循环耐久性	试验后,样品不允许出现炸裂,试验前后 K 值的变化率应不超过 3%	
高温高湿耐久性	试验后,样品不允许出现炸裂,试验前后 K 值的变化率应不超过 3%	
隔声性能	≥30dB	

第四节 其他装饰玻璃

玻璃作为采光材料已经有 4000 多年的历史,随着现代科学技术和玻璃技术的发展及人们生活水平的提高，建筑玻璃的功能不再仅仅是满足采光要求，而是要具有能调节光线、保温隔热、建筑节能、安全、控制噪声、艺术装饰等特性，因此除以上玻璃外，建筑工程中所用的玻璃品种还很多。

一、压花玻璃

压花玻璃是用压延法生产玻璃时，在压延机的下压辊面上刻以花纹，当熔融玻璃流经过压辊面时即被压延而成。根据现行的行业标准《压花玻璃》（JC/T 511—2002）中的规定，本标准适用于连续辊压工艺生产的单面花纹压花玻璃。双面花纹压花玻璃也可参照本标准执行。压花玻璃用于各种建筑物的采光门窗、装饰以及家居用品等方面。

（一）压花玻璃的分类方法和尺寸要求

1. 压花玻璃的分类方法

（1）压花玻璃按其外观质量不同，可分为一等品、合格品。

（2）压花玻璃按其厚度不同，可分为 3mm、4mm、5mm、6mm 和 8mm。

2. 压花玻璃的尺寸要求

压花玻璃的尺寸要求，应符合表 4-32 中的规定。

压花玻璃的尺寸要求 表 4-32

项目		质量指标				
厚度（mm）	基本尺寸	3	4	5	6	8
	允许偏差	±0.3	±0.4	±0.4	±0.5	±0.6
长度和宽度（mm）	玻璃厚度	3	4	5	6	8
	允许偏差	±2	±3			
弯曲度（%）≤		0.3				
对角线差		小于两对角线平均长度的 0.2%				

（二）压花玻璃的外观质量要求

压花玻璃的外观质量要求，应符合表 4-33 中的规定。

压花玻璃的外观质量要求 表 4-33

缺陷类型	说明	一等品			合格品		
图案不清	目测可见	不允许			不允许		
气泡	长度范围（mm）	$2 \leqslant L$ < 5	$5 \leqslant L$ < 10	$L \geqslant$ 10	$2 \leqslant L$ < 5	$5 \leqslant L$ < 15	$L \geqslant$ 15
	允许个数	6.0S	3.0S	0	9.0S	4.0S	0
杂物	长度范围（mm）	$2 \leqslant L < 3$		$L \geqslant 3$	$2 \leqslant L < 3$		$L \geqslant 3$
	允许个数	1.0S		0	2.0S		0

缺陷类型	说明	一等品	合格品	
线条	长宽范围（mm）	不允许	长度 100≤L<200，宽度 W<0.5	
	允许个数		3.0S	
皱纹	目测可见	不允许	边部 50mm 以内轻微的允许存在	
压痕	长度范围（mm）	允许	2≤L<5	L≥5
	允许个数		2.0S	0
划伤	长宽范围（mm）	不允许	长度 60≤L，宽度 W<0.5	
	允许个数		3.0S	
裂纹	目测可见	不允许		
断面缺陷	爆边、凹凸、缺角等	不应超过玻璃板的厚度		

注：1. 表中 L 表示相应缺陷的长度，W 表示其宽度，S 是以平方米为单位的玻璃板的面积，气泡、杂物、压痕和划伤的数量允许上限值，是以 S 乘以相应系数所得的数值，此数值应按 GB/T 8170 修约到整数。

2. 对于 2mm 以下的气泡，在直径为 100mm 的圆内不允许超过 8 个。

3. 破坏性的杂物不允许存在。

二、镶嵌玻璃

镶嵌玻璃是指利用各种金属嵌条、中空玻璃密封胶等材料将钢化玻璃、浮法玻璃和彩色玻璃，经过雕刻、磨削、碾磨、焊接、清洗、干燥密封等工艺，制造成的高档艺术玻璃。根据现行的行业标准《镶嵌玻璃》（JC/T 979—2005）中的规定，本标准适用于建筑、装饰等用途的中空镶嵌玻璃，其他类型的镶嵌玻璃也可参照本标准执行。中空镶嵌玻璃是将条条、玻璃片组成图案置于两片玻璃内，周边用密封材料粘接密封，形成内部是干燥气体具有保温隔热性能的装饰玻璃制品。镶嵌玻璃按性能不同可分为：安全中空镶嵌玻璃和普通中空镶嵌玻璃。镶嵌玻璃的技术要求，应符合表 4-34 中的规定。

镶嵌玻璃的技术要求　　　　表 4-34

项目		技术要求
材料要求	玻璃	安全中空镶嵌玻璃两侧应采用夹层玻璃、钢化玻璃。夹层玻璃应符合 GB 9962 的规定，钢化玻璃应符合 GB 9963 的规定。普通中空镶嵌玻璃两侧可采用浮法玻璃、着色玻璃、镀膜玻璃、压花玻璃等。浮法玻璃应符合 GB 11614 的规定，着色玻璃应符合 GB/T 18701 的规定，镀膜玻璃应符合 GB/T 18915.1、GB/T 18915.2 的规定，压花玻璃应符合 JC/T 511 的规定，其他品种的玻璃应符合相应标准或由供需双方商定
	嵌条	可以是金属条等各种材料，其质量应符合相应标准、技术条件或订货文件的要求
	密封胶	可以采用弹性密封材料或塑性密封材料作周边密封，其质量应符合相应标准、技术条件或订货文件的要求

项目	技术要求			
外观质量	镶嵌玻璃的外观质量应符合下列要求： （1）嵌条应光滑、均匀，无明显的色差，不得有焊液、氧化斑、污点及手印； （2）焊点或接头平滑，厚度不超过 1.5mm，不得有漏焊现象； （3）焊点的涂色应符合双方规定的颜色要求，涂色的表面不得有起皮脱落； （4）玻璃拼块与嵌条或边条之间不得有透光的裂缝； （5）玻璃拼块的结石、裂纹、缺角、边爆裂不允许存在，中空镶嵌玻璃外侧玻璃的裂纹、缺角、边爆裂不得超过玻璃厚度。玻璃拼块的磨边应平滑、均匀； （6）宽度≤0.1mm、长度≤30mm 的划伤在每平方米内允许存在 2 条，宽度>0.1mm 或长度>30mm 的划伤不允许存在； （7）中空镶嵌玻璃内不得有污迹、夹杂物的存在； （8）有贴膜的中空镶嵌玻璃不得有大于 0.5mm 的明显气泡存在			
尺寸允许偏差（mm）	矩形长度及宽度允许偏差	长（宽）度 L	允许偏差	长（宽）度 L	允许偏差
		$L<1000$	± 2.0	$1000 \leqslant L <2000$	$+2, -3$
		$2000 \leqslant L <3000$	± 3.0	其他形状或 $L \geqslant 3000$	由供需双方商定
	厚度允许偏差	公称厚度 t	允许偏差	公称厚度 t	允许偏差
		$t \leqslant 22$	± 1.5	$t>22$	± 2.0
	最大允许叠差	长（宽）度 L	允许偏差	长（宽）度 L	允许偏差
		$L<1000$	2.0	$1000 \leqslant L <2000$	3.0
		$2000 \leqslant L <3000$	4.0	其他形状或 $L \geqslant 3000$	由供需双方商定

项目	技术要求
耐紫外线辐照性能	两块中空镶嵌玻璃试样经紫外线照射试验，试样内表面无结雾或污染痕迹、玻璃无明显错位、无胶条蠕变、嵌条无明显变色为合格
露点	三块中空镶嵌玻璃试样的露点均小于等于−30℃为合格
高温高湿耐久性能	三块中空镶嵌玻璃试样经高温高湿循环耐久性试验，试验后进行露点试验，露点均小于等于−30℃为合格
气候循环耐久性能	两块中空镶嵌玻璃试样经气候循环耐久性试验，试验后进行露点试验，露点均小于等于−30℃为合格。是否进行该性能试验，可由供需双方根据使用条件加以商定

注：中空玻璃的公称厚度为玻璃原片的公称厚度与间隔层厚度之和。

三、热弯玻璃

热弯玻璃是为了满足现代建筑的高品质需求，由优质玻璃加热弯软化，在模具中成型，再经退火制成的曲面玻璃。这种玻璃样式美观，线条流畅，它突破了平板玻璃的单一性，使用上更加灵活多样。根据现行的行业标准《热弯玻璃》（JC/T 915—2003）中的规定，本标准适用于建筑用热弯玻璃和建筑以外用热弯玻璃，但不适用于热弯钢化玻璃和热弯半钢化玻璃。热弯玻璃按其形状不同，可分为单弯热弯玻璃、折弯热弯玻璃、多曲面弯热弯玻璃等。

热弯玻璃的规格尺寸，应符合表 4-35 中的规定；热弯玻璃的外观要求，应符合表 4-36 中的规定。

热弯玻璃的规格尺寸 表 4-35

规格尺寸(mm)			
厚度范围	3～19	最大尺寸	(弧长＋高度)/2＜4000，拱高＜600
其他厚度和规格	其他厚实和规格的玻璃制品，由供需双方商定		

尺寸偏差(mm)			
高度偏差	高度 C	高度允许偏差	
		玻璃厚度≤12	玻璃厚度＞12
	C≤2000	±3.0	±5.0
	C＞2000	±5.0	±5.0
弧长偏差	弧长 D	弧长允许偏差	
		玻璃厚度≤12	玻璃厚度＞12
	D≤1520	±3.0	±5.0
	D＞1520	±5.0	±6.0
吻合度	弧长 D	弧长≤1/3 圆周的吻合度的允许偏差	
		玻璃厚度≤12	玻璃厚度＞12
	D≤2440	±3.0	±3.0
	2440＜D≤3350	±5.0	±5.0
	D＞3350	±5.0	±6.0
	弧长＞1/3 圆周的吻合度的允许偏差，由供需双方商定		

尺寸偏差(mm)

高度 C	弧面允许弯曲偏差			
	玻璃厚度 <6	玻璃厚度 6~8	玻璃厚度 10~12	玻璃厚度 >12
弧面弯曲偏差 C≤1220	2.0	3.0	3.0	3.0
1220<C ≤2440	3.0	3.0	5.0	5.0
2440<C ≤3350	5.0	5.0	5.0	5.0
C>3350	5.0	5.0	5.0	6.0

高度 C	曲率半径>460mm,厚度为 3~12mm 的矩形玻璃的允许扭曲值			
	弧长 <2440	弧长 2440 ~3050	弧长 3050 ~3660	弧长 >3660
扭曲 C≤1830	3.0	5.0	5.0	6.0
1830<C ≤2440	5.0	5.0	5.0	8.0
2440<C ≤3050	5.0	5.0	6.0	8.0
C>3050	5.0	6.0	6.0	9.0

其他厚度和曲率半径的玻璃的扭曲，
由供需双方商定

热弯玻璃的外观要求　　　　表 4-36

缺陷名称	技术要求
气泡、夹杂物、表面裂纹	应符合《平板玻璃》(GB 11614—2009)中建筑级的要求
麻点	麻点在玻璃的中央区,不能大于1.6mm,在周边区不能大于2.4mm
边部爆裂、缺角、划伤	应符合《建筑用安全玻璃 第2部分 钢化玻璃》(GB 15763.2—2009)中合格品的规定
光学变形	垂直于玻璃表面观察时,通过玻璃观察到的物体无明显变形

注:中央区是位于试样中央的,其他轴线坐标或直径不
　　大于整体尺寸的80%的圆形或椭圆形区域,余下的
　　部分为周边区。

四、镀膜抗菌玻璃

抗菌玻璃是一种新型建筑材料,抗菌玻璃技术发展至今,按其抗菌机理和技术划分,大致可分为两大类:一类是以金属离子为抗菌添加剂型的溶出,接触性抗菌的抗菌玻璃。如可溶性抗菌玻璃、离子扩散抗菌玻璃、多孔抗菌玻璃等。另一种是采用胶体化学中 Sol—gel 镀膜技术,将抗菌离子均匀分散在膜中的镀膜抗菌玻璃,又称"全天候"抗菌的抗菌玻璃。这种玻璃是目前主流的、应用最广泛的抗菌玻璃。

根据现行的行业标准《镀膜抗菌玻璃》（JC/T 1054—2007）中的规定，镀膜抗菌玻璃是指在常态下具有持续抑制或杀灭表面细菌功能的玻璃产品。本标准适用于玻璃表面镀有抗菌功能膜，对接触玻璃表面的微生物具有杀灭作用或抑制其生长繁殖的玻璃制品。

镀膜抗菌玻璃产品按外观质量、抗菌率，可分为优等品和合格品。镀膜抗菌玻璃的技术要求，应符合表 4-37 中的规定。

镀膜抗菌玻璃的技术要求　　　　表 4-37

项目	技术要求			
	缺陷名称	说明	优等品	合格品
外观质量	斑点	1.0mm≤直径≤2.5mm	中部:不允许,75mm 边部:≤2.0S 个	中部:≤5.0S 个,75mm 边部:≤6.0S 个
		2.5mm<直径≤5.0mm	不允许	中部:≤1.0S 个,75mm 边部:≤4.0S 个
		直径>5.0mm	不允许	不允许
	斑纹	目视可见	不允许	不允许
	膜面划伤	0.1mm≤宽度≤0.3mm,长度≤60mm	不允许	不限,划伤间距不得小于 100mm
		宽度>0.3mm或长度>60mm	不允许	不允许

项目		技术要求		
外观质量	玻璃面划伤	宽度≤0.5mm,长度≤60mm	≤3.0S 条	—
		宽度>0.5mm或长度>60mm	不允许	不允许
		注:(1)S 是指以平方米为单位的玻璃板面积,保留小数点后两位; (2)允许个数与允许条数为各系数与 S 的积,按 GB/T 8170 修约到整数; (3)玻璃板中部是指距玻璃板边缘 75mm 以内的区域,其他部分为边部; (4)玻璃原片的外观质量应符合《平板玻璃》(GB 11614-2009)的要求		
	允许偏差	尺寸允许偏差、厚度允许偏差、对角线差,应符合《平板玻璃》(GB 11614-2009)的要求		
	可见光透射比	由供需双方商定,偏差值≤3%		
	膜层耐久性	镀膜抗菌玻璃膜层耐久性试验前后可见光透射比差值的平均值应符合以下要求,同时试验前后膜层不应有明显的变化		

	试验名称	试验前后可见光透射比差值的允许值	试验名称	试验前后可见光透射比差值的允许值
	耐磨性	≤3%	耐溶剂性	≤2%
	耐酸性	≤4%	耐沸腾水性	≤3%
	耐碱性	≤4%	耐湿热性	≤4%
	耐消毒液性	≤2%	耐紫外线辐照性	≤2%

项目	技术要求
抗菌率	优等品应≥95%,合格品应≥90%
抗菌耐久性	经膜层耐久性试验后,优等品的抗菌率≥95%,合格品的抗菌率≥90%
其他要求	由供需双方商定

五、建筑装饰用微晶玻璃

建筑装饰用微晶玻璃是由玻璃控制晶体化而得到的多晶固体材料,该制品结构致密、纹理清晰;外观平滑光亮、色泽柔和典雅、不褪色;具有良好的耐磨性能;具有耐酸、耐碱的优良抗蚀性能;具有独特的耐污染性能;绿色、环保、无放射性污染。根据现行的行业标准《建筑装饰用微晶玻璃》(JC/T 872—2000) 中的规定,本标准适用于建筑装饰用微晶玻璃。

(一)建筑装饰用微晶玻璃的分类与等级

(1)建筑装饰用微晶玻璃按其颜色基调不同,可分为白色、米色、灰色、蓝色、绿色、红色和黑色等微晶玻璃。

（2）建筑装饰用微晶玻璃按其形状不同，可分为普通型板（P）和异型板（Y）。普通型板为正方形或长方形的板材；异型板为其他形状的板材。

（3）建筑装饰用微晶玻璃按其表面加工程度不同，可分为镜面板（JM）和亚光面板（YG）。镜面板为表面平整呈镜面光泽的板材；亚光面板为表面具有均匀细腻光漫反射能力的板材。

按板材的规格尺寸允许偏差、平面度公差、角度公差、外观质量、光泽度，可分为优等品（A）和合格品（B）两个等级。

（二）建筑装饰用微晶玻璃的技术要求

建筑装饰用微晶玻璃的技术要求，应符合表 4-38 中的规定。

建筑装饰用微晶玻璃的技术要求　表 4-38

项目	技术要求					
规格尺寸许偏差(mm)	普通板	等级	优等品	合格品	等级	优等品	合格品
		长度、宽度	0，−1.0	0，−1.5	厚度	±2.0	±2.5
		注：以干挂的方式安装时参照 JC 830.1、JC 830.2，可将长、宽度数值调整为优等（+0.5，−1.0），合格（+0.5，−1.5）					
	异形板	由供需双方商定					

209

项目	技术要求					
平面度公差（mm）	长、宽度范围	优等品	合格品	长、宽度范围	优等品	合格品
	≤600×900	1.0	1.5	>900×1200	由供需双方商定	
	600×900～900×1200	1.2	2.0			
角度公差	平面板材的角度公差：优等品为≤0.6mm，合格品为≤1.0mm					
	板材拼缝正面与侧面夹角不得大于90°					
外观质量	缺陷名称	规定内容			优等品	合格品
	缺棱	长度、宽度不超过10mm×1mm（长度小于5mm不计），周边允许（个）			不允许	2
	缺角	面积不超过5mm×2mm（面积小于2mm×2mm不计）				
	气孔	直径 d（mm）： d>2.5 d≤2.5			不允许 5个/m²	不允许 ≤10个/m²
	杂质	在距离板面2m处，目视观察，≥3mm²			≤3个/m²	≤5个/m²

项目	技术要求	
	项目	技术要求
物理力学性能	板材硬度	莫氏硬度 5～6 级
	光泽度	镜面板材的镜面光泽度,优等品不低于 85 光泽单位,合格不低于 71 光泽单位
	弯曲强度	≥30MPa
	抗急冷急热性	无裂隙(此指标仅对外墙装饰用的微晶玻璃)
	色差	同一颜色、同一批号板材花纹颜色应基本一致。仲裁时色差不大于 2.0CIELAB 色差单位

	项目	条件	质量损失率(%)	项目	条件	质量损失率(%)
化学稳定性	耐酸性	1%硫酸溶液室温浸泡660h	K≤0.2 且外观无变化	耐碱性	1%氢氧化钠室温浸泡660h	K≤0.2 且外观无变化

六、空心玻璃砖

空心玻璃砖是国内近些年才开始流行的非承重类装饰材料。玻璃制品空心玻璃砖由两块半坯在高温下熔接而成,由于中间是密闭的腔体并且存在一定的微负压,具有透光、不透明、隔声、热导率低、强度高、耐腐蚀、保温、隔

211

潮等特点。

根据现行的行业标准《空心玻璃砖》 (JC/T 1007—2006) 中的规定，空心玻璃砖是指周边密封、内部中空的模制玻璃制品，本标准适用于模制、非承重的建筑及装饰用空心玻璃砖。空心玻璃砖按其外形不同，可分为正方形、长方形和异形；空心玻璃砖按其颜色不同，可分为无色和本体着色两类。

（一）空心玻璃砖的规格尺寸及公称质量

空心玻璃砖的规格尺寸及公称质量，应符合表4-39中的规定。

空心玻璃砖的规格尺寸及公称质量 表4-39

规格	长度 L （mm）	宽度 b （mm）	厚度 h （mm）	公称质量 （mm）
190×190×90	190	190	90	2.5
145×145×80	145	145	80	1.4
145×145×95	145	145	95	1.6
190×190×50	190	190	50	2.1
190×190×95	190	190	95	2.6
240×240×80	240	240	80	3.9
240×115×80	240	115	80	2.1
115×115×80	115	115	80	1.2

规格	长度 L （mm）	宽度 b （mm）	厚度 h （mm）	公称质量 （mm）
190×90×80	190	90	80	1.4
300×300×80	300	300	80	6.8
300×300×100	300	300	100	7.0
190×90×90	190	90	90	1.6
190×95×80	190	95	80	1.3
190×95×100	190	95	100	1.3
197×197×79	197	197	79	2.2
197×197×98	197	197	98	2.7
197×95×79	197	95	79	1.4
197×95×98	197	95	98	1.6
197×146×79	197	146	79	1.9
197×146×98	197	146	98	2.0
298×298×98	298	298	98	7.0
197×197×51	197	197	2.1	

（二）空心玻璃砖的主要技术要求

空心玻璃砖的主要技术要求，应符合表 4-40 中的规定。

空心玻璃砖的主要技术要求	表 4-40

项目		技术要求
外形尺寸		长(L)、宽(b)、厚(h)的允许偏差值不大于 1.5mm
外形上凸与凹进		正外表面最大上凸不大于 2.0mm,最大凹进不大于 1.0mm
两个半坯间隙		两个半坯间隙允许有相对移动或转动,按《空心玻璃砖》(JC/T 1007—2006)中第 6.1.2 条的规定检测时,其间隙不大于 1.5mm
外观质量	缺陷名称	技术要求
	裂纹和缺口	不允许有贯穿裂纹,不允许有缺口
	线道和熔接缝	线道应距离 1m 观察不可见;熔接缝不允许高出砖的外边缘
	气泡	直径不大于 1mm 的气泡可忽略不计,但不允许密集存在;直径 1~2mm 的气泡允许有 2 个;直径 2~3mm 的气泡允许有 1 个;直径大于 3mm 的气泡不允许有;宽度小于 0.8mm、长度小于 10mm 的拉长气泡允许有 2 个,宽度小于 0.8mm、长度小于 15mm 的拉长气泡允许有 1 个,超过该范围的不允许有
	结石或异物	直径小于 1mm 的结石或异物允许有 2 个
	玻璃屑	直径小于 1mm 的忽略不计,直径 1~3mm 的允许有 2 个,大于 3mm 的不允许有
	划伤	不允许有长度大于 30mm 的划伤

项目		技术要求
外观质量	麻点	连续的麻点痕长度不超过 20mm
	剪刀痕	正表面边部 10mm 范围内每面允许有 1 条,其他部位不允许有
	料滴印、模底印	距 1m 观察不可见
	冲头印、油污	距 1m 观察不可见
	颜色均匀性	正面应无明显偏离主色调的色带或色道,同一批次的产品之间,其正面颜色应无明显色差
	单块质量	单块质量的允许偏差小于或等于公称质量的 10%
	抗压强度	平均抗压强度不小于 7.0MPa,单块抗压强度最小值不小于 6.0MPa
	抗冲击性	以规定质量的钢球自由落体方式进行抗冲击试验,试样不允许破裂
	抗热震性	冷热水温差保持 30℃,试验后试样不允许出现裂纹或其他破损现象

注:密集指 100mm 直径的圆面积内缺陷多于 10 个。

第五章　建筑装饰涂料

建筑装饰涂料是指应用于物体表面而能结成坚韧保护膜的物料的总称，建筑涂料是涂料中的一个重要类别，在我国，一般将用于建筑物内墙、外墙、顶棚、地面、卫生间的涂料称为建筑涂料。建筑涂料的主要作用是装饰建筑物，保护建筑主体，提高其耐久性，改善居住条件，提供某些特殊功能。建筑涂料具有色彩丰富、质感逼真、施工方便等特点，是保护和装饰建筑物最简便、最经济的方式。

建筑装饰涂料的分类方法很多。例如，按使用部位不同，建筑装饰涂料可分为外墙装饰涂料、内墙装饰涂料、地面装饰涂料和特殊装饰涂料；按涂料用途不同，建筑装饰涂料可分为墙面涂料、防水涂料、地坪涂料和功能性建筑涂料；按主要成膜物质的化学成分不同，建筑装饰涂料可分为有机涂料和无机涂料。

在一般情况下，可根据不同使用部位选用建筑装饰涂料，也可按照基层材料不同选用建筑装饰涂料。

不同使用部位所用的建筑装饰涂料，所经受的外界环境因素的作用也不同。如外墙长年经受风吹、日晒、雨淋、冻融和灰尘等作用；地面则经常受到摩擦、刻划、水擦洗等作用；内墙及顶棚也会受到一些相应的作用。

因此，选用的涂料应具备相应的性能，以保证涂膜的装饰性和耐久性，即应按不同使用部位正确地选用建筑装饰涂料。在一般情况下，可根据表 5-1、表 5-2 中所列选用。

按不同使用部位选用建筑装饰涂料（1）

表 5-1

建筑部位	水性涂料	水泥系	无机涂料		乳液型涂料					
	聚乙烯醇系涂料	聚合物水泥系涂料	硅酸盐系涂料	硅溶胶无机涂料	聚醋酸乙烯涂料	乙丙乳液涂料	乙丙乳液	氯偏共聚乳液	苯丙乳胶漆	丙烯酸酯乳胶漆	水乳型环氧树脂涂料
室外屋面									√	√
室外墙面	×	√	☆	☆	×	√	√	☆	☆	☆
室外地面		√							☆	√

217

| 建筑部位 | 水性涂料 | 水泥系 | 无机涂料 | | 乳液型涂料 | | | | | | |
	聚乙烯醇系涂料	聚合物水泥系涂料	硅酸盐系无机涂料	硅溶胶无机涂料	聚醋酸乙烯涂料	乙-丙乳液涂料	乙丙涂料	氯-偏共聚乳液	苯-丙乳胶漆	丙烯酸酯乳胶漆	水乳型环氧树脂涂料
室内墙面顶棚	☆			√	√	√	√		√	√	
室内地面		☆						☆		√	√

注：√—可以选用；☆—优先选用；×—不可选用。

按不同使用部位选用建筑装饰涂料（2）

表 5-2

| 建筑部位 | 溶剂型涂料 | | | | | | | |
	油漆	过氯乙烯	苯乙烯涂料	聚乙烯醇缩丁醛涂料	氯化橡胶涂料	丙烯酸酯涂料	聚氨酯系涂料	环氧树脂涂料
室外屋面						√	☆	

建筑部位	溶剂型涂料							
	油漆	过氯乙烯	苯乙烯涂料	聚乙烯醇缩丁醛涂料	氯化橡胶涂料	丙烯酸酯涂料	聚氨酯系涂料	环氧树脂涂料
室外墙面	×	√	√	√	☆	☆	☆	
室外地面							☆	√
室内墙面顶棚		√		√	√	√	√	
室内地面	√	√					√	√

注：√—可以选用；☆—优先选用；×—不可选用。

　　基层的材质有很多种，如混凝土、水泥砂浆、石灰砂浆、钢材和木材等，其组成和性质不同，对涂料的作用和要求也不同。按照基层材料正确选用涂料是获得良好装饰效果和耐久性的前提，选用时可参考表 5-3、表 5-4。

按照不同基层材料选用建筑装饰涂料（1）

表 5-3

建筑部位	溶 剂 型 涂 料							
	油漆	过氯乙烯	苯乙烯涂料	聚乙烯醇缩丁醛涂料	氯化橡胶涂料	丙烯酸酯涂料	聚氨酯系涂料	环氧树脂涂料
混凝土基层	×	√	√	√	√	√	√	√
水泥砂浆	×	√	√	√	√	√	√	√
石棉水泥板	√	√	√	√	√	√	√	√
石灰砂浆	√	√	√	√	√	√	√	√
金属基层	☆	☆	☆	☆	☆	☆	☆	☆
木材基层	☆	☆	☆	☆	☆	☆	☆	☆

注：√—可以选用；☆—优先选用；×—不可选用。

按不同基层材料选用建筑装饰涂料（2）

表 5-4

建筑部位	水性涂料 聚乙烯醇系涂料	水泥系 聚合物水泥系涂料	无机涂料		乳液型涂料						
			硅酸盐系涂料	硅溶胶无机涂料	聚醋酸乙烯涂料	乙-丙乳液涂料	乙-丙涂料	氯-偏共聚乳液	苯-丙乳胶漆	丙烯酸酯乳胶漆	水乳型环氧树脂涂料
混凝土基层	√	☆	√	√	√	√	√	√	√	√	√
水泥砂浆	√	☆	√	√	√	√	√	√	√	√	√
石棉水泥板	√	☆	√	√	√	√	√	√	√	√	√
石灰砂浆	☆	×	√	√	√	√	√	√	√	√	√
金属基层	×	×	×	×	√	√	√	√	√	√	√
木材基层	×	×	×	×	√	√	√	√	√	√	√

注：√—可以选用；☆—优先选用；×—不可选用。

221

第一节　内墙装饰涂料

内墙涂料是用于内墙和顶棚的一种装饰涂料，它的主要功能是装饰及保护内墙的墙面及顶棚，使其整洁美观，让人处于平静、舒适的居住环境中。

一、合成树脂乳液内墙涂料

合成树脂乳液内墙涂料是以合成树脂乳液为基料的薄型内墙涂料。它以水代替了传统油漆中的溶剂，对环境不产生污染，安全无毒，保色性好，透气性佳，容易施工，是建筑涂料中极其重要的一族，一般用于室内墙面装饰，但不宜用于厨房、卫生间、浴室等潮湿的墙面。

根据现行国家标准《合成树脂液内墙涂料》（GB/T 9756—2009）中的规定，本标准适用于以合成树脂乳液为基料，与颜料、体质颜料及各种助剂配制而成的，施涂后能形成表面平整的薄质涂层的内墙涂料，包括底漆和面漆。

合成树脂液内墙涂料的技术指标，应符合表 5-5 中的规定。

二、水溶性内墙涂料

水溶性内墙涂料是以水溶性化合物为基料，加入一定量的填料、颜料和助剂，经过研磨、分散后而制成的。这类涂料的成膜机理是以开放型颗粒成

合成树脂液内墙涂料的技术要求

表 5-5

项目		技术要求		
		优等品	一等品	合格品
内墙底漆	容器中状态	无硬块，搅拌后呈均匀状态		
	施工性能	刷涂无障碍		
	低温稳定性(3 次循环)	不变质		
	干燥时间(表干)(h)，≤	2		
	涂膜外观	正常		
	耐碱性(24h)	无异常		
	泛碱性(48h)	无异常		
	—			
内墙面漆	容器中状态	无硬块，搅拌后呈均匀状态		
	施工性能	刷涂无障碍		
	低温稳定性(3 次循环)	不变质		
	干燥时间(表干)(h)，≤	2		
	涂膜外观	正常		
	对比率(白色和浅色)，≥	0.95	0.93	0.90
	耐碱性(24h)	无异常		
	耐洗刷性(次)，≥	1000	500	200

膜，具有一定的透气性，适宜用于室内墙壁的装饰，对基层的干燥度要求不高。这类涂料不含有机溶剂，安全、无毒、无味、不燃、不污染环境，产品分为Ⅰ类与Ⅱ类两种。Ⅰ类适用于湿度较大房间内墙的涂饰，Ⅱ类适用于一般房间内墙的涂饰。

水溶性内墙涂料属于中低档涂料，主要用于一般民用建筑室内墙面的装饰。目前，常用的水溶性内墙涂料有：聚乙烯醇缩甲醛内墙涂料、聚乙烯醇水玻璃内墙涂料和改性聚乙烯醇系内墙涂料（俗称803内墙涂料）等。各类水溶性内墙涂料的技术性能要求见表5-6。

水溶性内墙涂料的技术性能要求

表 5-6

项目	技术要求		项目	技术要求	
	Ⅰ类	Ⅱ类		Ⅰ类	Ⅱ类
容器中状态	无结块、沉淀和絮凝		涂膜外观	干整、色泽均匀	
黏度（s）	30～75		附着力（%）	100	
细度（μm）	≤100		耐水性	无脱落、起泡和皱皮	
遮盖力（g/m²）	≤300		耐干擦性（级）	—	≤1
白度①（%）	≥80		耐洗刷性（次）	≥300	—

①白度规定只适用于白色涂料。

224

三、多彩内墙涂料

多彩内墙涂料又称多彩花纹内墙涂料，是一种比较新颖的内墙涂料，是目前比较受欢迎的一种内墙涂料。具有涂层色泽优雅、富有立体感、装饰效果好等特点，其涂膜质地较厚，弹性、整体性和耐久性好；耐油、耐水、耐腐、耐洗刷、耐污染、耐腐蚀也较好。适用于建筑物内墙和顶棚的混凝土、砂浆、石膏板、木材、钢铁、铝及铝合金等多种基面。

根据现行的行业标准《多彩内墙涂料》（JG/T 3003—1993）中的规定，本标准适用于两种或两种以上的油性着色粒子悬浮在水性介质中，通过一次喷涂即能形成多彩涂层的涂料。

多彩花纹内墙涂料的主要技术性能指标，应符合表 5-7 中的规定。

多彩花纹内墙涂料的主要技术性能指标

表 5-7

	项目	技术指标
涂料性能	在容器中状态	经搅拌后均匀，无硬块
	储存稳定性（0~30℃）	6 个月
	不挥发物含量（%）	≥19
	黏度（25℃，KU B 法）	80~100
	施工性	喷涂无困难

项目		技术指标
涂层性能	实干燥时间(h)	≤24
	涂层外观	与标准样本基本相同
	耐水性(96h)	不起泡,不掉粉,允许轻微失光和变色
	耐碱性(48h)	不起泡,不掉粉,允许轻微失光和变色
	耐洗刷性(次)	≥300

四、内墙涂料中有害物质限量

工程实践充分证明,涂料是现代社会中的第二大污染源。因此,人们越来越重视涂料对环境的污染问题。内墙涂料在施工以及使用过程中能够造成室内空气质量下降以及有可能影响人体健康的有害物质主要为挥发性有机化合物、游离甲醛、可溶性铅、镉、铬和汞等重金属,以及苯、甲苯和二甲苯。在现行国家标准《室内装饰装修材料内墙涂料中有害物质限量》(GB 18582—2008)中,规定了室内装饰装修用水性墙面涂料(包括面漆和底漆)和水性墙面腻子中对人体有害物质容许限量的要求、试验方法、检验规则、包装标志、涂饰安全及防护。本标准适用于各类室内装饰装修用水性墙面涂料和水性墙面腻子。

内墙涂料中有害物质限量，应符合表 5-8 中的规定。

内墙涂料中有害物质限量　　　表 5-8

项目		限量值	
		水性墙面涂料①	水性墙面腻子②
挥发性有机化合物含量(VOC)		≤120g/L	≤15g/kg
苯、甲苯、乙苯、二甲苯总和(mg/kg)		≤300	
游离甲醛(mg/kg)		≤100	
可溶性重金属，≤(mg/kg)	铅 Pb	90	
	镉 Cd	75	
	铬 Cr	60	
	汞 Hg	60	

① 涂料产品所有项目均不考虑稀释配比。

② 膏状腻子所有项目均不考虑稀释配比，粉状的腻子除了可溶性重金属项目直接测试粉体外，其余 3 项按产品规定的配比将粉体与水或胶粘剂等其他液体混合后测试。如配比为某一范围时，应按照水用量最小、胶粘剂等其他液体用量最大的配比混合后测试。

第二节　外墙装饰涂料

外墙涂料的主要功能是装饰和保护建筑物的外

墙表面，使建筑物的外貌整洁美观、鲜艳悦目，从而达到美化城市环境的目的。同时，这种涂料也具有保护外墙面不受介质侵蚀，达到延长使用寿命的目的。

一、复层建筑涂料

复层建筑涂料一般由底涂层、主涂层和面涂层组成。底涂层用于封闭基层和增强主涂料附着能力的涂层；主涂层用于形成立体或平面状装饰面的涂层，厚度至少 1mm 以上；面涂层用于增强装饰效果、提高涂膜性能的涂层。其中溶剂型面涂层为 A 型，水性面涂层为 B 型。

根据现行国家标准《复层建筑涂料》（GB/T 9779—2005）中的规定，本标准适用于以水泥系、硅酸盐系和合成树脂乳液系等胶结料及颜料和骨料为主要原料作为主涂层，用刷涂、喷涂或其他等方法，在建筑物外墙上至少涂布二层的立体或平面状复层涂料。

（一）复层建筑涂料的分类方法

（1）复层建筑涂料按主涂层所用胶粘剂不同，可分为四大类：即聚合物水泥类（代号为 CE）、硅酸盐类（代号为 Si）、合成树脂乳液类（代号为 E）、反应固化型合成树脂乳液类（代号为 RE）。

（2）产品按耐污染性和耐候性不同，可分为优等品、一等品和合格品三个等级。

（二）复层建筑涂料的理化性能

复层建筑涂料的理化性能要求，应符合表 5-9 中的规定。

复层建筑涂料的理化性能要求 表 5-9

项目			性能指标		
			优等品	一等品	合格品
容器中状态			无硬块，呈均匀状态		
涂膜外观			无开裂、无明显针孔、无气泡		
低温稳定性			不结块、没有组成物的分离、无凝聚		
初期干燥抗裂性			无裂纹		
粘结强度（MPa）	标准状态	RE	≥1.0		
		E、Si	≥0.7		
		CE	≥0.5		
	浸水后	RE	≥0.7		
		E、Si、CE	≥0.5		
涂层耐温变性（5 次循环）			不剥落、不起泡、无裂纹、无明显变色		

项目		性能指标		
		优等品	一等品	合格品
透水性(mL)	A 型	<0.5		
	B 型	<2.0		
耐冲击性		无裂纹、无剥落及明显变形		
耐沾污性(白色或浅色)(%)	平状(%)	≤15	≤15	≤20
	立体状(级)	≤2	≤2	≤3
耐候性(白色或浅色)	老化时间(h)	600	400	250
	外观	不起泡、不剥落、无裂纹		
	粉化(级)	≤1		
	变色(级)	≤2		

二、合成树脂乳液外墙涂料

合成树脂乳液涂料又称为乳胶漆，是有机涂料中的一种，这种涂料以合成树脂乳液为基料加入颜料、填料及各种助剂配制而成的一类水性涂料。

根据现行国家标准《合成树脂乳液外墙涂料》(GB/T 9755—2001) 中的规定，本标准适用于以合成树脂乳液为基料，与颜料、体质颜料及各种助剂配制而成的，施涂后能形成表面平整的薄质涂层的外墙涂料，该涂料适用于建筑物和构筑物等外表面的装饰和防护。

合成树脂乳液外墙涂料产品可分为优等品、一等品和合格品。合成树脂乳液外墙涂料的技术要求，应符合表 5-10 中的规定。

合成树脂乳液外墙涂料的技术要求　表 5-10

项目	技术指标		
	优等品	一等品	合格品
容器中状态	无硬块，搅拌后呈均匀状态		
施工性能	刷涂二道无障碍	刷涂二道无障碍	刷涂二道无障碍
低温稳定性	不变质	不变质	不变质
干燥时间（表面干,h）	≤2	≤2	≤2
涂膜外观	正常	正常	正常
对比率（白色和浅色）	≥0.93	≥0.90	≥0.87
耐水性	96h 无异常	96h 无异常	96h 无异常
耐碱性	48h 无异常	48h 无异常	48h 无异常
耐洗刷性（次）	≥2000	≥1000	≥500

项目		技术指标		
		优等品	一等品	合格品
耐人工气候老化性能	白色和浅色	600h 不起泡、不剥落、无裂纹	400h 不起泡、不剥落、无裂纹	250h 不起泡、不剥落、无裂纹
	粉化(级)	≤1		
	变色(级)	2		
	其他色	由供需双方商定		
耐沾污性(白色和浅色,%)		≤15	≤15	≤20
涂层耐温变性(5次循环)		无异样		

三、溶剂型外墙涂料

溶剂型涂料是以有机溶剂为分散介质而制得的建筑涂料。虽然溶剂型涂料存在着污染环境、浪费能源、成本较高等问题，但其仍有一定应用范围，有其自身明显的优势。

根据现行国家标准《溶剂型外墙涂料》（GB/T 9757—2001）中的规定，本标准适用于以合成树脂乳液为基料，与颜料、体质颜料及各种助剂配制而成的，施涂后能形成表面平整的薄质涂层的溶剂性外墙涂料，该涂料适用于建筑物和构筑物等外表面的装饰和防护。

溶剂型外墙涂料产品可分为优等品、一等品和合格品。溶剂型外墙涂料的技术要求，应符合表5-11中的规定。

溶剂型外墙涂料的技术要求   表 5-11

项目	技术指标		
	优等品	一等品	合格品
容器中状态	无硬块，搅拌后呈均匀状态		
施工性能	刷涂二道无障碍	刷涂二道无障碍	刷涂二道无障碍
低温稳定性	不变质	不变质	不变质
干燥时间（表面干，h）	$\leqslant 2$	$\leqslant 2$	$\leqslant 2$
涂膜外观	正常	正常	正常
对比率（白色和浅色）	$\geqslant 0.93$	$\geqslant 0.90$	$\geqslant 0.87$
耐水性	168h 无异常	168h 无异常	168h 无异常
耐碱性	48h 无异常	48h 无异常	48h 无异常
耐洗刷性（次）	$\geqslant 5000$	$\geqslant 3000$	$\geqslant 2000$
耐人工气候老化性能 白色和浅色	1000h 不起泡、不剥落、无裂纹	500h 不起泡、不剥落、无裂纹	300h 不起泡、不剥落、无裂纹
粉化（级）	$\leqslant 1$		

项目		技术指标		
		优等品	一等品	合格品
耐人工气候老化性能	变色(级)	≤2		
	其他色	由供需双方商定		
耐沾污性(白色和浅色,%)		≤10	≤10	≤15
涂层耐温变性(5次循环)		无异样		

四、外墙无机建筑涂料

无机建筑涂料是以碱金属硅酸盐或者硅溶胶为主要粘结料,加入颜料、填料及助剂配制而成的,在建筑物上形成薄质涂层的涂料。这种涂料性能优异,生产工艺简单,原料丰富,成本较低,主要用于外墙装饰,主要是喷涂施工,也可用刷涂或辊涂。

根据现行的行业标准《外墙无机建筑涂料》(JG/T 26—2002)中的规定,本标准适用于以碱金属硅酸盐或者硅溶胶为主要粘结料的外墙无机建筑涂料,采用刷涂、喷涂或滚涂的施工方法,在建筑物外墙表面形成薄质装饰涂层。

（一）外墙无机建筑涂料的分类

外墙无机建筑涂料按主要胶粘剂种类不同，可分为以下几种：①Ⅰ类：即碱金属硅酸盐类，以硅酸钾、硅酸钠等碱金属硅酸盐为主要胶粘剂，加入颜料、填料及助剂配制而成。②Ⅱ类：即硅溶胶类，以硅溶胶为主要胶粘剂加入适量的合成树脂乳液、颜料、填料和助剂配制而成。

（二）外墙无机建筑涂料的技术指标

外墙无机建筑涂料的技术指标，应符合表 5-12 中的规定。

外墙无机建筑涂料的技术指标　表 5-12

项目	技术指标	项目	技术指标
容器中状态	无硬块，搅拌后呈均匀状态	涂膜外观	正常
施工性能	刷涂二道无障碍	对比率（白色和浅色）	≥0.95
热储存稳定性（30d）	无结块、凝聚和霉变现象	低温储存稳定性（3次）	无结块、凝聚现象
干燥时间（表面干，h）	≤2	耐洗刷性（次）	≥1000
耐水性（168h）	无起泡、裂纹、剥落，允许有轻微剥落	耐碱性（168h）	无起泡、裂纹、剥落，允许有轻微剥落

项目	技术指标	项目		技术指标
耐温变性 (10 次)	无起泡、裂纹、剥落，允许有轻微剥落	耐沾污性	Ⅰ类	≤20
			Ⅱ类	≤15
耐人工老化性(白色或浅色)	Ⅰ类产品：800h，无起泡、裂纹、剥落，粉化≤1级，变色≤2级			
	Ⅱ类产品：500h，无起泡、裂纹、剥落，粉化≤1级，变色≤2级			

五、弹性建筑涂料

弹性建筑涂料是以合成树脂乳液为基料，与颜料、填料及助剂配制而成，涂刷一定厚度（干膜厚度大于等于150μm）后，具有弥盖因基材伸缩（运动）产生细小裂纹的有弹性的功能性涂料。根据现行的行业标准《弹性建筑涂料》（JG/T 172—2014）中的规定，本标准适用于由合成树脂乳液为基料，并由各种颜料、填料和助剂等配制而成的弹性建筑涂料。

根据使用部位不同，将弹性建筑涂料分为内墙弹性建筑涂料和外墙弹性建筑涂料。弹性建筑涂料的技术指标，应符合表 5-13 中的规定。

弹性建筑涂料的技术指标　　　表 5-13

项目	技术指标				
	外墙面涂		外墙中涂		内墙
	Ⅰ型	Ⅱ型	Ⅰ型	Ⅱ型	
容器中状态	无硬块,搅拌后呈均匀状态				
涂膜外观	正常				
施工性能	施工无障碍				
干燥时间(表面干,h)	≤2				
对比率(白色和浅色)	≥0.90		—		≥0.93
低温稳定性	不变质				
耐碱性(48h)	无异常				
耐水性(96h)	无异常				
耐人工老化性 (白色或浅色)	400h,无起泡、无裂纹、不剥落,粉化≤1级,变色≤2级		—		
涂层耐温变性(3次循环)	无异常				—
耐沾污性(白色或浅色)(%)	<25				—
0℃低温柔性　$\phi 10mm$	—		—		无裂纹或断裂

237

项目		技术指标				
		外墙面涂		外墙中涂		内墙
		Ⅰ型	Ⅱ型	Ⅰ型	Ⅱ型	
−10℃低温柔性	φ10mm	—		无裂纹或断裂	—	—
拉伸强度（MPa）	标准状态下	≥2.0				
断裂伸长率(%)	标准状态下	≥150		≥150		≥80
	0℃	—	≥35	—		
	−10℃	≥35	—	—		

第三节　地面装饰涂料

地面装饰涂料的主要功能是装饰美化与保护室内地面，使地面清洁美观，与室内墙面以及其他装饰相适应，让居住者处于优雅和谐的环境中。地面涂料的种类按照基层材料不同，可分为木地板涂料、塑料地板涂料和水泥砂浆地面涂料；按照涂料的组成成分不同，可分为溶剂型地面涂料、苯乙烯地面涂料、聚氨酯-丙烯酸酯地面涂料和丙烯酸硅地面涂料。

一、木地板涂料

木地板涂料，又称为"地板漆"，这类涂料的品种非常多，一般只用做木地板的保护，其耐磨性较好。各种木地板涂料的性能和用途，如表 5-14 所示。

木地板涂料的性能和用途　　　　表 5-14

地板漆名称	性能及特点	适用范围
聚氨酯清漆	耐水、耐磨、耐酸碱、易清洗；漆膜美观、透明、光亮、装饰性好	防酸碱、耐磨损的木地板表面，运动场体育馆地板、混凝土和水泥砂浆面
酯胶磁漆（地板清漆 T80-1）	易干燥、涂膜光亮坚韧，对金属基层的附着力好，有一定的耐水性	室内外常曝晒的木材或金属
钙酯地板漆	漆膜坚硬、平滑光亮、干燥较快、耐磨性较好，有一定的耐水性	适用于显露木质纹理的地板、楼板、扶手、栏杆等面上
酯酸紫红地板漆	干燥迅速、遮盖力较强、附着力好、耐磨性和耐水性均比较好	适用于木质的地板、楼板、扶手、栏杆等面上
酚醛紫红地板漆（F80-1）	漆膜坚硬、光亮平滑、有良好的耐水性	适用于木质的地板、楼板、扶手、栏杆等面上

二、溶剂型地面涂料

溶剂型地面涂料是以合成树脂为主要成膜物质，加入适量的颜料、填料、各种助剂和有机溶剂配制而成的。这类涂料常用的品种有：过氯乙烯水泥地面涂料、苯乙烯地面涂料、聚氨酯-丙烯酸酯地面涂料和丙烯酸硅地面涂料。

（一）过氯乙烯地面涂料

过氯乙烯地面涂料是我国开发应用较早的一种地面涂料。它是以过氯乙烯树脂（含氯量达60%～65%）为主要成膜物质，掺入少量的酚醛树脂改性，加入适量的增塑剂、稳定剂、颜料和填充料等物质，经捏合、混炼、切粒、溶解、过滤等工艺过程，配制而成的一种溶剂型地面涂料。过氯乙烯地面涂料的主要技术性能指标，如表5-15所示。

过氯乙烯地面涂料的主要技术性能　表5-15

项目	技术性能	项目	技术性能
色泽及外观	稍有光，漆膜平整，无刷痕，无粗粒	干燥时间	表干：30～60min 实干：70～180min
黏度（涂-4黏度计）	150～200s		
遮盖力	<130g/m²	流平性	无刷痕

项目	技术性能	项目	技术性能
附着力	100%	耐磨性 （Teber 型）	＜0.03g
硬度	＞350	抗冲击性	＞3.5N·m

（二）聚氨酯-丙烯酸酯地面涂料

聚氨酯-丙烯酸酯地面涂料，是以聚氨酯-丙烯酸酯树脂为主要成膜物质，以二甲苯、醋酸丁酯等为溶剂，再加入适量颜料（如钛白粉、氧化铁黄、氧化铁红、氧化铁黑等）、填料（如滑石粉、沉淀硫酸钡、重质碳酸钙等）和各种助剂等，经过一定的加工工序制作而成。

聚氨酯-丙烯酸酯地面涂料的主要技术性能如表 5-16 所示。

聚氨酯-丙烯酸酯地面涂料的主要技术性能

表 5-16

项目	技术性能	项目	技术性能
干燥时间	表面干≤2h； 实干≤24h	柔韧性	曲率半径 0.5mm 不破裂
光泽	≥75	耐沸水性	5h 无变化
遮盖力	≤170g/m²	耐腐蚀性	48h 无变化

241

项目	技术性能	项目	技术性能
抗冲击性	＞30N·m	耐玷污性	5 次,反射系数下降率≤10%

（三）丙烯酸硅地面涂料

丙烯酸硅地面涂料是以丙烯酸酯系树脂和硅树脂进行复合的产物为主要成膜物质,再加入适量的溶剂、颜料、填料和助剂等,经过一定的加工工序制作而成。

丙烯酸硅地面涂料的主要技术性能如表 5-17所示。

丙烯酸硅地面涂料的主要技术性能 表 5-17

项目	技术性能	项目	技术性能
固体含量	≥35%	耐洗刷性	≥2000 次
细度	≤40μm	耐候性	人工加速,2000h 无起泡、剥落、裂纹等,粉化和变色≤1 级
遮盖力	≤100g/m²		

三、合成树脂厚质地面涂料

（一）环氧树脂厚质地面涂料

环氧树脂厚质地面涂料,是以环氧树脂为主要成膜物质的双组分常温固化型涂料,其以二甲苯、丙酮为稀释剂，再加入适量颜料、填料、增塑剂和固化剂等，经过一定的制作工艺加工而成。环氧树脂厚质地面涂料的主要技术性能指标，如表 5-18 所示。

环氧树脂地面涂料的主要技术性能指标

表 5-18

性能	技术指标	
	清漆	色漆
色泽外观	浅黄色	各色，漆膜平整
黏度	16~26s	16~40s
细度		≤30μm
干燥时间	表干：2~4h；实干：24h；全干：7d	表干：2~4h；实干：24h；全干：7d
硬度	≥0.50	≥0.50
冲击强度	5N·m	5N·m
附着力	（画圈法）1级	（画圈法）1级
柔韧性	1mm	1mm

（二）聚氨酯地面涂料

聚氨酯地面涂料系指以端异氰酸酯基聚氨酯预

聚物、含有端羟基或胺类的固化物混合物为聚氨酯地面涂料的主要成膜物质，以二甲苯或醋酸丁酯为溶剂，再加入适量的颜料、填料和增塑料等，经过一定的制作工艺则制成聚氨酯地面涂料。

聚氨酯弹性地面涂料的主要技术性能，应符合表 5-19 中的规定。

聚氨酯弹性地面涂料的主要技术性能　表 5-19

项目	技术性能	项目	技术性能
硬度	（肖氏）74～91	粘结强度	4.0MPa
断裂强度	3.8～19.2MPa	耐酸性	用 10% 浓度的盐酸溶液浸泡，3 个月无明显变化
伸长率	103%～272%		

四、聚合物水泥地面涂料

（一）氯-偏共聚乳液地面涂料

氯-偏共聚乳液地面涂料，是氯乙烯-偏氯乙烯共聚乳液地面涂料的简称，又称为"RT-170 地面涂料"，它是以氯乙烯共聚乳液为主要成膜物质，添加少量的其他合成树脂为基料，掺入适量不同品种的颜料、填料及助剂而制成的水乳型涂料。

氯-偏共聚乳液地面涂料的主要技术性能指标，应符合表 5-20 中的规定。

244

氯-偏共聚乳液地面涂料的主要技术性能指标

表 5-20

项目	技术性能
色泽及外观	涂膜光洁,色泽均匀、柔和
表面干燥时间	15℃,≥1h
耐热性	100℃,1h,无变化
冻融循环	25 次,无起壳、无脱落现象
耐磨性	1000 次,≤0.006g/m²
粘结力	≥0.7MPa
耐水性	(20±2℃),1000h,无变化
附着力	≤3 级
最低成膜温度	≥5℃

（二）聚乙烯醇缩甲醛水泥地面涂料

聚乙烯醇缩甲醛水泥地面涂料,又称为"777水性地面涂料",是以水溶性高分子聚合物胶为基材,与特制的填料、颜料制成的地面涂料,分为A、B、C 三组分。A组分为强度为 42.5MPa 的水泥,B组分为色浆,C组分为面层罩面涂料。

聚乙烯醇缩甲醛水泥地面涂料的主要技术性能指标,应符合表 5-21 中的规定。

聚乙烯醇缩甲醛水泥地面涂料的主要技术性能指标

表 5-21

项目	技术性能
耐磨性	1000 次，$\leqslant$0.006g/m²
耐水性	(20±2℃)，7d，无变化
耐热性	100℃，1h，无变化
粘结性	$\geqslant$0.25MPa
抗冲击强度	5N·m
耐化学品玷污	良好

（三）聚醋酸乙烯酯水泥地面涂料

聚醋酸乙烯酯水泥地面涂料，又称为"HC-地面涂料"。它是以聚醋酸乙烯酯为基料，加入适量的无机颜料、各种助剂、石英粉和普通硅酸盐水泥组成，这是一种新颖的水性聚合物水泥涂料。

聚醋酸乙烯酯地面涂料的主要技术性能指标，应符合表 5-22 中的规定。

聚醋酸乙烯酯地面涂料的主要技术性能指标

表 5-22

项目	技术性能
耐磨性	加载 1000g×2，每 100 转磨损损失量，$\leqslant$12g

项目	技术性能
耐水性	(20±2℃)水中,72h,无变化
耐热性	100℃,4h,不起泡,不脱落
粘结性	≥0.20MPa
涂膜外观	涂膜光洁、平整,色泽均匀
抗冲击强度	>4N·m
耐灼烧性	指烟头,不起泡,不变形,不变色

五、地坪涂装材料

根据现行国家标准《地坪涂装材料》（GB/T 22374—2008）中的规定，本标准适用于涂装在水泥砂浆、混凝土等基面上，对地面起着装饰和保护作用，以及具有特殊功能（如防静电性、防滑性等）。

（一）地坪涂装材料的分类方法

（1）地坪涂装材料按其分散介质不同，可分为水性地坪涂装材料（S）、无溶剂型地坪涂装材料（W）和溶剂型地坪涂装材料（R）。

（2）地坪涂装材料按其涂层结构不同，可分为

247

底涂（D）和面涂（M）。

（3）地坪涂装材料按其使用场所不同，可分为室内和室外。

（4）地坪涂装材料按其承载能力不同，可分为Ⅰ级和Ⅱ级。

（5）地坪涂装材料按其防静电类型不同，可分为静电耗散型和导静电型。

（二）室内用地坪涂装材料有害物质限量

室内用地坪涂装材料有害物质限量，应符合表5-23中的规定。

室内用地坪涂装材料有害物质限量　表5-23

项目	有害物质限量值		
	水性	溶剂型	无溶剂型
挥发性有机化合为（VOC）浓度[①]（g/L），≤	120	500	60
甲醛质量分数（g/kg），≤	0.1	0.5	0.1
苯的质量分数[②]（g/kg），≤	0.1	1.0	0.1
甲苯、二甲苯的质量分数[②]（g/kg），≤	5	200	10
游离甲苯二异氰酸酯（TDI）质量分数（聚氨酯类）[③]（g/kg），≤	—	2	2

248

项目	有害物质限量值			
		水性	溶剂型	无溶剂型
可溶性重金属质量分数④(mg/kg)，≤	铅 Pb	30	90	30
	镉 Cd	30	50	30
	铬 Cr	30	50	30
	汞 Hg	10	10	10

①挥发性有机化合为（VOC）浓度。按产品规定的配比和稀释比例混合后测定。如稀释剂的使用量为某一范围时应按照推荐的最大稀释量稀释后进行测定。

②如果产品规定了稀释比例或产品由双组分组成或多组分组成时，应分别测定稀释剂和各组分中的含量，再按产品规定的配比计算混合后地坪涂装材料中的总量。如果稀释剂的使用量为某一范围时，应按照推荐的最大稀释量稀释后进行计算。

③如果聚氨酯类地坪涂装材料规定了稀释比例或产品由双组分组成或多组分组成时，应先测定固化剂（含甲苯二异氰酸酯预聚物）中的含量，再按产品规定的配比计算混合后地坪涂装材料中的总量。如果稀释剂的使用量为某一范围时应按照推荐的最大稀释量稀释后进行计算。

④仅对有色地坪涂装材料进行检测。

（三）地坪涂装材料的底涂要求

地坪涂装材料的底涂要求，应符合表 5-24 中的规定。

地坪涂装材料的底涂要求　　　　表 5-24

项目		技术指标		
		水性	溶剂型	无溶剂型
容器中状态		无硬块、凝聚，搅拌后呈均匀状态		
干燥时间(h)	表面干燥	≤8	≤5	≤4
	实体干燥	≤48	≤24	≤24
耐碱性(48h)		漆膜完整，不起泡、不剥落，允许有轻微的变色		
附着力(级)		≤1		

（四）地坪涂装材料的面涂要求

地坪涂装材料的面涂要求，应符合表 5-25 中的规定。

地坪涂装材料的面涂要求　　　　表 5-25

项目			技术指标		
			水性	溶剂型	无溶剂型
基本性能要求	容器中状态		无硬块、凝聚，搅拌后呈均匀状态		
	漆膜外观		正常	正常	正常
	干燥时间(h)	表面干燥≤	8	4	6
		实体干燥≤	48	24	48

250

项目			技术指标		
			水性	溶剂型	无溶剂型
基本性能要求	硬度	铅笔硬度(擦伤)≥	H	H	—
		邵氏硬度(D型)	—	—	商定
	附着力(级)		≤1	≤1	—
	拉伸粘结强度(MPa)，≥	标准条件	—	—	2.0
		浸水后	—	—	2.0
	耐磨性(750g/500r)(g)		≤0.060	≤0.030	≤0.030
	抗压强度(MPa)，≥		—	—	45
	耐冲击性	Ⅰ级	500g 钢球，高 100cm，漆膜无裂纹、无剥离		
		Ⅱ级	1000g 钢球，高 100cm，漆膜无裂纹、无剥离		
	防滑性(干摩擦系数)		≥0.50	≥0.50	≥0.50
	耐水性(168h)		不起泡、不剥落，允许有轻微的变色，2h后恢复		
	耐化学性	耐油性(120♯溶剂汽油,72h)	不起泡、不剥落，允许有轻微的变色		
		耐碱性(20% NaOH,72h)	不起泡、不剥落，允许有轻微的变色		
		耐酸性(10% H₂SO₄,48h)	不起泡、不剥落，允许有轻微的变色		

项目		技术指标		
		水性	溶剂型	无溶剂型
特殊性能要求	流动度①（mm）	—	—	≥140
	防滑性能② 干摩擦系数	≥0.70		
	防滑性能② 湿摩擦系数	≥0.70		
	体积电阻，表面电阻③（Ω） 导静电型	≥5×10⁴～1×10⁵		
	体积电阻，表面电阻③（Ω） 静电耗散型	≥1×10⁵～1×10⁶		
	拉伸粘结强度④（MPa） 热老化后	—	—	≥2.0
	拉伸粘结强度④（MPa） 冻融循环后	—	—	≥2.0
	耐人工气候老化性④（400h）	不起泡、无裂纹、不剥落，粉化≤1级，ΔE≤6.0		
	燃烧性能⑤	商定	商定	商定
	耐化学性⑥（化学介质商定）	商定	商定	商定

① 仅适用于自流淌平的地坪涂装材料；

② 仅适用于使用场所为室外或潮湿环境的工作室和作业区域；

③ 仅适用于需要防静电的场所；

④ 仅适用于户外场所；

⑤ 仅适用于对燃烧性能有要求的场所；

⑥ 仅适用于需要接触高浓度酸、碱、盐等化学腐蚀性药品的场所。

第四节　特种装饰涂料

特种建筑装饰涂料对被涂物体不仅有保护和装饰作用，而且还具有其特殊功能，如防水、防火、防霉、防腐、杀虫、隔热、隔声功能等。近年来，随着国民经济的飞速发展，人民生活水平的不断提高，对建筑装饰涂料的要求，也从过去的单纯装饰保护为主要目的，向着以强调功能要求为主要目的的多品种、多样化的方向发展。

一、饰面型防火涂料

饰面型防火涂料是一种集装饰和防火功能为一体的新型涂料品种。当防火涂料涂覆于可燃基材上时，平时可起到装饰作用，一旦火灾发生时，则可阻止火势蔓延，达到保护基材的目的。根据现行国家标准《饰面型防火涂料》（GB 12441—2005）中的规定，本标准适用于膨胀饰面型防火涂料。

（一）饰面型防火涂料的一般要求

（1）对于原料的要求：不宜用有害人体健康的原料和溶剂。

（2）对于颜色的要求：可根据《漆膜颜色标准》（GB/T 3181—2008）的规定，也可由供需双方协商确定。

（3）对于施工的要求：可采用刷涂、喷涂、刮涂等任何一种或多种方法进行施工，并能在通常自然环境条件下干燥、固化。成膜后表面无明显凹凸或条痕，没有脱粉、气泡、龟裂、斑点等现象，能形成平整的饰面。

（二）饰面型防火涂料的技术要求

饰面型防火涂料的技术要求，应符合表 5-26 中的规定。

饰面型防火涂料的技术要求　　表 5-26

项目		技术指标	缺陷类别
在容器中状态		无硬块，搅拌后呈均匀状态	C
表面时间	表面干（h）	≤5	C
	实体干（h）	≤24	C
耐冲击性（cm）		≥20	B
火焰传播比值		≤25	A
炭化体积（cm³）		≤25	A
耐湿热性（h）		经 48h 试验，涂膜无起泡、无脱落，允许轻微失光和变色	B
细度（μm）		≤90	C
附着力（级）		≤3	A
柔韧性（mm）		≤3	B

项目	技术指标	缺陷类别
耐燃时间(min)	≥15	A
质量损失(g)	≤5.0	A
耐水性(h)	经24h试验,不起皱,不剥落,不起泡,在标准状态下,24h能基本恢复,允许轻微失光和变色	B

二、建筑玻璃用隔热涂料

玻璃隔热涂料是一种涂覆于玻璃表面,在保持一定的可见光透过率的前提条件下,以降低玻璃遮蔽系数为主要隔热方式的功能性涂料。玻璃隔热涂料的关键是既要保证透光,又要具有隔热效果,也就是说只能有选择地隔离太阳辐射能。

根据现行的行业标准《建筑玻璃用隔热涂料》(JG/T 338—2011)中的规定,本标准适用于以合成树脂或合成树脂乳液为基料,与功能性颜料、填料及各种助剂配制而成的,施涂于建筑玻璃表面的透明的隔热涂料,其他玻璃表面用的隔热涂料也可参照本标准执行。

(一)建筑玻璃用隔热涂料的分类方法

(1)建筑玻璃用隔热涂料按产品的组成属性,可分为溶剂型和水性两种。

255

（2）建筑玻璃用隔热涂料按遮蔽系数的范围，可分为Ⅰ型、Ⅱ型和Ⅲ型。

（二）建筑玻璃用隔热涂料的光学性能

建筑玻璃用隔热涂料产品的光学性能，应符合表 5-27 中的规定。

建筑玻璃用隔热涂料产品的光学性能 表 5-27

项目	技术指标		
	Ⅰ型	Ⅱ型	Ⅲ型
遮蔽系数	≤0.60	>0.60，≤0.70	>0.70，≤0.80
可见光透射比（%）	≥50	≥60	≥70
可见光透射比保持率（%）	≥95	≥95	≥95

（三）建筑玻璃用隔热涂料有害物质限量

（1）溶剂型产品的有害物质限量，应符合《建筑用外墙涂料中有害物质限量》（GB 24408—2009）中的要求。

（2）水性产品的有害物质限量，应符合《内装饰装修材料内墙涂料有害物质限量》（GB 18582—2008）中的要求。

三、钢结构防火涂料

钢结构防火涂料是施涂于建筑物及构筑物的钢

结构表面，能形成耐火隔热保护层以提高钢结构耐火极限的涂料。根据现行国家标准《钢结构防火涂料》（GB 14907—2002）中的规定，本标准适用于建筑物及构筑物室内外使用的各类钢结构防火涂料。

（一）钢结构防火涂料的分类与命名

（1）钢结构防火涂料按使用场所不同，可分为室内钢结构防火涂料和室外钢结构防火涂料。室内钢结构防火涂料用于建筑物室内或隐蔽工程的钢结构表面；室外钢结构防火涂料用于室外或露天工程的钢结构表面。

（2）钢结构防火涂料按使用厚度不同，可分为超薄型钢结构防火涂料、薄型钢结构防火涂料和厚型钢结构防火涂料。超薄型钢结构防火涂料的涂层厚度小于或等于 3mm，薄型钢结构防火涂料的涂层厚度大于 3mm、小于或等于 7mm，厚型钢结构防火涂料的涂层厚度大于 7mm、小于或等于 45mm。

（3）钢结构防火涂料的命名。钢结构防火涂料产品命名以汉语拼音字母的缩写作为代号，N 和 W 分别代表室内和室外，CB、B 和 H 分别代表超薄型、薄型和厚型，各类钢结构防火涂料名称与代号的对应关系：室内超薄型钢结构防火涂料为 NCB，室外超薄型钢结构防火涂料为 WCB；室内的薄型钢结构防火涂料为 NB，室外的薄型钢结构防火涂料为 WB；室内的厚型钢结构防火涂料为 NH，室外的厚型钢结构防火涂料为 WH。

（二）钢结构防火涂料的一般要求

钢结构防火涂料的一般要求，应符合表 5-28 中的规定。

钢结构防火涂料的一般要求　　　表 5-28

项目	技术指标
涂料的原料	所用原料中应不含石棉和甲醛，不宜采用苯类溶剂
施工方法要求	防火涂料可用喷涂、抹涂、刷涂、刮涂等方法中的任何一种或多种方法方便地施工，并能在通常的自然环境条件下干燥固化
复层涂料的配套性	复层涂料应相互配套，底层涂料应能同普通的防锈漆配合使用，或者底层涂料自身具有防锈性能
涂层的气味	涂层实干后不应有刺激性气味

（三）室内钢结构防火涂料的技术性能

室内钢结构防火涂料的技术性能，应符合表 5-29 中的规定。

258

室内钢结构防火涂料的技术性能　　表 5-29

检验项目	技术指标			缺陷分类
	NCB	NB	NH	
在容器中的状态	经搅拌后呈细腻状态，无结块	经搅拌后呈均匀液态或稠厚流体状态，无结块	经搅拌后呈均匀稠厚流体状态，无结块	C
干燥时间（表面干）	≤8h	≤12h	≤24h	C
外观与颜色	涂层干燥后，外观与颜色同样品相比，应无明显差别		—	C
初期干燥抗裂性	不应出现裂纹	允许出现1~3条裂纹，其宽度应≤0.5mm	允许出现1~3条裂纹，其宽度应≤1.0mm	B
粘结强度（MPa）	≥0.20	≥0.15	≥0.04	B
抗压强度（MPa）			≥0.30	C
干密度（kg/m³）			≤500	C
耐水性(h)	≥24 涂层应无起泡、发泡、脱落现象			B
耐冷热循环（次）	≥15 涂层应无开裂、剥落、起泡现象			B

检验项目		技术指标			缺陷分类
		NCB	NB	NH	
耐火性能	涂层厚度（mm），≤	2.00±0.20	5.00±0.50	25.0±2.0	A
	耐火极限，≥	1.0h	1.0h	2.0h	
		耐火极限：以136b或140b标准工字钢梁作基材			

注：裸露钢梁耐火极限为15min（136b、140b验证数据），作为表中0mm涂层厚度耐火极限基础数据。

（四）室外钢结构防火涂料的技术性能

室外钢结构防火涂料的技术性能，应符合表5-30中的规定。

室外钢结构防火涂料的技术性能　表5-30

检验项目	技术指标			缺陷分类
	NCB	NB	NH	
在容器中的状态	经搅拌后呈细腻状态，无结块	经搅拌后呈均匀液态或稠厚流体状态，无结块	经搅拌后呈均匀稠厚流体状态，无结块	C
干燥时间（表面干）	≤8h	≤12h	≤24h	C

检验项目	技术指标			缺陷分类
	NCB	NB	NH	
外观与颜色	涂层干燥后,外观与颜色同样品相比,应无明显差别		—	C
初期干燥抗裂性				
粘结强度(MPa)	≥0.20	≥0.15	≥0.04	B
抗压强度(MPa)	—	—	≥0.50	C
干密度(kg/m³)	—	—	≤650	C
耐暴热性(h)	≥720 涂层应无起层、脱落、空鼓、开裂现象			B
耐湿热性(h)	≥504 涂层应无起层、脱落现象			B
耐冻融循环性(次)	≥15 涂层应无起层、脱落、起泡现象			B
耐碱性(h)	≥360 涂层应无起层、脱落、开裂现象			B
耐酸性(h)	≥360 涂层应无起层、脱落、开裂现象			B
耐盐雾腐蚀性(次)	≥30 涂层应无起层、明显的变质、软化现象			B

检验项目		技术指标			缺陷分类
		NCB	NB	NH	
耐火性能	涂层厚度(mm)，≤	2.00±0.20	5.00±0.50	25.0±2.0	A
	耐火极限，≥	1.0h	1.0h	2.0h	
		耐火极限：以136b或140b标准工字钢梁作基材			

注：裸露钢梁耐火极限为15min（136b、140b验证数据），作为表中0mm涂层厚度耐火极限基础数据。耐久性项目（耐暴热性、耐湿热性、耐冻融循环性、耐酸性、耐碱性、耐盐雾腐蚀性）的技术要求除表中规定外，还应满足耐火性能的要求，方能判定该对应项性能合格。耐酸性和耐碱性可仅进行其中一项测试。

四、硅酸盐复合绝热涂料

硅酸盐复合绝热涂料是指以无机纤维作增强材料，以轻质的无机硅酸盐为集料，辅以表面活性剂、粘合剂等，按一定的配比经过松解、混合、搅拌而成的黏稠状浆体，这是近几年在我国发展起来的一种新型保温材料。

根据现行国家标准《硅酸盐复合绝热涂料》（GB/T 17371—2008）中的规定，本标准适用于热面温度不大于600℃的绝热工程用硅酸盐复合绝热涂料。

（一）硅酸盐复合绝热涂料的分类方法

（1）硅酸盐复合绝热涂料按材料有无憎水剂，可分为普通型（代号为 P）和憎水型（代号为 Z）。

（2）硅酸盐复合绝热涂料按产品干密度不同，可分为 A、B、C 三个等级。

（二）硅酸盐复合绝热涂料的技术性能

硅酸盐复合绝热涂料的技术性能，应符合表 5-31 中的规定。

硅酸盐复合绝热涂料的技术性能　　表 5-31

项目名称	技术指标		
	A 等级	B 等级	C 等级
外观质量要求	色泽均匀一致的黏稠状的浆体		
浆体密度（kg/m³）	≤1000	≤1000	≤1000
浆体的 pH 值	9～11	9～11	9～11
干密度（kg/m³）	≤180	≤220	≤280
体积收缩率	≤15.0	≤20.0	≤20.0
抗拉强度（kPa）	≥100	≥100	≥100
粘结强度（kPa）	≥25.0	≥25.0	≥25.0

项目名称		技术指标		
		A 等级	B 等级	C 等级
导热率 [W/(m·K)]	平均温度 350℃ ±5℃时	≤0.10	≤0.11	≤0.12
	平均温度 70℃ ±2℃时	≤0.05	≤0.07	≤0.08
高温后抗拉强度(600℃ 恒温 4h)(kPa)		≥50		
憎水型涂料的憎水率(%)		≥98		
对奥氏体不锈钢的腐蚀性		应符合《覆盖奥氏体不锈钢 用绝热材料规范》(GB/T 17393—2008)的要求		

五、建筑反射隔热涂料

建筑反射隔热涂料又称太阳热反射隔热涂料，其涂层能够有效反射和辐射太阳辐照能量。建筑反射隔热涂料是以合成树脂为基料，与功能性的颜料、填料及助剂等配制而成，施涂于建筑物的表面，具有较高太阳反射比和较高半球发射率的涂料。

根据现行的行业标准《建筑反射隔热涂料》(JG/T 235—2008) 中的规定，本标准适用于工业与民用建筑屋面和外墙的隔热工程。

（一）建筑反射隔热涂料的分类与标记

建筑反射隔热涂料按其应用场合不同，可分为 WM 型屋面反射隔热涂料和 WQ 型外墙反射隔热涂料。屋面反射隔热涂料的标记为 CRTL-WM，外墙反射隔热涂料的标记为 GRTL-WQ。

（二）建筑反射隔热涂料的技术性能指标

建筑反射隔热涂料的技术性能指标，应符合表 5-32 中的规定。

建筑反射隔热涂料的技术性能指标 表 5-32

项目名称		技术指标	
		WM 型	WQ 型
隔热性能	太阳光反射比（白色）[①]	≥0.80	
	半球发射率[①]	≥0.80	
	隔热温差（℃）	≥10.0	
	隔热温差衰减（白色）（℃）	根据不同工程，由设计确定	≤12
	[①] 太阳光反射比和半球发射率在建筑反射隔热涂料的热工计算中的应用，参见《建筑反射隔热涂料》(JG/T 235—2008)附录 A		
其他性能	有防水要求时，屋面反射隔热涂料还应符合《屋面工程技术规范》(GB 50345—2012)规定的技术要求，且耐人工气候老化性应符合《合成树脂乳液外墙涂料》(GB/T 9755—2001)中优等品的要求		

项目名称	技术指标	
	WM 型	WQ 型
其他性能	外墙反射隔热涂料还应符合《合成树脂乳液外墙涂料》(GB/T 9755—2001)或《溶剂型外墙涂料》(GB/T 9757—2001)或《交联型氟树脂涂料》(HG/T 3792—2005)或《弹性建筑涂料》(JG/T 172—2005)规定的技术要求	

六、建筑用钢结构防腐涂料

钢结构防腐涂料是在耐油防腐蚀涂料的基础上研制成功的一种新型钢结构防腐蚀涂料。该涂料分为底漆和面漆两种，除了具有防腐蚀涂料优异的防腐蚀性能外，其应用范围更广，并且可根据需要将涂料调成各种颜色。金鹰钢结构防腐蚀涂料自问世以来，经多年使用，证明性能稳定、可靠，得到了广大用户的好评和信赖。

根据现行的行业标准《建筑用钢结构防腐涂料》（JC/T 224—2007）中的规定，本标准适用于在大气环境下建筑钢结构防护用底漆、中间漆和面漆，也适用于大气环境下其他钢结构防护用底漆、中间漆和面漆。

（一）建筑用钢结构防腐涂料的分类方法

（1）建筑用钢结构防腐涂料的面漆产品，依据

《大气环境腐蚀性分类》（GB/T 15957— 1995）的规定，可分为Ⅰ型和Ⅱ型两类。

（2）建筑用钢结构防腐涂料的底漆产品，依据耐盐雾性可分为普通型和长效型两类。

（二）建筑用钢结构防腐涂料的产品性能

建筑用钢结构防腐涂料的面漆产品性能，应符合表5-33中的规定。建筑用钢结构防腐涂料的底漆和中间漆产品性能，应符合表5-34中的规定。

建筑用钢结构防腐涂料的面漆产品性能　表5-33

项目		技术指标	
		Ⅰ型面漆	Ⅱ型面漆
容器中的状态		搅拌后无硬块，呈均匀状态	
漆膜的外观		正常	正常
干燥时间	表面干燥	≤4	≤4
	实体干燥	≤24	≤24
耐盐水性(5%NaCl)		120h 无异常	240h 无异常
附着力(划格法)(级)		≤1	≤1
耐冲击性(cm)		≥30	≥30
储存稳定性	结皮性	≥8 级	≥8 级
	沉降性	≥6 级	≥6 级

267

项目	技术指标	
	Ⅰ型面漆	Ⅱ型面漆
施工性能	涂刷二道无障碍	
遮盖力(白色或浅色)	≤150g/m³	≤150g/m³
细度(μm)	≤60(片状颗粒除外)	
耐酸性(5%H_2SO_4)	96h 无异常	168h 无异常
耐盐雾性	500h 不起泡、不脱落	1000h 不起泡、不脱落
耐弯曲性(mm)	≤2	≤2
涂层耐温变性	经 5 次循环，无异常	
耐人工老化性(白色或浅色)	500h 不起泡、不开裂、不脱落，粉化≤1 级，变色≤2 级	1000h 不起泡、不开裂、不脱落，粉化≤1 级，变色≤2 级

注：1. 表中浅色是指以白色涂料为主要成分，添加适量的色浆后配制成的浅色涂料形成的涂膜所呈现的浅颜色，按《中国颜色体系》（GB/T 15608—2006）中规定明度值为 6～9 之间（三刺激值中的 Y_{D65}≥31.26）。

2. 对于多组分产品，细度主要是指主漆的细度。

3. 面漆中含有金属颜料时不测定耐酸性。

4. 耐人工老化性能中其他颜色的变色等级，由供需双方商定。

建筑用钢结构防腐涂料的底漆和中间漆产品性能

表 5-34

项目		技术指标		
		普通底漆	长效底漆	中间漆
容器中的状态		搅拌后无硬块，呈均匀状态		
漆膜的外观		正常	正常	正常
干燥时间	表面干燥	≤4	≤4	≤4
	实体干燥	≤24	≤24	≤24
耐弯曲性（mm）		≤2	≤2	≤2
耐冲击性（cm）		≥30	≥30	≥30
储存稳定性	结皮性	≥8 级	≥8 级	≥8 级
	沉降性	≥6 级	≥6 级	≥6 级
施工性能		涂刷二道无障碍		
耐水性		168h 无异常		
细度（μm）		≤70（片状颗粒除外）		
附着力（划格法）/级		≤1	≤1	≤1
涂层耐温变性		经 5 次循环，无异常		
面漆适应性		商定	商定	商定

项目	技术指标		
	普通底漆	长效底漆	中间漆
耐盐雾性	200h 不剥落,不出现红锈	1000h 不剥落,不出现红锈	—

注: 1. 对于多组分产品,细度主要是指主漆的细度。

    2. 红锈系指漆膜下面的钢铁表面局部或整体产生红色的氧化铁层现象,它常伴随着漆膜的起泡、开裂、成片剥落等缺陷。

七、建筑用反射隔热涂料

反射隔热涂料是由基料、热反射颜料、填料和助剂等组成。通过高效反射太阳光来达到隔热目的。反射隔热保温涂料抑制太阳辐射热、红外辐射热和屏蔽热量传导,其热工性能优于其他绝热材料;反射隔热保温涂料具有防潮、防水汽的卓越功能,可阻碍水汽冷凝,可防止被绝热体表面的氧化。

建筑用反射隔热涂料是指具有较高太阳热反射比和半球发射率,可以达到明显隔热效果的涂料。根据现行国家标准《建筑用反射隔热涂料》(GB/T 25261—2010) 中的规定,本标准适用于建筑物表面隔热保温用涂料。

建筑用反射隔热涂料的技术性能，应符合表 5-35 中的规定。

建筑用反射隔热涂料的技术性能　　表 5-35

项目	技术指标	项目	技术指标
太阳光反射比,白色	≥0.80	半球发射率	≥0.80

建筑用反射隔热涂料产品的性能，除应满足表 5-35 中的要求外，产品的耐老化性能和耐沾污性能应满足国家或行业最高等级要求，其他性能还应满足相应的家或行业标准的要求。

八、建筑外表面用热反射隔热涂料

根据现行的行业标准《建筑外表面用热反射隔热涂料》（JC/T 1040—2007）中的规定，本标准适用于通过反射太阳热辐射来减少建筑物和构筑物热荷载的隔热装饰涂料，产品主要由合成树脂、功能性颜料和填料及各种助剂配制而成。

建筑外表面用热反射隔热涂料，按其产品的组成可分为水性建筑外表面用热反射隔热涂料（代号为 W）、溶剂型建筑外表面用热反射隔热涂料（代号为 S）两类。

建筑外表面用热反射隔热涂料的技术性能，应符合表 5-36 中的规定。

建筑外表面用热反射隔热涂料的技术性能

表 5-36

项目		技术性能要求	
		W	S
容器中的状态		搅拌后无硬块,呈均匀状态	
涂膜外观		无针孔、流挂,涂膜均匀	
低温稳定性		无硬蚀、凝聚及分离	—
耐水性		90h 无异常	168h 无异常
耐洗刷性		2000 次	5000 次
太阳反射比(白色)		0.83	0.83
半球发射率		0.85	0.85
耐弯曲性(mm)		—	≤2
水蒸气透湿率[g/(m² · s · Pa)]		8.0×10^{-8}	—
拉伸性能	拉伸强度(MPa)	≥1.0	
	断裂伸长率(%)	≥100	
施工性能		涂刷二道无障碍	
干燥时间(表面干燥)(h)		≤2	≤2
不透水性		0.3MPa,30min 不透水	
耐碱性		48h 无异常	48h 无异常

项目		技术性能要求	
		W	S
涂层耐温变性(5 次循环)		无异常	无异常
耐沾污性(白色或浅色)(%)		≤20	≤10
耐人工气候老化性 W 类 400h, S 类 500h	外观	不起泡、不剥落、无裂纹	
	粉化	≤1 级	≤1 级
	变色(白色或浅色)	≤2 级	≤2 级
	太阳反射比(白色)	≥0.81	≥0.81
	半球发射率	≥0.83	≥0.83

注：1. 表中浅色是指以白色涂料为主要成分，添加适量的色浆后配制成的浅色涂料形成的涂膜所呈现的浅颜色，按《中国颜色体系》(GB/T 15608—2006) 中规定明度值为 6～9 之间（三刺激值中的 $Y_{D65} \geq 31.26$）。

2. 附加要求，由供需双方协商。

3. 仅对白色涂料的太阳反射比提出要求，浅色涂料的太阳反射比由供需双方协商。

九、云铁酚醛防锈漆

云铁酚醛防锈漆由酚醛树脂与干性植物油熬炼而成的漆料，防锈颜填料、催干剂、助剂及溶剂等配制而成。这种防锈漆具有良好的附着力、防锈性能及施工性能，耐水性、耐酸碱性较好，但耐候性稍差。

根据现行的行业标准《云铁酚醛防锈漆》（HG/T 3369—2003）中的规定，本标准适用于由酚醛漆料与云母氧化铁等防锈颜料研磨后，加入催干剂及混合溶剂调制而成的云铁酚醛防锈漆。该漆防锈性能好，干燥快，遮盖力、附着力强，无铅毒。主要用于钢铁桥梁、铁塔、车辆、船舶、油罐等户外钢铁结构上作防锈打底之用。

云铁酚醛防锈漆产品的技术要求，应符合表5-37中的规定。

云铁酚醛防锈漆产品的技术要求　　表5-37

项目		技术指标
漆膜颜色和外观		红褐色，色调不定，允许有洗刷痕
黏度(涂-4)(s)		70～100
干燥时间(h)，≤	表面干燥	3
	实体干燥	20
耐冲击性(cm)		50
附着力(级)，≤		1
细度(μm)，≤		75
遮盖力(g/m²)，≤		65

项目	技术指标
硬度,≥	0.30
柔韧性(mm)	1
耐盐水性(浸入 3%NaCl 溶液中,120h)	不起泡,不生锈

十、各色硝基底漆

《各色硝基底漆》(HG/T 3355—2003) 中的规定各色酚醛防锈漆由硝化棉、醇酸树脂、松香甘油酯、颜料、体质颜料、增塑剂和有机溶剂调制而成。各色酚醛防锈具有漆膜干燥快、易打磨等特性,主要用于铸件、车辆表面的涂覆,作各种硝基漆的配套底漆用。

各色硝基底漆的技术要求,应符合表 5-38 中的规定。

各色硝基底漆的技术要求　　表 5-38

项目		技术指标
漆膜颜色和外观		各色,漆膜平整、无粗粒、无光泽
黏度(涂-1)(s)		120~200
干燥时间(h)	表面干燥	≤3
	实体干燥	≤20

项目	技术指标
固体含量(%)	≥40
附着力(级)	≤2
打磨性(用300号水砂纸打磨30次)	易打磨,不起卷

第六章　顶棚饰面材料

顶棚是建筑工程中暴露于表面的部位，是室内装饰中最能体现整体效果的部位，也是实用性、艺术性和观赏性的统一体。根据工程特点和装饰部位的功能，设计顶棚的造型和风格，科学合理地选用顶棚装饰材料，这是室内装饰设计人员、现场施工人员的一项重要任务。

随着科学技术的飞速发展，顶棚饰面材料的类型和品种越来越多。顶棚装饰材料的选择除满足室内装饰设计要求外，还要考虑其他功能（如吸声、防火、轻质、保温等）。目前，常用的顶棚装饰板有石膏顶棚装饰板、纸面石膏装饰板、嵌装式装饰石膏板、防火珍珠岩石膏板、钙塑泡沫装饰板、PVC微发泡装饰板、矿棉装饰吸声板、玻璃棉装饰吸声板等。顶棚装饰材料除具有极好的装饰作用外，通常还具有防火、吸声、隔声、隔热、防潮等优点。另外，还根据需要采用塑料装饰天花板、金属装饰天花板、装饰线条等顶棚饰面材料。

第一节　装饰石膏板材料

装饰石膏板具有质量较轻、保温隔热性能好、防火性能优良、施工安装方便、装饰性良好等特点，在墙面、顶棚及隔断工程中，是一种应用较为广泛的建筑装饰材料。我国生产的石膏板一般可分三类：普通纸面石膏板、装饰石膏板和嵌装式装饰石膏板等。其中普通纸面石膏板和装饰石膏板已在第一章中详细介绍，下面仅介绍顶棚饰面工程中其他几种石膏板。

一、嵌装式装饰石膏板

嵌装式装饰石膏板也是以建筑石膏为主要原料，掺入适量的纤维增强材料和外加剂，与水一起搅拌均匀的料浆，经浇铸成型、硬化、干燥而成的不带护面纸的板材。板材的正面为平面或带有一定深度的浮雕花纹图案，而背面四周加厚并带有嵌装企口的石膏板称为嵌装式装饰石膏板。

（一）嵌装式装饰石膏板的品种

嵌装式装饰石膏板，主要包括穿孔嵌装式装饰石膏板和嵌装式吸声装饰石膏板两种。

1. 穿孔嵌装式装饰石膏板

板材背面中部凹入而四周边加厚，并制有嵌装企口，板材正面为平面或带有一定深度的浮雕花纹图案，也可穿以盲孔，这种板称为穿孔嵌装式装饰石膏板，代号为 QZ。

2. 吸声嵌装式装饰石膏板

当采用具有一定数量穿透孔的嵌装式装饰石膏板作面板，在其背后复合吸声材料，使板成为具有一定吸声特性的板材，称为吸声嵌装式装饰石膏板，代号为 QS。

（二）嵌装式装饰石膏板的形状规格

嵌装式装饰石膏板多数为正方形，其棱边断面形状有直角和 45°倒角形两种。其构造如图 6-1 所示。

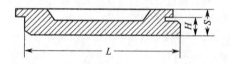

图 6-1 嵌装式装饰石膏板的构造示意图

嵌装式装饰石膏板的规格为：边长 600mm×600mm，边厚可达 28mm；边长 500mm×500mm，边厚可达 25mm。也可根据用户要求生产其他规格的板材。

嵌装式装饰石膏板标记顺序为：产品名称、代号、边长和标准号。例如，边长为 600mm×600mm

279

的嵌装式装饰石膏板，则标记为：嵌装式装饰石膏板 QZ600GB9778。

（三）嵌装式装饰石膏板的技术要求

嵌装式装饰石膏板的技术要求，与装饰石膏板基本相同，只是增加了吸声性能一项。

（1）板材外观质量。嵌装式装饰石膏板的外观质量要求主要是：板的正面不应有影响装饰效果的气孔、污痕、裂纹、缺角、色彩不均匀和图案不完整等缺陷。

（2）尺寸允许偏差。嵌装式装饰石膏板分为优等品、一等品和合格品三个等级，它们各自的边长（L）、铺设高度（H 指板材边部正面与龙骨安装之间的垂直距离）和厚度（S）（见图 6-1）的尺寸允许偏差、不平度和直角偏离度，应符合表 6-1 中的规定。

尺寸允许偏差、不平度和直角偏离度（mm）

表 6-1

项目		优等品	一等品	合格品
边长		±1	±1	+1，−2
边厚	$L=500$	>25		
	$L=600$	>28		
铺设高度		±0.5	±1.0	±1.5

280

项目	优等品	一等品	合格品
不平度	1.0	2.0	3.0
直角偏离度	±1.0	±1.2	±1.5

（3）单位面积质量。嵌装式装饰石膏板的单位面积质量，平均值应不大于 16.0kg/m²，单块最大值应不大于 18.0kg/m²。

（4）含水率和断裂荷载。嵌装式装饰石膏板的含水率和断裂荷载应符合表 6-2 中的规定。

嵌装式装饰石膏板的含水率和断裂荷载 表 6-2

项目	等级	优等品	一等品	合格品
断裂荷载（N）	平均值	196	176	157
	最小值	176	157	127
含水率（%）	平均值	2.0	3.0	4.0
	最大值	3.0	4.0	5.0

（5）吸声性能要求。嵌装式吸声石膏板必须具有一定的吸声性能，125Hz、250Hz、500Hz、1000Hz、2000Hz 和 4000Hz 六个频率混响室法平均吸声系数应不小于 0.30。对于每种嵌装式装饰石膏板产品，必须附有贴实和采用不同构造安装的吸声频谱曲

281

线。穿孔率、孔洞形式和吸声材料的种类由生产厂自定。

（四）嵌装式装饰石膏板的特点

嵌装式装饰石膏板的性能与上述装饰石膏板基本相同。由于嵌装式装饰石膏板带有嵌装式企口，所以给吊顶的施工、制作带来了更大的便利，即板材嵌固后不需要另行固定，吊顶施工可实现全装配化，任何部位的板材均可随意拆卸。这样可以节约施工工序，加快施工速度，降低工程造价。

嵌装式装饰石膏板具有：质轻、强度较高、吸声、防潮、防火、阻燃、不变形、能调节室内潮湿度等优良性能，并具有施工方便、可锯、可钉、可割、可粘贴等优点，特别还兼有较好的装饰性和吸声性能。

（五）嵌装式装饰石膏板的用途

嵌装式装饰石膏板由于具有装饰和吸声的双重功能，所以它的应用范围较广，主要适用于影剧院、宾馆、礼堂、饭店、展厅等公共建筑及纪念性建筑物的室内顶棚装饰，以及某些部位的墙面装饰。

二、吸声用穿孔石膏板

吸声用穿孔石膏板是以装饰石膏板和纸面石膏板为基础板材，并有贯通于石膏板正面和背面的圆柱形孔眼，在石膏板背面粘贴有具有透气性的背覆材料和能吸收入射声能的吸声材料等组合而成。这是在其他石膏板材上设置孔眼而制成的轻质建筑装饰板材，是穿孔石膏板中最常用的一种。

吸声用穿孔石膏板按基板的不同和有无背覆材料（贴于石膏板背面的透气性材料）进行分类。按基板的特性可分为普通板、防潮板、耐水板和耐火板等。

穿孔石膏板主要用于播音室、音乐厅、影剧院、会议室以及其他对音质要求高的或对噪声限制较严的场所，作为吊顶、墙面等的吸声装饰材料。使用时可根据建筑物的作用或功能及室内湿度的大小，来选择不同的基板。表面不再进行装饰处理的，其基板应为装饰石膏板；需进一步进行饰面处理的，其基板可选用纸面石膏板。

吸声用穿孔石膏板具有质量较轻、防火、隔声、隔热、抗震性能好等性能，可用于调节室内湿度、温度和音质；并具有施工简便、效率较高、劳动强度小及加工性能好等特点。

（一）吸声用穿孔石膏板的分类与规格

吸声用穿孔石膏板按其棱边形状不同，可分为直角型和倒角型两种；基板与背覆材料根据板材的基板不同和有无背覆材料，可分为 WK 型和 YK 型装饰石膏板、WC 型和 YC 纸面石膏板（其中，W 代表无背覆材料，Y 代表有背覆材料；K 代表装饰石膏板，C代表纸面石膏板）。

吸声用穿孔石膏板的规格尺寸，常见的边长为500mm×500mm、600mm×600mm，其厚度为9mm和12mm。吸声用穿孔石膏板的穿孔排列，有呈正方形和三角形两种形式，其孔径、孔距与穿孔率如表6-3所示。

吸声用穿孔石膏板的孔径、孔距与穿孔率

表6-3

孔径(mm)	孔距(mm)	穿孔率(%)	
		孔眼呈正方形排列	孔眼呈三角形排列
$\phi 6$	18	8.7	10.0
	22	5.8	6.7
	24	4.9	5.7
$\phi 8$	22	10.4	12.0
	24	8.7	10.1
$\phi 10$	24	13.6	15.7

注：其他规格的板材可由供需双方商定，但其质量应符合《吸声用穿孔石膏板》(JC/T 803—2007) 的要求。

吸声用穿孔石膏板产品标记顺序为：产品名称、背覆材料、基材类型、边长、厚度、孔径与孔距及产品标准号。例如，吸声用穿孔石膏板，有背

284

覆材料，边长为 600mm×600mm，厚度为 12mm，孔径为 6mm，孔距为 18mm，可标记为：吸声用穿孔石膏板 YC600×12—ϕ6—18JC/T 803。

（二）吸声用穿孔石膏板的技术性能

吸声用穿孔石膏板的技术性能，主要包括外观质量、尺寸允许偏差、板材含水率、断裂荷载等。

（1）吸声用穿孔石膏板的外观质量。吸声用穿孔石膏板的外观质量，不应有影响使用和装饰效果的缺陷。对以纸面石膏板为基板的板材，不应有破损、划伤、污痕、凹凸、纸面剥落等缺陷；对以装饰石膏板为基板的板材，不应有裂纹、污痕、气孔、缺角、色彩不均匀等缺陷。穿孔应垂直于板面，棱边形状为直角形的板材，侧面应与板面成直角。

（2）吸声用穿孔石膏板的尺寸允许偏差。吸声用穿孔石膏板的尺寸允许偏差，应不大于表 6-4 中的规定。

吸声用穿孔石膏板的尺寸允许偏差（单位：mm）

表 6-4

项目	优等品	一等品	合格品
边长	0，－2	＋1，－2	
厚度	±0.5	±1.0	
不平度	1.0	2.0	3.0

项目	优等品	一等品	合格品
直角偏离度	1.0	1.2	1.5
孔径	±0.5	±0.6	±0.7
孔距	±0.5	±0.6	±0.7

（3）吸声用穿孔石膏板的含水率。吸声用穿孔石膏板的含水率，不应大于表 6-5 中的规定。

吸声用穿孔石膏板的含水率（%）　表 6-5

优等品		一等品		合格品	
平均值	最大值	平均值	最大值	平均值	最大值
2.0	2.5	2.5	3.0	3.0	3.5

（4）吸声用穿孔石膏板的断裂荷载。吸声用穿孔石膏板的断裂荷载，应不小于表 6-6 中的规定。

吸声用穿孔石膏板的断裂荷载（N）　表 6-6

孔径-孔距 (mm)	厚度 (mm)	优等品		一等品		合格品	
		平均值	最小值	平均值	最小值	平均值	最小值
φ6～18 φ6～22 φ6～24	9	140	126	130	117	120	108
	12	160	144	150	135	140	126

286

孔径-孔距 (mm)	厚度 (mm)	优等品		一等品		合格品	
		平均值	最小值	平均值	最小值	平均值	最小值
$\phi 8\sim22$ $\phi 8\sim24$	9	100	90	90	81	80	72
	12	110	99	100	90	90	81
$\phi 10\sim24$	9	90	81	80	72	70	63
	12	100	90	90	81	80	72

（5）对纸面吸声穿孔石膏板的要求。护面纸与石膏芯的粘结以纸面石膏板为基板的板材，护面纸与石膏芯的粘结按规定的方法测定时，不允许石膏芯裸露。

第二节　矿棉装饰板材

矿棉装饰板材也称为矿棉吸声板，这是一种新型的装饰板材，其具有轻质、吸声、防火、保温、隔热、美观大方、可锯可钉、施工简便等优良性能。矿棉吸声板是一种健康环保、可循环利用的绿色建筑材料，是高级宾馆、办公室、饭店、公共场所比较理想的顶棚装饰材料。

一、矿物棉装饰吸声板

矿物棉装饰吸声板是以矿渣棉为主要材料，加

287

入适量的胶粘剂、防腐剂、防潮剂等，经过配料、加压成型、烘干、切割、开榫、表面精加工和喷涂而制成的一种高级顶棚装饰材料。

矿物棉装饰吸声板的规格、性能：

我国生产的矿物棉吸声板的品种通常为不滚花、浮雕、主体、印刷、自然型、米格型等多种，其形状主要有正方形和长方形两种。常用尺寸有：300mm × 300mm、500mm × 500mm、600mm × 600mm、610mm × 610mm、625mm × 625mm、600mm × 1000mm、600mm × 1200mm、625mm × 1250mm 等规格，其厚度一般在 9～30mm 范围内。

矿物棉装饰吸声板不仅具有许多良好的技术性能，而且其装饰效果非常好，表面有各种色彩，花纹图案繁多。有的表面加工成树皮纹理；有的则加工成小浮雕或满天星图案，具有良好的装饰效果。矿物棉装饰吸声板的规格和性能如表 6-7 所示。

二、玻璃棉装饰材料吸声板

玻璃棉装饰材料吸声板，是以玻璃棉为主要原料，加入适量的胶粘剂、防潮剂、防腐剂等，经热压、烘干、表面加工等工序而制成的吊顶装饰板材。

为了保证具有一定的装饰效果，板的表面要进行一定处理，一般有两种处理方法：一种是在其表

矿物棉装饰吸声板的规格和性能

表 6-7

名称	规格 长×宽×厚 /(mm×mm×mm)	技术性能	
		项目	指标
矿棉吸声板	596×596×12 596×596×18 596×596×18 496×496×12 496×496×15	板重(kg/m²) 抗弯强度(MPa) 导热系数[W/(m·K)] 吸湿率(%) 吸声系数 燃烧性能	450~600 ≥1.5 0.0488 <5 0.2~0.3 自熄
矿棉吸声板	600×300×9(12,15) 600×500×9(12,15) 600×600×9(12,15) 600×1000×9(12,15)	板重(kg/m²) 抗弯强度(MPa) 导热系数[W/(m·K)] 含水率(%) 吸声系数 工作温度(℃)	<500 1.0~1.4 0.0488 ≤3 0.3~0.4 400

名称	规格 长×宽×厚 /(mm×mm×mm)	技术性能	
		项目	指标
矿棉装饰 吸声板	滚花: 300×600×9~15 579×579×12~15 600×600×12 375×1800×15 立体: 300×600×12~19 浮雕:303×606×12	板重(kg/m²) 抗弯强度(MPa) 导热系数[W/(m·K)] 吸水率(%) 难燃性	470以下 厚9mm为1.96 厚12mm为1.72 厚15mm为1.60 0.0815 9.6 难燃一般
矿棉吸声板	明、暗架平板: 300×600×18 600×600×18 跌级板: 600×600×18 600×200×22.5 该产品还有细致花纹板、细槽 板、沟槽板、条块板等,有多种颜色	板重(kg/m²) 耐燃性 吸声系数 反光度系数	450~600 一级 0.50~0.75 0.83

面上粘贴塑料面纸或铝箔，由于薄膜或铝箔具有大量的开口孔隙，因而具有良好的吸声效果；另一种是在其表面上进行喷涂。喷涂是一种较好的处理方法，板面表面往往做成浮雕形状，其造型有大花压平、中花压平及小点喷涂等图案，这些图案不仅非常美观，同时也有一定的吸声效果。

目前市场上供应的玻璃棉装饰材料吸声板，主要为表面贴附带有图案花纹的 PVC 薄膜、铝箔的产品及印花产品，正在开发的产品有：明暗龙骨、开槽、立体和浮雕等类别，这些产品很快就会用于实际工程中。

（一）玻璃棉装饰材料吸声板的特点和用途

1. 玻璃棉装饰材料吸声板的特点

玻璃棉装饰材料吸声板，具有质轻、保温、隔热、吸声、防火、防潮等优良性能，特别在吸声和装饰方面更为突出，是一种优良的顶棚装饰材料。

2. 玻璃棉装饰材料吸声板的用途

玻璃棉装饰材料吸声板，具有轻质、吸声、防火、保温、隔热、装饰美观、施工方便等特点，主要适用于宾馆、饭店、商场、门厅、影剧院、音乐厅、体育馆、会议中心、计算机机房、播音室、录像室、船舶及住宅的顶棚装饰。

（二）玻璃棉装饰材料吸声板的规格和性能

玻璃棉装饰材料吸声板的规格和技术性能，如表6-8所示。

玻璃棉装饰材料吸声板的规格和技术性能

表6-8

名称	规 格 长×宽×厚 （mm×mm×mm）	技术性能	
		项目	指标
玻璃棉吸声板	600×1200×25	密度（kg/m³） 导热系数 ［W/(m·K)］	48 0.0333
玻璃棉装饰天花板	600×1200×15 600×1200×25	密度（kg/m³） 导热系数 ［W/(m·K)］	48 0.0333
玻璃纤维棉吸声板	303×30× (10,18,20)	吸声系数 （Hz/吸声系数） 导热系数 ［W/(m·K)］	(500～4000)/0.7 0.047～0.064
玻璃棉吊顶板	600×1200×25	密度（kg/m³） 常温导热系数 ［W/(m·K)］	50～80 0.0299

三、岩棉装饰吸声板

岩棉装饰吸声板，是以岩石、工业废渣和石灰石等为主要原料，经过高温熔融、粒化、喷胶搅拌、布料热压固化、板材的后期加工等工序制成。

其产品按结构形式不同，可以分为棉、带、板、毡、贴面毡和管壳等。其产品的质量要求，应符合《建筑用岩棉、矿渣棉绝热制品》（GB/T 19686—2005）中的规定。

（一）岩棉装饰吸声板的特点

岩棉装饰吸声板不仅具有有良好的吸声性，能改善音质，降低室内噪声等显著的优点，而且具有很好的不燃性能，满足各种类型建筑的防火设计要求。由于这种板材具有防火、防水、保温、隔热、长期使用不变形、环保安全、装饰典雅、施工简易等特点，所以是现代建筑物室内装修首选的一种新型材料。

（二）岩棉装饰吸声板的用途

岩棉装饰吸声板由于具有以上优良的性能，所以主要运用于宾馆、影院、歌舞厅、写字楼、购物中心、机场、车站、厂房、医院、家庭装饰及其他公共建筑的室内各种吊顶的装饰。

第三节　塑料装饰天花板

塑料装饰板，是用于建筑装修的塑料板。原料为树脂板、表层纸与底层纸、装饰纸、覆盖纸、脱模纸等。将表层纸、装饰纸、覆盖纸、底层纸分别浸渍树脂后，经干燥后组坯，经热压即为贴面装饰板。用于顶棚装饰工程中的塑料装饰天花板，根据合成树脂的种类不同，其花色品种很多，在顶棚中应用较多的有：聚氯乙烯（PVC）天花板、钙塑泡沫装饰吸声板和贴塑矿（岩）棉吸声板等。

一、聚氯乙烯（PVC）天花板

聚氯乙烯塑料（简称 PVC 塑料天花板）天花板，系以聚氯乙烯树脂为主要原料，加入适量的抗老化剂、色料、改性剂等，经过捏合、混炼、拉片、切粒、挤出或压延、真空吸塑等工艺而制成的装饰性板材。这种板材表面光滑、色泽鲜艳，具有轻质、隔热、保温、防潮、防腐蚀、阻燃、不变形、易清洗、可钉、可锯、可刨、施工简便等优良性能，外观有拼花、格花等图案，颜色有乳白色、米色和天蓝色等，主要适用于宾馆、礼堂、医院、商场等建筑物的内墙和吊顶的装饰。

聚氯乙烯塑料天花板的主要力学性能指标如表6-9 所示。

PVC 塑料天花板的主要力学性能指标　表 6-9

性能名称	技术指标	性能名称	技术指标
密度（g/cm³）	1.6～1.8	吸水性（20℃，24h）	≤0.1％
抗拉强度（MPa）	>16.92	燃烧性	难燃、自熄
布氏硬度（N/mm²）	>2.0	热收缩性（60℃，24h）	≤±5

二、钙塑泡沫装饰吸声板

钙塑泡沫装饰吸声板，系以高压聚乙烯、合成树脂为主要原料，加入适量的无机填料、轻质碳酸钙、发泡剂、关联剂、润滑剂、颜料等，经过混炼、模压、发泡成型的板材。按照板材的功能不同，可分为普通钙塑泡沫装饰吸声板及加入阻燃剂的难燃泡沫塑料吸声板两种；按表面图案不同，可分为凹凸图案和平板穿孔图案两种。平板穿孔式板材的吸声功能较好，是一种集防潮、吸声、装饰于一体的多功能装饰板材。

（一）钙塑泡沫装饰吸声板的特点

钙塑泡沫装饰吸声板，具有以下五个方面的特点：

（1）钙塑泡沫装饰吸声板，其表面形状和颜色多种多样，其质地松软、造型美观、立体感强，犹如石膏浮雕。

（2）钙塑泡沫装饰吸声板，其最突出的优点是具有质轻、吸声、隔热、耐水及施工方便等特点。

（3）钙塑泡沫装饰吸声板，其表面可以刷漆，能满足对不同色彩的要求，实现对顶棚装饰的目的。

（4）钙塑泡沫装饰吸声板，其吸声效果非常好，特别是穿孔钙塑泡沫装饰吸声板，不仅能保持良好的装饰效果，而且能达到很好的音响效果。

（5）钙塑泡沫装饰吸声板，其温差变形比较小，且温度指标比较稳定，抗撕裂性能较好，有利于抗震。

（二）钙塑泡沫装饰吸声板和用途

由于钙塑泡沫装饰吸声板具有以上特点，所以其应用范围比较广泛，可用于礼堂、医院、剧场、电影院、电视台、工厂、商店等建筑的室内平顶装饰吸声。

（三）钙塑泡沫装饰吸声板的规格和性能

钙塑泡沫装饰吸声板的技术性能指标应符合表6-10中的要求；钙塑泡沫装饰吸声板的规格和其他技术性能应符合表6-11中的要求所示。

钙塑泡沫装饰吸声板的技术性能指标 表 6-10

规格尺寸 （mm）	拉伸强度 （MPa）	伸长率 （%）	堆积密度 （kg/m³）
496×496×4	≥0.80	≥30	≤250
导热系数 [W/(m·K)]	吸水性 （kg/m²）	耐寒性 （−30℃，6h）	
0.068～0.136	≤0.02	无断裂	

钙塑泡沫装饰吸声板 表6-11

品种	规格 长×宽 mm×mm	抗压强度 (MPa)	抗拉强度 (MPa)	断裂伸长 (%)	导热系数 [W/(m·K)]	密度 (g/cm³)	耐温 (℃)	吸水率 (%)	线收缩 (%)	氧指数	自熄性 (s)
钙塑泡沫装饰吸声板	一般板 500×500	0.60	≥50	≤0.25	≤0.05	0.074	−30	—	—	—	—
	500×500	≥0.8	≥50	≤0.25	≤0.05	0.074	−60	—	—	—	—
	难燃板 500×500	≥0.35	≥60	≤0.30	0.081	>0.10	−30	<0.01	≤0.5	>30	预燃10s 离火自熄 自熄时间 不大于25
	500×500	≥0.35	≥60	≤0.30	0.081	>0.10	−80	<0.01	≤0.5	>30	
	600×600 500×500 450×450 400×400 350×350 600×500	—				0.2~0.3		<0.04	<0.80		

297

第四节　金属装饰天花板

金属装饰天花板，是一种轻质高强、美观大方、施工简便、耐火防潮、应用广泛的新型理想装饰材料。近几年来，金属顶棚装饰材料发展较快，它不仅可以用于公共建筑、旅游建筑中，而且已更广泛地应用于民用建筑和家庭装修之中，是具有发展前途的一种装饰材料。

金属装饰天花板的品种很多，在金属顶棚装修工程中，使用最广泛的是铝合金天花板和彩色钢扣板，其他金属材料（如不锈钢顶棚饰面、铜质顶棚饰面）也可作为顶棚装饰材料。但由于金属装饰天花板的价格较高，所以一般只用于高档顶棚装饰。

一、铝合金天花板

铝合金天花板是由铝合金薄板经冲压成型、制成的各种形状和规格的顶棚装饰材料。这种金属天花板具有轻质高强、色泽明快、造型美观、安装简便、耐火防潮、价格适中等优点，这是目前国内外比较流行的顶棚装饰材料。

（一）铝板天花

选用 0.5～1.2mm 的铝合金板材，经过下料、冲压成型、表面处理等工序生产的方形装饰板，称为铝板天花。铝板天花分为明架铝质天花、暗架铝质天花和插花式铝质天花3种。

（1）明架铝质天花。明架铝质天花板采用烤漆龙骨（与石膏板和矿棉板的龙骨通用）当骨架，具有防火、防潮、质量轻、易于拆装、维修天花内的管线方便、线条清晰、立体感强、简洁明亮等特点。

（2）暗架铝质天花。暗架铝质天花板是一种密封式天花，龙骨隐藏在面板后边，不仅具有整体平面及线条简洁的效果，又具有明架铝质天花板装拆方便的结构特点，而且还可根据现场尺寸加工，确保装饰板块及线条分布整体效果相协调。

（3）插入式铝质扣板天花。插入式铝质天花板是采用铝合金平板或冲孔板，经喷涂或阳极化加工而成的一种长条插口式板，具有防火、防潮、质量轻、安装方便、板面及线条的整体性及连贯性强等特点，可以通过不同的规格或不同的造型达到不同的视觉效果。

铝合金天花板适用于商场、写字楼、电脑房、银行、汽车站、机场、火车站等公共场所的顶棚装饰，也可以用于家庭装修中卫生间、厨房等顶棚的装饰。

铝板天花的常用方板图案，如图6-2所示。铝板天花的规格及品种，如表6-12所示。

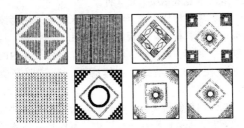

图 6-2　铝板天花的常用方板图案

铝板天花的规格及品种　　表 6-12

品种	规格	产品说明
明架铝质天花板	600mm×600mm,300mm×1200mm,400mm×1200mm,400mm×1500mm,800mm×800mm,850mm×850mm 的有孔、无孔板	静电喷涂冲孔板背面贴纸
暗架铝质天花板	600mm×600mm,500mm×500mm,300mm×300mm,300mm×600mm 平面、冲孔立面菱形、圆形、方形等天花板	
暗架天花板	各种图案的 5600mm×600mm,300mm×300mm,500mm×500mm 的有孔或无孔板,厚度 0.3～1.0mm	表面喷塑冲孔内贴无纺布
明架天花板	各种图案的 5600mm×600mm,300mm×300mm,500mm×500mm 的有孔或无孔板,厚度 0.3～1.0mm	

续表

品种	规格	产品说明
铝质扣板天花板	6000mm，4000mm，3000mm，2000mm 的平面有孔、无孔挂板	表面喷塑
铝质长扣天花板	100mm×3000mm，200mm×3000mm，300mm×3000mm 的平板、孔板、菱形花板	喷涂、烤漆阳极化加工

（二）铝质格栅天花

铝质格栅天花是主龙骨、副龙骨纵横分布，把天花装饰板面分割成若干个小格，使原天花面的视觉发生改变，起掩饰作用的一种顶棚装饰材料。

1. 铝质格栅天花的特点

铝质格栅装饰的天花，无论从远近、高低不同的角度，均能显示出不同的视觉效果，使天花装饰面显得更加美观、活跃、宽阔。这种天花具有防火、耐潮、拆装方便、不反光、透光、通风好等优质性能，而且冷风口、排气口、音响、灯具等均可装在天花内，使天花具有极强的整体性。

2. 铝质格栅天花的用途

铝质格栅天花是一种很好的顶棚装饰材料，主要适用于机场、车站、地铁车站、商场、娱乐场

301

所、超市、高级停车场等场所，这种天花能充分利用天花板上的空间使空气充分流通，使室内保持空气新鲜。铝质格栅天花的规格及品种，如表 6-13 所示。

铝质格栅天花的规格及品种　　　表 6-13

品种	规格 宽×高×长×壁厚 （mm×mm×mm×mm）	产品说明
铝质格栅板	75×75×2000×(0.45～1.0) 100×100×2000×(0.45～1.0) 110×110×2000×(0.45～1.0) 125×125×2000×(0.45～1.0) 150×150×2000×(0.45～1.0) 200×200×2000×(0.45～1.0)	表面喷涂
格栅铝金属吊顶	75×75×2000×(0.45～1.0) 100×100×2000×(0.45～1.0) 110×110×2000×(0.45～1.0) 125×125×2000×(0.45～1.0) 150×150×2000×(0.45～1.0) 200×200×2000×(0.45～1.0)	表面喷涂

二、彩色钢扣板

彩色钢扣板最近几年发展起来的一种新型金属顶棚装饰材料，这种板条是用薄壁金属冲压成型，再进行表面涂漆处理而制成。其断面形状与铝扣板

302

相似，安装方法基本相同，也是有发展前途的顶棚装饰材料。

（一）彩色钢扣板的特点

彩色钢扣板完全可以代替铝扣板使用，其产品种类繁多，色调比较均匀，颜色选择面广，装饰效果好。如江苏省扬中县新型装饰材料厂生产的钢扣板，色彩达 100 余种，且物美价廉，同时具有防锈、防腐、经久耐用等优点。另外，彩色钢扣板的表面硬度为 72H（铜笔硬度），其耐化学侵蚀性能良好，耐热性强，盐雾试验 500h 良好，抗冲击性也很好。

（二）彩色钢扣板的规格及性能

彩色钢扣板的长度一般有 6m、4m 两种，也可以根据用户的需要制作 6m 以下的各种长度；其板的断面全宽为 120mm、高为 12mm、厚为 0.5mm。

三、金属微穿孔吸声板

金属微穿孔吸声板是根据声学的基本原理，利用各种不同穿孔率的金属板吸收大部分声音，从而起到消除噪声的作用。这是近几年发展起来的一种降低噪声处理的新产品。

（一）金属微穿孔吸声板的分类

按照板的材质不同，有不锈钢板、防锈铝板、电化铝板、镀锌铁板等；按照孔形不同，有圆孔、方孔、长圆孔、长方孔、三角孔、大孔、小孔、大小组合孔等。

（二）金属微穿孔吸声板的特点

金属微穿孔吸声板具有材质轻、强度高、耐腐蚀、耐高温、防火、防潮、化学稳定性好、吸声性良好等特点。其造型美观、色泽幽雅、色彩艳丽、立体感强、装饰性好、组装简单、经久耐用。

（三）金属微穿孔吸声板的规格及性能

金属微穿孔吸声板，可以分为平面式吸声板和穿孔块体式吸声板两种，其规格及性能如表 6-14 所示。

金属微穿孔吸声板的规格及性能 表 6-14

名称	性能和特点	规格 （长×宽×厚） （mm×mm×mm）
多孔平面式吸声板	材质：防锈铝合金 LF$_{21}$；板厚：1mm；孔径：ϕ6mm；孔距：10mm；降噪系数：1.16；工程使用降噪效果：4～8dB；吸声系数：Hz/吸声系数 125/0.13，250/1.04，500/1.18，1000/1.37，2000/1.04，4000/0.97	495×495× （50～100）

名称	性能和特点	规格 （长×宽×厚） （mm×mm×mm）
穿孔块体式吸声板	材质：防绣铝合金 LF$_{21}$；板厚：1mm；孔径：ϕ6mm；孔距：10mm；降噪系数：2.17；工程使用降噪效果：6～8dB；吸声系数：Hz/吸声系数 125/0.22，250/1.25，500/2.34，1000/2.63，2000/2.54，4000/2.25	750×750×100

（四）金属微穿孔吸声板的用途

由于金属微穿孔吸声板具有以上优良性能，所以其应用范围比较广泛。其不仅可用于宾馆、饭店、剧场、影院、播音室等公共建筑、高级民用建筑以改善音质，还可以用于各类车间厂房、机房、人防地下室等作为降噪声设施。

四、金属装饰吊顶板

（一）金属装饰吊顶板的分类

金属装饰吊顶板按材质不同，有铝合金吊顶板、镀铜装饰吊顶板等；按其性能不同，有一般装饰板和吸声装饰板；按几何形状不同，有长条形、方形、圆形、异形等；按表面处理方式不同，有阳极氧化、烤漆、复合膜等；按板面颜色不同，有银白色、古铜色、金黄色、茶色、淡蓝色、咖啡色

305

等。金属装饰吊顶板的结构造型如图 6-3 所示。

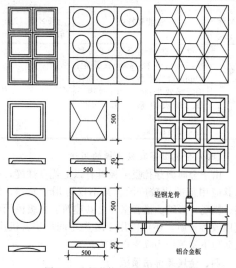

图 6-3　金属装饰吊顶板的结构造型

（二）金属装饰吊顶板的规格

在建筑装饰工程中常用的金属装饰吊顶板多为铝合金吊顶板，其长度一般不超过 6m，板的厚度在 0.5～1.5mm 之间。厚度小于 0.5mm 的板条，因刚度差、易变形，在吊顶工程中应用很少；厚度大于 1.5mm 的板条，因自重大、浪费材料，实际应用也很少。通常用于吊顶工程的铝合金吊顶板的板条宽度为 100mm、厚度为 1mm。

（三）金属装饰吊顶板的特点

铝合金吊顶板具有轻质、高强、通风、耐腐蚀、防潮、防火、构造简单、组装灵活、施工方便等特点，特别是其具有优异的装饰性能，是目前比较流行的一种新型吊顶装饰材料。

五、建筑装饰用铝单板

根据现行国家标准《建筑装饰用铝单板》（GB/T 23443—2009）中的规定，建筑装饰用铝单板系指以铝或铝合金板（带）为基材，经加工成型且装饰表面具有保护性和装饰性涂层或阳极氧化膜的建筑装饰用单层板。

（一）建筑装饰用铝单板的分类

（1）按涂层材料不同可分为：氟碳涂层（代号为 FC）、聚酯涂层（代号为 PET）、丙烯酸涂层（代号为 AC）、陶瓷涂层（代号为 CC）、阳极氧化膜（代号为 AF）。

（2）按成膜工艺不同可分为：辊涂铝单板（代号为 GT）、液体喷涂铝单板（代号为 YPT）、粉尘喷涂铝单板（代号为 FPT）、阳极氧化铝单板（代号为 YH）。

（3）按使用环境不同可分为：室外用建筑装饰

用铝单板（代号为 W）和室内用建筑装饰用铝单板（代号为 N）。

（二）建筑装饰用铝单板的外观质量要求

（1）板材的边部应切齐，无毛刺、裂边。板材不允许有开焊等缺陷。外观应整洁，图案应清晰，色泽应基本一致，无明显划伤。装饰面不得有明显压痕、印痕和凹凸等残迹。无明显色差，单色 $\Delta E \leqslant 2.0$，金属漆和阳极氧化膜以目视观察为准。

（2）按成膜工艺不同而形成的装饰面涂层，还应符合表 6-15 中的要求。

不同装饰面涂层的要求　　表 6-15

涂层分类	技术要求
辊涂饰面	不得有漏涂、波纹、鼓泡或穿透涂层的损伤
液体喷涂饰面	涂层应无流痕、裂纹、气泡、夹杂物或其他表面缺陷
粉末喷涂饰面	涂层应平滑、均匀,不允许有皱纹、流痕、鼓泡、裂纹、发黏
陶瓷涂层饰面	表面无裂纹,颗粒和缩孔均应小于或等于 $2 \uparrow /m^2$
阳极氧化饰面	不允许有电灼伤、氧化膜脱落及开裂等影响使用的缺陷

（三）建筑装饰用铝单板的尺寸偏差要求

建筑装饰用铝单板的尺寸偏差要求，应符合表

6-16 中的规定。

建筑装饰用铝单板的尺寸偏差　　表 6-16

项目名称	基本尺寸		室外用	室内用
基材厚度（mm）	符合 GB/T 3880.3 的要求			
长度（mm）	长度≤2000		≤2.0	−1.5～0
	长度＞2000		≤2.5	−2.0～0
对角线（mm）	长度≤2000		≤2.5	≤2.0
	长度＞2000		≤3.0	≤2.5
对边尺寸（mm）	长度≤2000		≤2.5	≤1.5
	长度＞2000		≤3.0	≤2.5
面板平整度（mm/m）	—		≤2.0	≤2.0
折边角度（°）	—		±1.0	±1.0
折边高度（mm）	—		≤1.0	≤1.0

注：表 6-16 中的规定适用于外形为矩形的单板，外形为
　　其他形状时，由供需双方商定。

（四）建筑装饰用铝单板的涂膜厚度要求

建筑装饰用铝单板的涂膜厚度要求，应符合表
6-17 中的规定。

（五）建筑装饰用铝单板的膜性能要求

建筑装饰用铝单板的膜性能要求，应符合表 6-
18 中的规定。

表 6-17

建筑装饰用铝单板的涂膜厚度要求

序号	表面种类			膜层厚度要求（mm）
1	辊涂铝单板	氟碳树脂	二遍涂	平均膜厚≥25,最小局部膜厚≥23
			三遍涂	平均膜厚≥32,最小局部膜厚≥30
		聚酯、丙烯酸树脂		平均膜厚≥16,最小局部膜厚≥14
2	液体喷涂铝单板	氟碳树脂	三遍涂	平均膜厚≥30,最小局部膜厚≥25
			三遍涂	平均膜厚≥40,最小局部膜厚≥34
			四遍涂	平均膜厚≥65,最小局部膜厚≥55
3	粉末喷涂铝单板	氟碳树脂		最小局部膜厚≥30
		聚酯树脂		最小局部膜厚≥40
4	陶瓷铝单板			25～40
5	阳极氧化铝单板	室内用	AA5	平均膜厚≥5,最小局部膜厚≥4
			AA10	平均膜厚≥10,最小局部膜厚≥8
			AA15	平均膜厚≥15,最小局部膜厚≥12
		室外用	AA20	平均膜厚≥20,最小局部膜厚≥16
			AA25	平均膜厚≥25,最小局部膜厚≥20

注：AA为阳极氧化膜厚级别的代号。

表 6-18

建筑装饰用铝单板的膜性能要求

序号	项目名称		氟碳树脂	聚酯、丙烯酸树脂	陶瓷	阳极氧化
1	光泽度偏差	低光＜30		±5		—
		30≤中光＜70		±7		
		高光≥70		±10		
2	附着力	干式		划格法 0 级		
		湿式		划格法 0 级		
		沸水煮		划格法 0 级		
3	铅笔硬度（划破）		≥1H	≥1H	≥4H	—
4	耐化学腐蚀性	耐盐酸		无变化		
		耐硝酸	无起泡变化等、色差 △E≤5.0			
		耐砂浆性		无变化		
		耐溶剂性①	丁酮，无漏底	二甲苯、擦拭法或漏底	丁酮，无漏底	
5	封孔质量		—	≤30mg/dm²	≤30mg/dm²	—
6	耐磨性		≥5L/μm	—	≥5L/μm	≥300g/μm

① 静置法适用于粉末喷涂涂层，擦拭法适用于其他涂层。

（六）建筑装饰用铝单板的耐冲击性要求

建筑装饰用铝单板的耐冲击性应符合下列要求：经 50kg·cm 冲击后，正反面铝材应无裂纹，涂层应无脱落，氟碳树脂、聚酯树脂和丙烯酸树脂涂层应无开裂，陶瓷涂层允许有轻微开裂，阳极氧化膜不做要求。

（七）建筑装饰用铝单板的耐候性要求

建筑装饰用铝单板的耐候性要求，分别加速耐候性和自然气候耐候性。加速耐候性要求应符合表 6-19 中的规定；自然气候耐候性要求应符合表 6-20 中的规定。

建筑装饰用铝单板的加速耐候性要求　表 6-19

项目名称			试验时间	性能要求
耐盐雾性能	铜加速盐雾 CASS 试验[a]	AA15	24h	9 级
		AA20	48h	
		AA25	48h	
	中性盐雾[b]		不次于 1 级	

项目名称	试验时间	性能要求
耐人工气候加速老化	4000h	色差 $\Delta E \leqslant 3.0$
		光泽保持率 $\geqslant 70\%$
		其他老化性能不次于 0 级

项目名称	试验时间	性能要求
耐湿热性	4000h	不次于 1 级

a 仅适用于阳极氧化铝单板；
b 仅适用于除阳极氧化外的其他涂层铝单板。

建筑装饰用铝单板的自然气候耐候性要求

表 6-20

级别	试验时间	性能要求
Ⅰ级	10 年	色差 $\Delta E \leqslant 5.0$
		光泽保持率≥50%
		粉化 4 级,白色 3 级
Ⅲ级	1 年	无变色,仅有轻微粉化、失光和褪色
Ⅱ级	5 年	色差 $\Delta E \leqslant 5.0$
		光泽保持率≥30%
		粉化 4 级
—		

第五节 其他顶棚饰面材料

随着科学技术的不断发展和现代建筑顶棚饰面的更高要求，顶棚饰面材料也在不断出现新的品种，因此其他顶棚装饰材料的品种很多，但在顶棚装饰工程中应用较多、较为新颖的有：TK 装饰板、FC 装饰板和玻璃卡普隆天棚板材等。

一、TK 装饰板

TK 装饰板，即纤维增强水泥装饰板，它是以低碱水泥、中碱玻璃纤维和短石棉为原料，经圆网机抄取成坯、蒸养硬化而制成的薄型建筑装饰面板。这种板材具有防火、隔热、隔声、防潮、抗弯和抗冲击等特点，并具有可锯、可刨、可钻、可钉和可涂刷油漆等特性。

TK 装饰板的规格和性能，如表 6-21 所示。

TK 装饰板的规格和性能　　　　表 6-21

规格尺寸			技术性能	
长度 (mm)	宽度 (mm)	厚度 (mm)	项目	指标
1800, 2400, 2000, 3000	900	4,5, 6,8	静力抗弯强度(MPa)	>15.0
			抗冲击强度(J/cm²)	>1.95
			吸水率(%)	<28.0
			干密度(g/cm³)	1.66
			耐火极限(6mm 板双面 复合墙,min)	47.0
1220 (毛边板) 1200 (光边板)	820 800	5.6 5.6	抗弯强度(MPa)	15.0
			抗冲击强度(J/cm²)	2.50
			吸水率(%)	<28.0
			密度(g/cm³)	1.75

314

二、玻璃卡普隆天棚

随着物质文化和精神文化的日益提高，人们对生活空间的环境要求也越来越高。为满足人们对生活空间的需求，在一些建筑上，特别是商业建筑、体育场馆、休闲场所、公共建筑等，均采用了较多的大空间设计，而玻璃卡普隆成为大空间建筑顶棚材料的较佳选择。

（一）玻璃卡普隆天棚的特征

玻璃卡普隆天棚，又称阳光板或 PC 板，它的主要原料是高分子工程塑料-聚碳酸酯。其主要产品有中空板、实心板和波纹板 3 大系列。这种板材具有以下 5 个特征：

（1）**板材质量较轻。**卡普隆板材的质量较轻，双层中空 PC 板的质量，仅为同厚玻璃的 1/15～1/12，大大减少顶棚的自重，有利于大面积顶棚的施工，安装非常方便。

（2）**透光性能很好。**单层透明玻璃卡普隆天棚（PC 板）的透光率在 85％以上，双层透明 PC 板的透光率为 70％～80％，是良好的采光材料。

（3）**耐冲击性能强。**单层玻璃卡普隆天棚（PC）板材的耐冲击强度是普通玻璃的 200 倍，具有冲击不破碎的优良性能，经得起台风、暴雨、冰雹、大雪等摧毁性冲击。

（4）隔热、保温性好。PC 中空板之中空结构是依据空气隔热效应进行设计的，具有良好的隔热性能，它能阻止热量从室内散失或冷空气侵入室内。

（5）其他性能优良。PC 板还具有防红外线、防紫外线、不需加热即可弯曲、色彩多样、安装方便等优良特征，这是普通玻璃和普通板材所不能替代的。

（二）玻璃卡普隆天棚的用途

由于玻璃卡普隆板材具有以上独特的优良性能，所以是一种理想的、有发展前途的建筑和装饰材料，主要适用于车站、机场等候厅及通道的透明顶棚；商业建筑中庭的顶棚；园林、游艺场所奇异装饰及休息场所的廊亭、游泳池、体育馆顶棚；工业厂房的采光顶；温室、车库等各种高格调的透光场合。

（三）玻璃卡普隆天棚规格及性能

卡普隆板材的耐温差性能如表 6-22 所示，卡普隆板材的技术性能如表 6-23 所示，卡普隆板材产品的规格如表 6-24 所示。

卡普隆板材的耐温性能　　　　表 6-22

长期载荷允许温度(℃)	120～－40
短期载荷脆裂温度(℃)	100
短期载荷变形温度(℃)	140

卡普隆板材的技术性能　　表6-23

测试项目	测验方式	单位	平均值
密度	D-792	—	1.2
吸水快(24h)	D-570	%	0.15
伸张强度	D-638	psi[①]	9.500
张力模数	D-638	psi	345.00
抗弯强度	D-790	psi	13.500
冲击强度	D-256	ft·lb /(kg·ft·cm/cm)	12·17
热变形温度	D-648	oF(℃)	270(132)
软化温度	D-1525	oF(℃)	315(157)
热膨胀系数	D-696	in/inoF	3.75×10^{-5}
电阻值	D-150	Ω·cm	大于 4.2×10.4

[①] 1Psi=6.89476×10^3 Pa。

卡普隆板材的产品规格　　表6-24

类型	规格 宽×长×厚 (mm×mm×mm)	每平方米质量(kg)	颜色
中空	2100×5800×4	0.9	宝蓝、透明、绿色、乳白色、茶色等
	2100×5800×6	1.3	
	2100×5800×8	1.5	
	2100×5800×10	1.7	
实心平板	2050×3000×3	3.5	
波纹板	1260×5800×0.8	1.17	
PC板 (中空板)	1210×5800×6	1.70(三层)	透明、蓝色、绿色、茶色、乳白色
	1210×5800×10	1.40(二层)	
	1210×5800×16	1.96(二层) 2.94(三层)	
阳光板	1800×2400×(112)	—	无色透明、彩色透明、彩色不透明、彩色花纹板
	1800×3000×(1~12)		
	1800×3600×(1~12)		

三、FC 装饰板

FC 装饰板，即 FC 纤维水泥加压装饰板，它是以天然纤维、人造纤维或植物纤维和水泥为主要原料，经抄取成型、加压蒸汽养护等工序加工而制成的薄型装饰板材。这种装饰板材具有强度比较高、防火性能优良、隔声性能好等优点，并具有不变形、不老化、不虫蛀、不透水等优良性能；还具有可锯、可刨、可钻、可钉等优良的加工性能；其表面可喷涂各种花纹、颜色和图案。

FC 装饰板的规格和性能，如表 6-25 所示。

FC 装饰板的规格和性能 表 6-25

名称	规格 长×宽×厚 （mm×mm×mm）	技术性能	
		项目	指标
FC 加压 吊顶板	600×600×(4～5) 600×1200×(4～5) 1200×1200×(4～5) 1200×2400×(4～5)	抗折强度（横向，MPa） （纵向，MPa） 耐火极限（min） 隔声指数（dB）	28 20 77 50
FC 加压 穿孔板	600×600×(4～5) （孔径 5mm，1484 孔） 600×600×(4～5) （孔径 8mm，324 孔）	吸水率（%） 抗冻性 （冻融循环 25 次） 抗冲击强度（J/cm²）	17 无破坏 0.25
FC 加压 装饰板	600×600×(4～5) 有各种图案	燃烧性能	A 级
FC 加压 穿孔板	600×600×(4～5)		

第六节　装饰线条材料

　　装饰线条材料是建筑装饰工程中最常用的装饰材料之一，也是装饰施工不可缺少的重要组成部分。它不仅是装饰工程中层次面和特殊部位的点缀材料，而且也是面与面之间的收口材料，它对建筑装饰工程的装饰效果、装饰风格、装饰质量等都起着画龙点睛的作用。

　　装饰线条的种类很多，常用的主要有木线条、石膏线条、金属线条、塑料线条、复合材料线条等。

一、木装饰线条

　　木装饰线条简称木线条，是现代装饰工程中不可缺少的装饰材料。木装饰线条是选用质地坚硬、结构较细、材质较好的木材，经过干燥处理后，用机械加工或手工加工而成。木装饰线条在室内装饰中，主要起着固定、连接、加强装饰饰面的作用。因此，木线条的品种和质量对装饰效果有着举足轻重的影响。随着我国建筑装饰技术和水平的提高，木线条的花色和种类飞速发展，已成为室内装饰中不可缺少的必备材料。

　　（一）木装饰线条的特点

　　木装饰线条具有表面光滑、棱角挺拔、弧面自然、弧线挺直、轮廓分明、耐腐蚀、耐磨擦、不劈裂、上色性好、粘结性强等特点；木装饰线条还具有立体造型各异、色彩花样繁多、可选择性强等优良性能。

（二）木装饰线条的品种规格

木装饰线条的品种规格很多，分类方法也多样。在装饰工程中主要的分类方法有：按断面形状不同、按材质上不同、按功能上不同和按款式不同分类。

（1）按断面形状不同分类。按其断面形状不同分类，可分为平线条、麻花线条、鸠尾形线条、半圆饰线条、齿型饰线条、浮饰线条、S形饰线条、贴附饰线条、钳齿饰线条、十字花饰线条、梅花饰线条、叶形饰线条及雕饰线条等。

（2）按材质上不同分类。按材质上不同分类，可分为硬质杂木线条、白木线条、白圆木线条、水曲柳线条、进口杂木线条、山樟木线条、红榉木线条、核桃木线条、柚木线条等。

（3）按功能上不同分类。按其功能上不同分类，可分为压边线条、柱角线条、压角线条、墙面线条、墙角线条、墙腰线条、上楣线条、封边线条、镜框线条、覆盖线条等。

（4）按款式不同分类。按款式不同分类，可分为外凸式线条、内凹式线条、凸凹结合式线条、嵌槽式线条等。

木装饰线条的规格，是指其最大宽度和最大高度，常用木装饰线条的长度为 2～5m。普通装修一般常采用国产的木装饰线条，对一些高档的西式装修，可用雕花木线条和进口（如意大利装饰线条）装饰线条。雕花木线条常用的木材为高档的白木、枫木和橡木等，常见的规格种类为西欧风格，意大利式装饰条通常作为木装饰面的点缀、不同木装饰板之间的分界和过渡装饰。

各种木装饰线条的外形及规格，如图 6-4、图 6-5 所示。其中图 6-4 为木装饰顶角线，图 6-5 为木装饰压边线条。

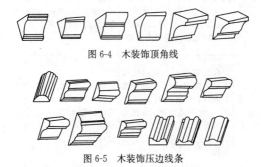

图 6-4　木装饰顶角线

图 6-5　木装饰压边线条

木装饰线条的常用品种，如表 6-26 所示。

木装饰线条的常用品种　　　表 6-26

名称	说明和特点	品种
金星木线	金星木线是以优质的国产水曲柳、楸木等为主要原料,其质地良好、花纹美观自然,经过油饰后庄重高雅。金星木材对弯曲度、光洁度、加工缺陷、木材含水率等皆有严格规定,以保证产品质量	金星木线为北京市大兴金星木材加工厂的系列产品,根据用途可分为:角线、挡镜线、装饰线、灯池线、弯曲线、套角线、踢脚线、楼梯扶手等,共百余种。按规格排列成型号以便用户选用
木制系列装饰材料	木制系列装饰材料是以东北优质水曲柳、柚木、椴木、楸木等为主要原料加工而成,产品具有光洁度好、线条优美等特点,适用于宾馆、饭店、办公楼、运动场所、舞厅、家庭等室内装饰	木制系列装饰材料系中外合资河北安昌木制品有限公司生产,有各种木花线、挂镜线、栏杆、楼梯扶手、踢脚线等品种
高级装饰木线	高级装饰木线是以优质国产水曲柳、楸木等原料加工而成,产品具有光洁度高、花纹美观自然、高雅大方等特点,适用于宾馆、饭店、办公楼、家庭等室内装饰	高级装饰木线条系北京鲁班木线厂生产,有各种高级装饰木线、木雕花、木花线、木百叶等品种

名称	说明和特点	品种
装饰木线条	装饰木线条是以优质国产水曲柳等为原料，经过高温蒸汽蒸煮、脱脂、烘干等工艺加工而制成。产品具有光洁度高、线条纹理清晰、美观自然等特点，适用于宾馆、饭店、会议室、办公楼和住宅等室内装饰	装饰木线条系中外合资成宝装饰材料有限公司生产，有各种圆弧线条、异型线条制品

（三）木装饰线条的用途

在室内顶棚装饰工程中，木装饰线条的用途十分广泛，但主要用于天花线和天花角线的装饰。

（1）天花线的装饰。天花线的装饰，主要用于天花上不同层次面的交接处封边，天花上各不同材料面的对接处封口，天花平面上的造型线，天花上设备的封边。

（2）天花角线的装饰。天花角线的装饰，即墙面上不同层次面的交接处封边，墙面上各不同材料面的对接处封口，墙裙的压边，踢脚板的压边，设备的封边装饰，墙面饰面材料压线，墙面装饰造型线；造型体、装饰隔墙、屏风上的收边收口线和装饰线；以及各种家具上的收边线装饰线等。

二、艺术装饰石膏制品

艺术装饰石膏制品是选用优质的石膏为主要原料，以玻璃纤维为增强材料，加入胶粘剂和其他添加剂加工而制成的产品。艺术装饰石膏制品具有防火、防霉、防蛀、防潮、可锯、可刨、可钉、可粘、可补、施工工艺简单等优点，可达到古典型、现代型、东方型、西方型等综合艺术的装饰效果，是室内装饰最受喜爱的材料。

艺术装饰石膏制品主要包括：浮雕艺术石膏线角、浅板、花角、灯圈、壁炉、罗马柱、圆柱、方柱、灯座、花饰等。

（一）浮雕艺术石膏线角、线板和花角

浮雕艺术石膏线角、线板和花角，具有表面光洁、颜色洁白、花型和线条清晰、尺寸稳定、强度较高、无毒、阻燃等特点，并且拼装容易，可加工性好，可以采用直接粘贴或螺钉固定的方法进行安装，施工速度快，生产效率高。因此，现在在室内装饰施工过程中，已越来越多地用以代替木线角，可以用于民用住宅和公共建筑物室内墙面与顶棚交接处的装饰。它不仅可用于新建工程的装修，而且还可用于旧建筑物的维修、翻新和改造。

浮雕艺术石膏线角，其图案花型多种多样，可根据工程实际和设计要求进行制作，其断面形状一

般多呈钝角形，也可不制成角状而制成平面板状，则称为浮雕艺术石膏线板或直线。石膏线角两边（翼缘）宽度有等边和不等边两种，翼宽尺寸有多种多样，一般为 120～300mm 左右，翼厚为 10～30mm 左右，通常制作成条状，每条长 2300mm。

浮雕艺术石膏线板的图案花纹一般比线角简单，其花色品种也多种多样。石膏线板的宽度一般为 50～150mm，厚度为 15～25mm，每条长度为 1500mm。

浮雕艺术石膏线角和浮雕艺术石膏线板的式样，如图 6-6、图 6-7 所示。

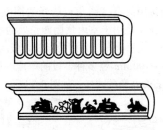

图 6-6　浮雕艺术石膏线角

浮雕艺术石膏线板，除有直线型的外，还有弧线形的，其圆弧的直径有：900mm、1200mm、1500mm、2100mm、3000mm、3600mm 等多种。

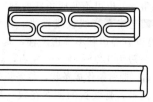

图 6-7　浮雕艺术石膏线板

这些弧线型石膏线板，为室内顶棚的装修、装饰工程增添了新的选材途径。

　　石膏花角的图案花型更多，它可以制作成浮雕式的，也可以制作成镂空式的，其图案花型的选择，应与选用的石膏线角或线板的图案花纹相配套。石膏花角是用于室内顶棚四角处的装饰材料，所以其外形是呈直角三角形的板材，板的两直角边长有 250～400mm 等多种，板的厚度一般为 15～30mm。石膏花角的式样，如图 6-8 所示。

图 6-8　浮雕艺术石膏花角式样

（二）浮雕艺术石膏灯圈

浮雕艺术石膏灯圈，是专门用于顶棚灯位置处的装饰材料，其图案花型种类繁多，设计者可以根据室内装饰总体布置和采用的不同灯饰，提出与室内环境相协调一致的花式进行加工制作。浮雕艺术石膏灯圈的外形一般为圆形板材，也可制作成椭圆形、呈花瓣形、方形等形状的灯圈，圆形的直径有500～1800mm等多种，板的厚度一般为10～30mm左右。室内天棚上的各种吊灯或吸顶灯，若配以浮雕艺术石膏灯圈，会顿生高雅之感。石膏灯圈的式样，如图6-9所示。

图6-9　浮雕艺术石膏灯圈

（三）浮雕艺术石膏花饰

浮雕艺术石膏花饰，是按设计图案先制作阴模（也称软模），然后浇入石膏麻丝料浆成型，再经过

327

硬化、脱模、干燥而制成的一种装饰板材，石膏花饰板的厚度一般为 15～30mm。石膏花饰的花形图案、品种规格很多，其表面可以制成描金或象牙白色等多种颜色。

按室内装饰设计的要求，选择适宜图案和规格的石膏花饰，镶贴于建筑室内的表面，以体现其独特的艺术风格。对于质量较轻的小型花饰，安装时可以采用直接粘贴法；安装尺寸和质量较大的石膏花饰时，应采用螺栓固定法。浮雕艺术石膏花饰，如图 6-10 所示。

图 6-10　浮雕艺术石膏花饰

三、金属装饰线条

金属装饰线条是一种高档的装饰线条，常用的金属装饰线条主要有：铝合金线条、不锈钢线条和铜质线条三种，最常用的是铝合金线条。这三种金属装饰线条的用途分别介绍如下：

（1）铝合金线条。铝合金线条由于具有装饰性较好、价格比较便宜等优点，所以其应用范围较广，主要用于装饰面压边线、收口线，在卫生间、厨房等潮湿的顶棚装饰中使用较多。

（2）不锈钢线条。不锈钢线条是一种比较高档的装饰材料，其装饰效果较好，抗腐蚀性较强，但因为其价格较高，所以除高档顶棚装饰采用外，一般装饰工程很少采用。

（3）铜质线条。铜质线条是一种高档装饰材料，由于价格昂贵，在顶棚装饰工程中应用较少，通常用于大理石、花岗石、水磨石的嵌条，或作为楼梯踏步的防滑条、地毯压条等。

在室内装饰工程设计与施工中，除以上常用的木装饰线条、石膏装饰线条和金属装饰线条外，还有塑料装饰线条、复合材料装饰线条等。

第七章　建筑装饰胶粘剂

胶粘剂是在建筑装饰施工中不可缺少的连接和组合材料，它是指具有良好的粘结性能，能把两种相同或不同的材料紧密牢固地粘结在一起的非金属物质。自1912年出现了酚醛树脂胶粘剂后，随着合成化学工业的发展，各种合成胶粘剂不断涌现。

特别是20世纪50年代以来，合成胶粘剂作为一种新型高分子材料而受到高度重视，由于胶粘剂和其他连接方法相比，具有很多突出的特点，如应用不受被胶接物形状、材料、技术等限制，具有良好的密封性，可减轻被胶接结构的质量，胶接方法简便等优点，因此，胶粘剂有广阔的发展前景，已成为建筑工程上不可缺少的重要配套材料。

胶粘剂工业在发达国家正稳步发展并趋向成熟。随着科学技术的不断进步，胶粘剂已由一般的胶黏特性向功能性胶种发展，如耐热、耐低温、阻燃、导电、绝缘、高强、耐久胶等。

第一节　胶粘剂的组成及分类

当前，尽管合成化学工业发展很快，胶粘剂的品种很多，但一般多为有机合成材料，其组分一般主要有胶粘剂、固化剂、增韧剂、稀释剂、填料和改性剂等几种。对某一种胶粘剂来说，不一定都含有以上这些成分，也不限于这几种成分，其组成成分主要是由胶粘剂的性能和用途来决定的。胶粘剂的粘结性能主要取决于粘料的特性。不同种类的胶粘剂，其粘结强度和适应条件是各不相同的。

一、胶粘剂的组成

（一）粘结料

粘结料也称粘结物质，简称黏料，它是胶粘剂中的最基本的主要组分，起着粘结两物体的作用，它的性质决定了胶粘剂的性能、用途和施工工艺，它对胶粘剂的胶接强度、耐热性、韧性和耐介质性等均起着重要作用。一般胶粘剂是用粘料的名称进行命名的，如建筑工程中常用的胶粘剂热塑性树脂（聚醋酸乙烯酯）等。

在建筑装饰工程中常用的粘结料有热固性树脂、热塑性树脂和合成橡胶等。不同用途的胶粘剂所用的粘结料是不同的，这要根据不同的用途和使用条件而定。如用于受力部位的结构型胶粘剂，主要用热固性树脂作为粘结料。但单独使用一种热固性树脂常常不能满足胶粘剂多种性能的要求，因而

331

在结构型胶粘剂中还需加入热塑性树脂或弹性材料，以改善其胶粘剂的性能，即可以提高胶层的韧性，降低其脆性，从而提高胶结结构的抗弯曲、抗冲击、抗剥离强度。

热塑性树脂及合成橡胶类不能作为结构型胶粘剂使用，因为它们是可溶性物质或是缺乏一定的刚性，会出现蠕变和冷流现象。它们与热固性树脂配合使用时，掺量也要有一定的限制，因为结构中的热塑性树脂也会带来不利影响，如降低胶层的抗拉强度和剪切强度，影响胶粘剂的耐热性能。

（二）固化剂

加入适量固化剂的目的是为了使某些线型高分子化合物与固化剂交联成网状或体型结构，使胶粘剂迅速硬化。因此固化剂是促使粘结料进行化学反应、加快胶粘剂固化的一种试剂。如环氧树脂中加入胺类或酸酐类固化剂，在室温或高温的施工条件下，就能固化为坚硬的胶层；在含有橡胶组分的胶粘剂中加入固化剂后可加速其硬化。

有的胶粘剂（如环氧树脂）若不加适量和适宜的固化剂，本身不能变成坚硬的固体。对于某些胶粘剂来说，固化剂也是胶粘剂的主要成分，其性质和用量对胶粘剂的性能起着重要作用。不同固化剂品种和用量，对胶粘剂的使用寿命、胶接工艺条件和胶接后的机械强度均有很大影响。在建筑装饰工程所用的胶粘剂中常用的固化剂有胺类固化剂等。

（三）增塑剂与增韧剂

增塑剂和增韧剂是为了改善粘结层的韧性，提高胶接接头的抗冲击强度、抗剥离、耐寒性的一种试剂。常根据胶粘剂的种类，加入适宜、适量的增韧剂。

增塑剂一般状态是高沸点为液体或低熔点为固体，它与基料有很好的混溶性，不参与固化反应，仅是纯粹的一种机械混合。胶粘剂常用的增韧剂为有机酯类。

增韧剂参与固化反应，并进入固化后形成的大分子链结构之中，与此同时，能提高固化产物的韧性。胶粘剂常用的增韧剂为一些液体橡胶和具有韧性的高聚物，如邻苯二甲酸、二丁酯和邻苯二甲辛酯等。

（四）稀释剂

稀释剂又称为"溶剂"，主要对胶粘剂起稀释、分散和降低黏度的作用，提高胶粘剂的湿润性和流动性，增加被胶材料的浸润能力，以利于浸渍基层和便于施工操作，并可以延长胶粘剂的使用寿命。

胶粘剂中常用的稀释剂可分为两大类：一类为非活性稀释剂，俗称为溶剂，不参与胶粘剂的固化反应；另一类为活性稀释剂，既可以降低胶粘剂的黏度，又可以参与胶粘剂的固化反应，进入固化后形成的大分子网状结构之中，因此克服了因溶剂挥发不彻底而使胶粘剂性能下降的缺点。在建筑装饰工程所用的胶粘剂，常用丙酮、甲乙酮、苯、甲苯等稀释剂配制。

（五）填充剂

填料一般在胶粘剂中不发生化学反应，但加入适量的填充料，不仅可以改善胶粘剂的机械性能（抗冲击韧性和强度），而且能使胶粘剂的稠度增加，降低热膨胀系数，减少固化收缩率，提高耐热性和胶接强度，改善耐老化性能，降低胶粘剂的成本等。有些填料还具有特殊功能，如在胶粘剂中加入导电性良好的银粉或具有磁性的铁粉，则可配制成专门用途的导电胶粘剂或导磁胶粘剂。

常用的填充料有金属及金属氧化物粉末、非金属矿物粉末、玻璃、石棉纤维制品及其他植物纤维。在建筑装饰工程所用的胶粘剂，胶粘剂常用的填充料有：滑石粉、石棉粉、玻璃粉、铝粉等。

（六）改性剂

为了改善胶粘剂的某一性能，满足某些特殊要求，常加入一些改性剂。如为提高胶粘剂的胶接强度，可加入一定的偶联剂。另外，还有防老化剂、防腐剂、防霉剂、稳定剂、阻燃剂、阻聚剂等。

二、胶粘剂的分类

胶粘剂的品种繁多，组成各异，用途不同。但如何对胶粘剂进行合理分类，至今尚未统一规定。胶粘剂的分类方法很多，一般从以下 4 个方面进行分类。

（一）按强度特性不同分类

按强度特性的不同，胶粘剂可分为结构胶粘剂、非结构胶粘剂和次结构胶粘剂 3 种。

1. 结构胶粘剂

结构胶粘剂对胶接强度要求较高，至少与被粘物本身的材料强度相当，另外，其耐热、耐油和耐水等都有较高的要求。一般剪切强度应大于 15MPa，不均匀扯离强度不小于 3MPa。如环氧树脂胶粘剂等为结构胶粘剂。

2. 非结构胶粘剂

非结构胶粘剂要有一定的胶接强度，但不能承受较大的剪切力，只起定位的作用。如聚醋酸乙烯酯胶粘剂等为非结构胶粘剂。

3. 次结构胶粘剂

次结构胶粘剂是介于结构胶粘剂和非结构胶粘剂之间的胶粘剂，其胶接强度比非结构胶粘剂的高，但不如结构胶粘剂。

（二）按固化形式不同分类

按固化形式的不同，胶粘剂可分为溶剂型胶粘剂、反应型胶粘剂和热熔型胶粘剂三种。

1. 溶剂型胶粘剂

溶剂型胶粘剂中的溶剂，从粘合端面挥发或被粘物吸收，形成粘合膜而发挥粘合力，是一种纯粹的物理可逆过程。固化速度随着环境的温度、湿度、被粘物的疏松程度、含水量及粘合面的大小、加压方法而变化。这种类型的胶粘剂，有环氧树脂、聚苯乙烯、丁苯等。

溶剂型胶粘剂又分为热固性树脂和热塑性树脂两种。热固性树脂有：酚醛、脲醛、环氧、聚异氰酸酯；热塑性树脂有：聚醋酸乙烯酯、聚氯乙烯-醋酸乙烯、聚苯乙烯、橡胶、丁苯、纤维素、氯丁等。

2. 反应型胶粘剂

反应型胶粘剂的固化是不可逆的化学变化而引起的。按照配方及固化条件，可分为：单组分、双组分甚至三组分等的室温固化型、加热固化型等多种型式。这种类型的胶粘剂，有酚醛、聚氨酯、硅橡胶等。

反应型胶粘剂也为热固性树脂和热塑性树脂两种。热固性树脂有：酚醛、脲醛、环氧、不饱和聚酯、聚异氰酸酯、有机硅、聚酸亚胺、丙烯酸双脂等；热塑性树脂有：氰基丙烯酸酯、聚氨酯、聚硫橡胶、硅橡胶、聚氯酯橡胶、环氧-酚醛、环氧-聚酰胺、尼龙-环氧等。

3. 热熔型胶粘剂

热熔型胶粘剂是以热塑性的高聚物为主要成分，是不含水或溶剂的固体聚合物。通过加热熔融粘合，随后冷却、固化，发挥粘合力。这种类型的胶粘剂，有醋酸乙烯、丁基橡胶、松香、虫胶、石蜡等。

热溶型胶粘剂只有热塑性树脂，其品种有：醋酸乙烯、醇酸树脂、聚苯乙烯、纤维素、丁基橡胶、松香、虫胶、牛皮胶、聚乙烯、石蜡、聚丙烯等。

（三）按主要成分不同分类

按主要成分不同分类，胶粘剂从总体上可分为有机胶粘剂和无机胶粘剂两大类。有机类胶粘剂，又可分为天然胶粘剂和合成胶粘剂；天然类胶粘剂主要包括沥青类、天然树脂类、蛋白质类和葡萄糖类；合成类胶粘剂主要包括树脂型、橡胶型和混合型。无机类胶粘剂，可分为硅酸盐类、磷酸盐类、硫酸盐类、金属氧化物凝胶、玻璃陶瓷胶等。

（四）按外观形态不同分类

按外观形态不同分类，胶粘剂可分为溶液类、乳液类、膏糊类、粉末状类、膜状类和固体类等。

第二节　建筑装饰胶粘剂有害物质限量

胶粘剂多数属于有机高分子材料，含有甲醛等有害物质，这些物质产生污染对环境和人体健康有害。因此，应严格控胶粘剂中有害物质的含量。根据现行国家标准《建筑胶粘剂有害物质限量》（GB 30982—2014）中的规定，建筑胶粘剂可分为溶剂型建筑胶粘剂、水基型建筑胶粘剂和本体型建筑胶粘剂三类。溶剂型建筑胶粘剂中有害物质限量应符合表 7-1 中的要求；水基型建筑胶粘剂中有害物质限量应符合表 7-2 中的要求；本体型建筑胶粘剂中有害物质限量应符合表 7-3 中的要求。

溶剂型建筑胶粘剂中有害物质限量　表 7-1

项目	技术指标				
	氯丁橡胶胶粘剂	SBS胶粘剂	聚氨酯类胶粘剂	丙烯酸酯类胶粘剂	其他胶粘剂
苯(g/kg)	≤5.0				
甲苯+二甲苯(g/kg)	≤200	≤80		≤150	
甲苯二异氰酸酯(g/kg)	—		≤10	—	

项目	技术指标				
	氯丁橡胶胶粘剂	SBS胶粘剂	聚氨酯类胶粘剂	丙烯酸酯类胶粘剂	其他胶粘剂
二氯甲烷（g/kg）		≤200			
1,2-二氯甲烷(g/kg)	总量≤5.0	总量≤5.0	—	总量≤50	
1,1,1-三氯甲烷(g/kg)					
1,1,2-三氯甲烷(g/kg)					
总挥发性有机物(g/L)	≤680	≤630	≤680	≤600	≤680

水基型建筑胶粘剂中有害物质限量　表 7-2

项目	技术指标						
	聚乙酸乙烯酯类	缩甲醛类	橡胶类	聚氨酯类	VAE乳液类	丙烯酸酯类	其他类
游离甲醛（g/kg）	≤0.5	≤1.0	≤1.0	—	≤0.5	≤0.5	≤1.0
总挥发性有机物(g/L)	≤100	≤150	≤150	≤100	≤100	≤100	≤150

本体型建筑胶粘剂中有害物质限量　表 7-3

项目	技术指标				
	有机硅类（含 MS）	聚氨酯类	聚硫类	环氧类	
				A 组分	B 组分
总挥发性有机物(g/L)	≤100	≤50	≤50	≤50	—
甲苯二异氰酸酯(g/kg)	—	≤10	—	—	—
苯(g/kg)	—	≤1	—	≤2	≤1
甲苯(g/kg)	—	≤1	—	—	—
甲苯＋二甲苯(g/kg)	—	—	—	≤50	≤20

邻苯二甲酸酯类作为胶粘剂原料添加并超出了总质量的 2%，应在外包装上予以注明其添加物质的种类名称及用量。

第三节　胶粘剂在装饰工程中的应用

在建筑装饰工程中所用的胶粘剂种类很多，不仅可广泛应用于建筑装饰工程中，而且还常用于防水工程、管道工程及金属构件的修补等。

一、建筑装饰工程胶粘剂的种类

目前经常使用的胶粘剂主要有：酚醛树脂类胶

粘剂、环氧树脂类胶粘剂、聚酯酸乙烯酯类胶粘剂、聚乙烯醇缩甲醛类胶粘剂、聚氨酯类胶粘剂和橡胶类胶粘剂等六大类。

（一）酚醛树脂类胶粘剂

酚醛树脂是热固性树脂中最早工业化，并应用于胶粘剂的品种之一，它是由苯酚与甲醛在碱性介质（如氨水、氢氧化钡等）中，经缩聚反应而制得的线型结构的低聚物，也称为甲阶可溶酚醛树脂。这种树脂在室温条件下，固化速度很慢，需要半年至一年的时间才能完成。因此，在实际使用时，把甲阶可溶酚醛树脂用水或乙醇做溶剂制成胶液，在加热或催化剂的情况下进行固化。常用的催化剂有石油磺酰氯等。

酚醛树脂类胶粘剂的品种很多，在建筑装饰工程中常用的有：酚醛树脂胶粘剂、酚醛-缩醛胶粘剂、酚醛-丁腈胶粘剂、酚醛-氯丁胶粘剂和酚醛-环氧胶粘剂等。这些品种的胶粘剂虽同属于酚醛树脂类，但各自的性能特点不同，用途也不相同。如酚醛-缩醛胶粘剂的使用最高温度为 120℃，而酚醛-丁腈胶粘剂的使用最高温度为 260℃。

（1）酚醛树脂胶粘剂。酚醛树脂胶粘剂因酚醛树脂固化后形成网状结构，因此胶粘剂的强度比较高，耐热性较好，但胶层比较脆硬。在建筑装饰工程中，这种胶粘剂主要用于木材、纤维板、胶合板及硬质泡沫塑料等多孔材料的粘结。目前，在市场上常见的酚醛树脂商品胶有：FQ-100U 冷固型酚醛树脂胶和铁锚 206 胶等。

（2）酚醛-缩醛胶粘剂。酚醛-缩醛胶粘剂是聚乙烯醇缩醛改性的酚醛树脂胶。这种胶粘剂耐低温、耐疲劳、耐气候老化性极好，韧性优良，因而使用寿命比较长。但在长期使用中的最高温度不宜超过 120℃。在建筑装饰工程中，这种胶粘剂主要用于金属陶瓷、玻璃、塑料和其他非金属材料制品的粘结。我国市场上常见的酚醛-缩醛胶粘剂商品胶有：E-5 胶、FN-301 胶和 FN-302 胶等。

（3）酚醛-丁腈胶粘剂。酚醛-丁腈胶粘剂是采用丁腈橡胶改性酚醛树脂所配制的胶粘剂。这种胶粘剂强度高、韧性好、耐油、耐热、耐寒及耐气候老化，其使用温度很宽，一般为 - 55～260℃。在建筑装饰工程中，这种胶粘剂主要用于金属、玻璃、纤维、木材、皮革、PVC 塑料、尼龙、酚醛塑料和丁腈橡胶等材料的粘结。目前，市场上常见的酚醛-缩醛商品胶有：J-02 胶、J-03 胶、JX-9 结构胶和 JX-10 结构胶等。

（4）酚醛-氯丁胶粘剂。酚醛-氯丁胶粘剂是由氯丁橡胶改性酚醛树脂而制得的。这种胶粘剂具有固化速度快、无毒、胶膜坚韧、耐老化等优良性能。在建筑装饰工程中，这种胶粘剂主要用于皮革、橡胶、泡沫塑料和纸张等材料的粘结。

（5）酚醛-环氧胶粘剂。酚醛-环氧胶粘剂是用环氧树脂改性酚醛树脂而制得的。这种胶粘剂的特点是：强度高、耐高温、耐老化、电绝缘性好等。在建筑装饰工程中，这种胶粘剂主要用于金属、陶瓷和玻璃纤维增强塑料的粘接。酚醛树脂类胶粘剂的品种、性能和用途，如表 7-4 所示。

酚醛树脂类胶粘剂的品种、性能和用途　表 7-4

树脂品种	性能特点	用途
酚醛树脂胶粘剂	胶粘剂的强度较高、耐热性好，但胶层比较硬脆	主要用于木材、纤维板、胶合板、硬质泡沫塑料等多孔性材料的粘结
酚醛-缩醛胶粘剂	耐低温、耐疲劳，使用寿命长，耐气候老化性能极好，韧性优良，但长期使用温度最高只能为 120℃	主要用于粘结金属、陶瓷、玻璃、塑料和其他非金属材料制品
酚醛-丁腈胶粘剂	高强、坚韧、耐油、耐寒、耐气候、耐老化，使用温度在 -55~260℃	主要用于粘结金属、木材、玻璃、纤维、皮革、PVC、尼龙、酚醛塑料、丁腈橡胶等

树脂品种	性能特点	用途
酚醛-氯丁胶粘剂	具有固化速度快、无毒、胶膜柔韧、耐老化等性能	主要用厚皮革、橡胶、泡沫塑料、纸张等材料的粘结
酚醛-环氧胶粘剂	耐高温、耐热、强度高、电绝缘性能好	主要用于金属、陶瓷和玻璃钢的粘结

（二）环氧树脂类胶粘剂

在合成胶粘剂中，无论是品种和性能，或者是用途和价值，环氧树脂胶粘剂都占有举足轻重的地位，素有万能胶和大力胶之称。因其具有许多优异的特性，如粘结性好、胶粘强度高、收缩率低、尺寸稳定、电性能优良、耐化学介质、配置容易、工艺简单、使用温度宽广、适应性较强、毒性很低、危害较小、不污染环境等优点，不仅对多种材料都具有良好的胶黏能力，而且还有密封、绝缘、防漏、固定、防腐、装饰等多种功能。

环氧树脂类胶粘剂俗称"万能胶"，是以环氧树脂为主要原料，掺加适量的固化剂、增塑剂、填充料、稀释剂等配制而成。环氧树脂是一种分子结构中含有两个或两个以上环氧基的高分子化合物，属于热塑性树脂，其本身不产生固化，必须掺加适量的固化剂才能完成固化过程。我国将环氧树脂分为 21 类，其分类及代号如表 7-5 所示。

环氧树脂的分类及代号　　　表 7-5

代号	环氧树脂的类别
E	二酚基丙烷环氧树脂
ET	有机钛改性二酚基丙烷环氧树脂
EG	有机硅改性二酚基丙烷环氧树脂
EX	溴改性二酚基丙烷环氧树脂
EJ	氯改性二酚基丙烷环氧树脂
EI	二酚基丙烷侧链型环氧树脂
F	酚醛多环氧树脂
B	丙三醇环氧树脂
ZQ	脂肪酸甘油脂环氧树脂
IQ	脂环族缩水甘油酯
L	有机磷环氧树脂
G	硅环氧树脂
N	酚酞环氧树脂
S	四酚基环氧树脂
J	间苯二酚环氧树脂
A	三聚氰酸环氧树脂
R	二氧化双环戊二烯环氧树脂

代号	环氧树脂的类别
Y	二氧化乙烯环己烯环氧树脂
D	聚丁二烯甲基树脂
X	3,4-环氧基-6-甲基环乙烷甲酸 6′,环氧基-6′-甲基环乙烷甲酸 6′
W	二氧化双环戊烯基醚树脂

环氧树脂是一种热塑性树脂，其本身不能变成不熔的坚硬固体，必须掺入适量的固化剂后才能进行固化。因此，固化剂是环氧树脂胶粘剂中不可缺少的重要组分，固化剂的性质和用量对胶粘剂的性能起着重要作用。常用环氧树脂固化剂的性能及用量，如表 7-6 所示。

环氧树脂类胶粘剂具有粘结强度高、收缩性小、稳定性好、电绝缘性优、耐腐蚀性和耐油性强等特点，固化后有很高的胶黏强度和良好的化学稳定性。环氧树脂类胶粘剂，除了对聚乙烯、聚四氟乙烯、硅树脂、硅橡胶等少数几种塑料胶接性能比较差外，对于钢铁制品、玻璃、陶瓷、木材、皮革、塑料、水泥制品、纤维材料等都具有良好的粘结能力，是目前应用量最大的一类胶粘剂。

常用环氧树脂固化剂的性能及用量

表 7-6

固化剂名称	简称	物态	相对分子质量	含活泼氢个数	用量 (g)	固化条件 温度	固化条件 时间
乙二胺	EDA	淡黄色刺激性液体	60	4	6~8	常温(120℃)	24h(1h)
二乙烯三胺	DTA	淡黄色刺激性液体	103.7	5	8~11	常温(115℃)	1~2d(1h)
三乙烯四胺	TTA	无色黏稠液体	146	6	10~14	常温(150℃)	1~2d.(0.5h)
双氰胺		白色结晶	84	4	5~7	160℃	2~4h
间苯二胺	MPDA	淡黄色结晶，吸湿变为褐色	108	4	14~16	150℃	2h
邻苯二甲酸酐	PA	白色结晶	148	—	30~45	150℃	2~4h
2-甲基咪唑	—	浅黄色固体	—	—	2~5	150℃	4h
650低分子聚酰胺	H-4	棕色高黏度液体	60~1100 胺值200	—	40~100	常温(130℃)	1~2d.(1h)
酚醛树脂	—	褐色液体	—	—	50~100	140℃	4h

环氧树脂类胶粘剂的品种也很多，在建筑装饰工程中常用的有：AH-03 大理石胶粘剂、EE-3 建筑胶粘剂、YJI-Ⅳ 建筑胶粘剂、4115 强力地板胶、WH-1 白马牌万能胶、6202 建筑胶粘剂、XY-507 胶、HN-605 胶等。环氧树脂类胶粘剂的品种、性能和用途应符合表 7-7 中的要求。

环氧树脂类胶粘剂的品种、性能和用途　表 7-7

胶粘剂名称	性能特点	主要用途
AH-03 大理石胶粘剂	耐水、耐候、使用方便、粘结强度：2.6MPa	大理石、花岗岩、瓷砖与水泥基层的粘接
EE-1 高效耐水胶粘剂	粘结强度高、耐热性好、耐水，粘结强度：3.0MPa，抗扯离强度：9.0MPa	粘贴外墙饰面材料，尤其适用于厨房、卫生间、地下室等潮湿的地方，贴瓷砖、水泥制品等
YJI-Ⅳ 建筑胶粘剂	耐水、耐湿热、耐腐蚀、毒性较低、低污染、不着火、不爆炸	适用于在混凝土水泥砂浆等墙地面，粘贴瓷砖、大理石、马赛克等
4115 强力地板胶	常温固化、干燥迅速、粘结力强，干燥后防水性能好，收缩率低	适用于粘结各种木、塑卷材地板、地砖及各种化纤地毯
WH-1 白马牌万能胶	是双组分改性环氧胶，粘结强度高、耐热、耐水、耐油、耐冲击、耐化学介质腐蚀	适用于金属、塑料、玻璃、陶瓷、橡胶、大理石、混凝土以及灯座、插座、门牌等的粘贴

胶粘剂名称	性能特点	主要用途
6202 建筑胶粘剂	是一种常温固化的双组分无机溶剂环氧树脂型胶粘剂,粘结力强,固化收缩小,不流淌,粘合面广,使用方便、安全,清洗方便	适用于建筑五金的固定,电器安装等,对不适合打钉的水泥墙面,用该胶粘剂更为合适
EE-3 建筑胶粘剂	粘结强度较高,一般大于 4.0MPa	用于粘贴瓷砖、马赛克及天花板装饰材料

（三）聚醋酸乙烯酯类胶粘剂

聚醋酸乙烯酯类胶粘剂,是由醋酸乙烯单体经聚合反应而制得的一种热塑性胶,其可分为溶液型和乳液型两种。这类胶粘剂具有常温固化快、粘结强度高、新结层的韧性和耐久性好,不易老化、无毒、无味、无臭,不易燃爆,价格较低,使用方便等特点,广泛用于粘接墙纸、水泥增强剂、木材的胶粘剂等。但是,其内聚力低,不能用于受力较大的胶接中;干燥固化温度不宜过低或过高,一般不低于5℃,不得高于80℃;耐水性较差,不能用于湿度较大的环境中。

在建筑装饰工程中常用的聚醋酸乙烯酯类胶粘剂,主要品种有:聚醋酸乙烯胶粘剂、SG791 建筑装饰胶粘剂、SG792 建筑装修胶粘剂、4115 建筑胶粘剂、GCR-803 建筑胶粘剂、601 建筑装修胶粘剂、水性 10 号塑料地板胶粘剂等。

(1) 聚醋酸乙烯胶粘剂。聚醋酸乙烯胶粘剂俗称白乳胶，它是由醋酸乙烯经乳液聚合而制得的一种乳白色、带酯类芳香的乳状液体。聚醋酸乙烯胶粘剂的主要特点是：胶液呈酸性，具有较强的亲水性，使用方便，流动性好，有利于多孔材料的粘接，但其粘接强度较低，耐水性较差。在建筑装饰工程中这种胶粘剂主要用于受力不太大的胶接，如木材、纤维和纸张等。聚醋酸乙烯胶粘剂的使用温度不应低于 5℃，同时也不应高于 80℃，否则会影响其胶接强度。

(2) SG791 建筑装饰胶粘剂。SG791 建筑轻质板胶粘剂系聚醋酸乙烯类单组分胶粘剂。其主要特点是：使用方便、粘结强度高、价格较低。在建筑装饰工程中 SG791 胶粘剂可用于混凝土、黏土砖、石膏板、石材等墙面上粘接木条、木板、窗帘盒和瓷砖等，还可以在墙面上粘接钢、铝等金属构件。

(3) 601 建筑装修胶粘剂。601 建筑装修胶粘剂是以聚醋酸乙烯为基体原料，配以适当的助剂与填料而制成的单组分胶粘剂。其主要特点是：固化速度快、初始胶接强度高、耐老化性好、耐低温、耐潮湿、施工方便、使用范围广等。在建筑装饰工程中601胶粘剂可用于混凝土、木材、陶瓷、石膏板、聚苯乙烯泡沫板和水泥刨花板等各种微孔材料的粘结。

（4）水性10号塑料地板胶粘剂。水性10号塑料地板胶粘剂是以聚醋酸乙烯乳液为基体材料，配制而成的单组分水溶性胶液。其主要特点是：粘接强度高、无毒、无味、干燥快、耐老化等特性，而且价格便宜、施工安全、存放稳定，但其储存温度不宜低于3℃。在建筑装饰工程中水性10号塑料地板胶粘剂主要用于聚氯乙烯地板、木地板与水泥地面的粘结。

聚醋酸乙烯酯类胶粘剂的品种、性能和用途，如表7-8所示。

聚醋酸乙烯酯类胶粘剂的品种、性能和用途

表7-8

胶粘剂名称	性能特点	主要用途
聚醋酸乙烯胶粘剂（白乳胶）	乳白色稠厚液体，固体含量：（50±2）%；pH值：4~6	主要适用于木材、墙纸、墙布、纤维板的粘接以及涂料、印染、水泥等作为胶料之用
水性10号塑料地板胶	粘接强度较高、干燥快、耐潮湿、无毒、无味、耐老化、价格便宜、存放稳定	主要适用于聚氯乙烯地板与水泥地面的粘结

胶粘剂名称	性能特点	主要用途
SG791 建筑轻质板胶粘剂	无毒、无臭、耐久、耐火、冻融后不影响强度，宜在潮湿处使用	主要适用于混凝土水泥砂浆墙面、地面粘贴瓷砖、马赛克、大理石等
SG792 建筑装修胶粘剂	系单组分胶，具有使用方便、粘接强度高、价格低等特点。抗拉强度：混凝土-木 1.4MPa；陶瓷-混凝土 1.59MPa	用于在混凝土、砖、石膏板等墙面上粘接木条、木门窗框、木挂镜线、窗帘盒、瓷衣钩、瓷砖等，还可以粘接石材贝壳装饰品，以及在墙面上粘接钢、铝等金属件等
4115 建筑胶粘剂	以溶液聚合的聚醋酸乙烯为基料而配制成的常温固化单组分胶粘剂。固体含量高，收缩率低、早强性能发挥快、粘接力强、防水、抗冻、无污染	对于多种微孔建筑材料，如木材、水泥制品、陶瓷、石棉板、纸面、石膏板、矿棉板、刨花水泥板、玻璃纤维增强水泥板、钙塑板等均具有优良的粘接性
GCR-803 建筑胶粘剂	以改性聚醋酸乙烯为基料，加入填充料制成。粘结强度高、无污染、施工方便	对混凝土、木材、陶瓷、石板、刨花水泥板、石棉板等具有良好的粘接性
SG8104 胶粘剂	粘结力强，对温度、湿度变化引起的胀缩适应性能好，不开胶	特别适用于壁纸的粘接

（四）聚乙烯醇缩甲醛类胶粘剂

聚乙烯醇缩甲醛类胶粘剂，是由聚乙烯醇和甲醛为主要原料，加入少量的盐酸、氢氧化钠和水，在一定的条件下缩聚而成。当聚乙烯醇分子与甲醛缩醛度小于 50％时，其缩聚产物溶于水，可制成水溶性胶粘剂；当缩醛度大于 50％时，其缩聚产物不溶于水，而溶于乙醇中，可制成醇溶性胶粘剂。

水溶性聚乙烯醇缩甲醛胶粘剂，具有耐热性好、胶结强度高、施工方便、抗老化性能强等优点，原来这类胶粘剂的代表产品为 107 胶，其虽然具有很多的优点，但是，由于聚合反应不完全，其含有超标的游离甲醛，如果扩散于空气中，对人体健康有害，尤其易造成呼吸道疾病。目前，在建筑装饰工程中应用的聚乙烯醇缩甲醛类胶粘剂，主要有：KFT841 建筑胶水、801 建筑胶水、中南牌墙布胶粘剂等。

聚乙烯醇缩甲醛类胶粘剂的品种、特点和性能，如表 7-9 所示。

聚乙烯醇缩甲醛类胶粘剂的品种、特点和性能

表 7-9

胶粘剂名称	性能特点	主要用途
KFT841 建筑胶水	固体含量：9％～10％；pH 值：7～8；黏度：>800CPO	墙布、壁纸、锦砖、瓷砖粘结，与水泥面做彩色地板

胶粘剂名称	性能特点	主要用途
801 建筑胶水	含固率高、黏度大、粘结性好	锦砖、瓷砖、墙布、墙纸的粘贴及人造革、木质纤维板的粘结等
中南牌墙布黏黏剂	无毒、无味、耐碱、耐酸、抗拉强度；0.132MPa	粘贴塑料壁纸、玻璃纤维墙布、无纺墙布

（五）聚氨酯类胶粘剂

聚氨酯类胶粘剂，是以聚氨酯与异氰酸酯为主要原料而制成的胶粘剂，具有胶接力强、常温固化、耐低温性能优异、应用范围广、使用方便等特点，主要适用于金属、玻璃、陶瓷、铝合金等材料的粘结。

聚氨酯类胶粘剂的种类较多，可分为多异氰酸酯胶粘剂（其牌号有：熊猫 405、AZ-1、AZ-2、改性聚氨酯 1 号）等。在建筑装饰工程中聚氨酯类胶粘剂的常用品种有：长城牌 405 胶和 CH-201 胶等。

聚氨酯类胶粘剂的常用品种、性能和用途，如表 7-10 所示。

聚氨酯类胶粘剂的常用品种、性能和用途 **表 7-10**

胶粘剂名称	性能特点	主要用途
长城牌 405 胶	以聚氨酯与异氰酸酯为主要原料而制成的胶粘剂，具有常温下固化、使用方便等特点	主要用于金属、玻璃、橡胶等多种材料的粘结

胶粘剂名称	性能特点	主要用途
1号超低温胶	以聚氨酯与异氰酸酯为主要原料而制成的胶粘剂,其低温下剪切强度(铝-铝)特别高。在室温下≥4.0MPa,−116℃时≥10.0MPa	适用于玻璃钢、陶瓷及铝合金的粘结
CH-201胶	由(甲)聚氨酯预聚体为主体和(乙)固化剂多羟基化合物或二元胺化合物为主体所组成。具有常温下固化、能在干燥或潮湿条件下粘结、气味小、使用期长等特点	供地下室、宾馆走廊以及使用腐蚀性化工原料的车间等潮湿环境和经常用水冲洗的地面粘接用,适用于粘结PVC与水泥地面、木材、钢板等

(六) 橡胶类胶粘剂

橡胶类胶粘剂是以合成橡胶为主要粘结原料,加入有机稀释剂、补强剂和软化剂等辅助材料而制成的。橡胶类胶粘剂一般具有良好的粘结强度、耐水性和耐化学腐蚀性。橡胶类胶粘剂在干燥的过程中会散发出有机溶液,对人体有一定的刺激,在施工中应注意通风;另外,这类胶粘剂的耐低温性、耐寒性较差,要求使用温度在10℃以上;储存稳定性不好。

橡胶类胶粘剂的品种很多，在建筑装饰工程上常用的主要有：801 强力胶、氯丁胶、301 胶、长城牌 202 胶、XY-401 胶、XY-402 胶、XY-405 胶和南大 703 胶等。

（1）801 强力胶。801 强力胶不同于 801 胶，它是以酚醛改性氯丁橡胶为粘结物质的单组分胶，可以在室温环境中固化，使用方便，粘结力强，主要适用于塑料、纸张、木材、皮革及橡胶等材料的粘结。801 强力胶中含有有机溶剂，属于易燃品，应隔离火源，放置在阴凉处，施工中应特别注意防火。

（2）氯丁胶粘剂。氯丁胶粘剂系采用专用氯丁橡胶为成膜物质配制而成的，具有一定的耐水性、耐酸性和耐碱性，这类胶粘剂的品种非常多，例如 CX401、LDN1～5、XY401、804-S、CBJ-84、JY-7、长城牌 202 等。氯丁胶粘剂主要适用于地毯、纤维制品和部分塑料的粘结。

除以上所讲的两种胶粘剂外，其他品种白橡胶类胶粘剂主要适用于橡胶材料粘接，也可以用于塑料、皮革、有机玻璃、木材、玻璃、金属、陶瓷等材料的粘结。

301 胶等橡胶类胶粘剂的品种、性能和用途，如表 7-11 所示。

橡胶类胶粘剂的品种、性能和用途　表 7-11

胶粘剂名称	性能特点	主要用途
301 胶	由甲基丙烯酸甲酯、氯丁橡胶、苯乙烯等聚合，再加入助剂而制成，具有良好的耐水、耐油性能，可在室温或低温下固化	主要适用于铝、钢、PVC 板、有机玻璃等材料的粘结，使用温度为 -60~60℃
长城牌 202 胶	由氯丁橡胶和其他树脂组成，具有耐水、耐热（70℃）、耐寒（-30℃）、耐碱、耐酸、绝缘等性能	主要适用于橡胶、金属的粘结
XY-401 胶	由氯丁橡胶和酚醛树脂经搅拌，使其溶解于乙酸乙酯和汽油的混合液中而制成。胶液粘结性好、储存稳定	主要适用于橡胶与橡胶、金属、玻璃、木材等材料的粘结
XY-402 胶	以氯丁橡胶、酚醛树脂为主体材料的胶粘剂，具有固化速度快、无毒、膜层柔韧、耐老化等特点	主要适用于皮革、橡胶、泡沫塑料、棉布、纸张等材料的粘结
XY-405 胶	系单组分橡胶室温硫化胶粘剂	主要适用于泡沫塑料和木材的粘结

胶粘剂名称	性能特点	主要用途
南大703胶	系室温硫化硅橡胶的一种,属于单体系的常温固化弹性胶粘密封剂,除基本保持硅橡胶原有的优良电子性能和耐高温、耐低温、耐老化和弹性好等性能外,还具有固化速度快、密封性能好、粘结力强、无毒、对金属无腐蚀、使用方便等优点	对一般金属、非金属,如铝、铜、锌、铁、镍、不锈钢、钛合金、陶瓷、玻璃、塑料、水泥、有机玻璃、热固化橡胶、纸张、木材等均有良好的粘结性能

二、建筑装饰工程中胶粘剂的选用

由于胶粘剂的种类繁多,其性能和适用场合不同,所以根据胶粘剂和被粘物的性质,结合使用条件和环境,选择适宜的胶粘剂,做到量材而用、物尽其用。

(一) 壁纸、墙布用胶粘剂

壁纸、墙布用胶粘剂,主要有:聚乙烯醇水溶液、聚乙烯醇缩甲醛胶、801胶、聚醋酸乙烯胶粘剂、SG8104壁纸胶粘剂、粉末壁纸胶等。

(1) 聚乙烯醇水溶液。聚乙烯醇水溶液俗称胶水，它是将聚乙烯醇：水＝5：100 的质量比，在水进行加温下溶解制得。其不仅具有芬芳气味、无毒、无火灾危险、黏度小、价格低廉、使用方便等优点；而且具有初黏力较强、韧性较好、适用期长、对油脂有较好的抵抗力、粘合时对压力要求不严格等特点。但其耐热性低、耐水性差、怕冻易干、固化干燥时间较长。聚乙烯醇水溶液特点、用途和规格，如表 7-12 所示。

（2）聚乙烯醇缩甲醛胶。聚乙烯醇缩甲醛胶，它是以聚乙烯醇与甲醛在酸性介质中进行缩合反应而制得的一种透明的水溶液。它具有无臭、无味、无毒、无火灾危险、黏度较小、价格低廉，有良好的粘结性。聚乙烯醇缩甲醛胶的特点、用途和性能，如表 7-13 所示。

（3）聚醋酸乙烯胶粘剂。聚醋酸乙烯胶粘剂是以醋酸乙烯为主要原料，经乳液聚合而制得的一种芳香白色乳状胶液。其特点是：配制使用均很方便，粘结强度较高；在常温下可以固化、固化速度快、成膜性好、耐气候、耐霉菌性良好；不含有机溶剂，无刺激性臭味；其粘结层具有较好的韧性和耐久性，不易老化。聚醋酸乙烯胶粘剂的特点、用途和规格，如表 7-14 所示。

聚乙烯醇水溶液的特点、用途和规格

表 7-12

品种及特点	用途	代号	平均聚合度	规格			
				醇解度(分子)(%)	醋酸钠(%)	挥发成分(%)	纯度(%)
聚乙烯醇树脂系由聚醋酸乙烯水解而成。 分子式:$(CH_2=HOH)_n$ 相对分子质量:$(44.02)_n$。 性能主要由它的相对分子质量和醇解度来决定。相对分子质量愈大结晶性愈强,水溶性差,水溶液黏度大、成膜性能好	可做为纸张(墙纸)、纸绳、纸盒加工、皮革、木材、纤维织物及各种粉刷灰浆中的胶粉剂	05-88	500~600	88±2.0	<1.0	<5.0	94
		12-97	1200~1400	94±0.5	<1.0	<10	89
		17-88	1700~1800	88±2.0	<1.5	<5.0	93
		20-83	2000~2200	88±2.0	<1.0	<5.0	94
		24-88	2400~2600	88±2.0	<1.0	<5.0	94
		30-88	2800~3000	88±2.0	<1.0	<5.0	94

聚乙烯醇缩甲醛胶的特点、用途和规格　表 7-13

特　　点	用　　途	性　　能
聚乙烯醇缩甲醛胶是以聚乙烯醇与甲醛在酸性介质中进行缩合反应而制得的一种透明的水溶液。它具有无臭、无味、无毒、无火灾危险、黏度较小、价格低廉，有良好的粘结性	1. 可作为塑料壁纸、玻璃纤维墙布与墙面的胶粘剂 2. 可作室内涂料的胶料 3. 用作外墙装饰的胶料 　在水泥砂浆中加入适量的 108 胶及少量附加剂、颜料能配制成彩色聚合物水泥砂浆，可涂刷、喷涂、滚涂于墙面上，然后在其上再喷罩（或刷涂）甲基硅醇钠憎水剂，形成外墙饰面层 4. 用作室内地面涂层的胶料	外观:无色透明胶体 含固量:10% 密度:1.05(g/cm³) 粘结强度:0.9(MPa) pH 值:7~8 稳定性:在 10℃以上环境中储存,不发生变化,但在低温下则容易冻胶

聚醋酸乙烯胶粘剂的特点、用途和规格　表 7-14

特　　点	用　　途	性　　能
聚醋酸乙烯胶粘剂是由醋酸与乙烯合成醋酸乙烯,再经乳液聚合而成。具有常温固化、配制使用方便、固化速度快、粘结强度高,粘结层具有较好的韧性和耐久性,不易老化	广泛用于粘结纸制品（墙纸）、水泥增强剂、防水涂料、木材的胶粘剂	外观:乳白色稠厚液体,pH 值:4~6,固体含量:(50±2)%,颗粒直径:0.5~5μm,黏度:50~100s,稳定性:1h 无分层现象

（4）801 胶。801 胶是以聚乙烯醇与甲醛在酸性介质中缩聚反应后再经氨基化而制成。其具有无毒、无味、不燃、游离醛含量低等特性，施工中无刺激性气味等特征，其耐磨性、剥离强度以及其他性能，均优于传统的 107 胶。这种胶粘剂要求使用温度必须在 10℃ 以上，其储存期一般为 6 个月。801 胶的特点、用途和性能，如表 7-15 所示。

801 胶的特点、用途和性能 表 7-15

用　　途	性　　能	
801 胶是由聚乙烯醇与甲醛在酸性介质中缩聚反应后再经氨基化而制成。其具有无毒、无味、不燃、游离醛含量低等特性，其耐磨性、剥离强度以及其他性能，均优于 107 胶	可用于墙布、墙纸、瓷砖及水泥制品等的粘贴；也可用作地面内外墙涂料的基料	外观：微黄色或无色透明胶体 含固量：≥9% 游离甲醛：<1% 黏度：64～85s pH 值：7～8

（5）SG8104 壁纸胶。SG8104 壁纸胶粘剂是一种壁纸专用胶粘剂，其为一种无臭、无毒白色的胶液。这种胶耐水耐潮性好，浸泡 7d 不会开胶，并具有涂刷方便、用量节省、粘结力强等特点。尤其是初期粘结力强，用于顶棚粘贴，壁纸不会下坠，对温度、湿度变化引起的胀缩适应性能好、不开

胶。施工环境温度不低于 10℃，在 15℃环境温度下可储存两个月。SG8104 壁纸胶粘剂的特点、用途和性能，如表 7-16 所示。

SG8104 壁纸胶粘剂的特点、用途和性能　表 7-16

特　　点	用　　途	性　　能
SG8104 壁纸胶是一种无臭、无毒白色胶液，耐水耐潮湿性好，浸泡 7d 不会开胶，涂刷方便、用量节省、粘结力强	适用于水泥砂浆、混凝土、水泥石棉板、石膏板、胶合板等墙面粘贴、纸基塑料壁纸施工环境温度不低于 10℃，在 15℃环境温度下可储存两个月	粘接强度：大于 $0.4\sim1MPa$，耐水耐潮湿性好，浸泡一周不开胶。初始粘结力强，用于顶棚粘贴，壁纸不会下坠，对温度、湿度变化引起的胀缩适应性能好、不开胶

（6）粉末壁纸胶。粉末壁纸胶也是一种壁纸专用胶粘剂，这类胶粘结力好，干燥速度快。壁纸在刚粘贴后不剥落，边角不翘起，常温下一天基本干燥，干燥后粘结牢固。剥离试验时，胶接面粘结良好，室内湿度在 85％以下时，经过三个月不翘边、不脱落、不鼓泡。

粉末壁纸胶适用于水泥、抹灰、石膏板、木板墙等墙面上粘贴塑料壁纸。粉末壁纸胶分为 BJ8504 粉末壁纸胶和 BJ8505 粉末壁纸胶两种，两者的性能虽然有所区别，但其用途基本相同。粉末壁纸胶的品种、用途和性能，如表 7-17 所示。

粉末壁纸胶的品种、用途和性能　表 7-17

品种	用途	性能
BJ8504 粉末壁纸胶	适用于水泥、抹灰、石膏板、木板墙等墙面上纸基塑料壁纸的粘贴	1. 初始始粘结力：粘贴壁纸不剥落，边角不翘起 2. 粘结力：干燥后剥离时，胶接面未剥离 3. 干燥速度：粘贴后 10min 内可取下 4. 干燥时间：1d 后基本干燥 5. 耐潮性：在室温、湿度 85% 以下，3 个月不翘边、不脱落、不鼓泡
BJ8505 粉末壁纸胶	适用于水泥、抹灰、石膏板、木板墙等墙面上纸基塑料壁纸的粘贴	1. 初始始粘结力：优于 BJ8504 胶 2. 干燥时间：刮腻子砂浆面 3h 基本干燥，油漆及桐油面为 2d 3. 除了能用于水泥、抹灰、石膏板、木板等墙面外，还可用于油漆及刷底油等墙面

（二）塑料地板胶

塑料地板所用的胶粘剂，可供选择的品种有：聚醋酸乙烯类胶粘剂、合成橡胶胶粘剂、聚氨酯类胶粘剂、环氧树脂类胶粘剂和其他塑料地板胶

364

粘剂。

（1）聚醋酸乙烯类胶粘剂。聚醋酸乙烯类胶粘剂是以醋酸乙烯共聚物乳液为基料配制而成的塑料地板胶粘剂。这类胶的主要特点是：粘结强度高、无毒、无味、快干、耐老化、耐油等，而且兼有价格便宜、施工安全、存放稳定等优点。在建筑装饰工程中常用的聚醋酸乙烯类胶粘剂。品种有：水性10号塑料地板胶、PAA地板胶粘剂、4115强力地板胶等。

① 水性10号塑料地板胶。这种胶的最突出的技术性能是：钙塑板与水泥之间的抗剪强度不小于1.0MPa，在40℃温度、相对湿度95％的条件下，经过100h抗剪强度不降低。

② PAA地板胶粘剂。这种胶的最突出的技术性能是：水泥石棉板与塑料剥离强度1d可达0.5MPa，7d可达0.7MPa，10d可达1.0MPa；耐热性高达60℃；耐寒性可达－15℃。

③ 4115强力地板胶。这种胶的最突出的技术性能是：具有抗冻、耐水、无污染、收缩小等优点。被称为高级建筑胶、快速装饰胶、加强地板胶。

这类胶主要适用于聚氯乙烯塑料地板、木制地板与水泥面的胶接，其中PAA胶粘剂还用于水泥

365

地面、菱苦土地面、木板地面粘贴塑料地板。以上几种地板胶的特点、用途和性能，如表 7-18 所示。

聚酯乙烯类胶粘剂的特点、用途和性能　表 7-18

品种及特点	用　途	性　能
水性 10 号塑料地板胶：以聚醋酸乙烯乳液为基体材料配制而成。具有胶接强度高、无毒、无味、快干、耐老化、耐油等性能，施工安全、简便等	主要用于聚氯乙烯地板、木制地板与水泥地面的粘结	钙塑板-水泥板抗剪强度不低于 1MPa； 钙塑板-水泥板的粘结，在 40℃、相对湿度大于 95％条件下 100h，抗剪强度不降低；黏度不小于 25s，储存温度不低于-5℃
PAA 胶粘剂：以醋酸乙烯接枝共聚物为基料配制而成。具有胶接强度高、施工简便、干燥快、耐热、耐寒、价格低等特点	适用于水泥地面、菱苦土地面、木板地面粘贴塑料地板	水泥石棉板-塑料剥离强度：1d 为 0.5MPa；7d 为 0.7MPa；10d 为 1.0MPa 耐热性：60℃，耐寒性：-15℃
4115 强力地板胶： 以溶剂聚含的聚醋酸乙烯为基料配制而成。具有固体含量高、收缩率低、粘结力强、防水、抗冻、无污染等特点	适用于多种微孔建筑材料，如木材、纸面、矿棉、玻璃纤维增强扳、钙塑板等	含固量：60％～70％； 粘结力：木材与木材为 1.0MPa； 抗拉强度：冻融状态为 4.28MPa； 黏度：100～150Pa·s

（2）合成橡胶地板胶粘剂。合成橡胶类地板胶粘剂是以氯丁橡胶为基料，加入其他树脂、增稠剂、填料等配制而成。

① 合成橡胶地板胶的特点。这类地板胶粘剂的主要特点是：a. 主体材料本身富有高弹性和柔韧性，因此赋予胶层以优良曲挠性、抗震性和抗蠕变性，可适应动态条件下的粘合，也适宜不同膨胀系数材料之间的粘合。b. 氯橡胶的分子结构比较规整，容易结晶，排列紧密，分子链上又有较大的氯原子存在，因此在不硫化的情况下，也具有较高的内聚力。c. 合成橡胶类地板胶的最明显特点是：固化速度快，初期粘合力较高，粘合后内聚力会得到迅速提高。d. 由于氯橡胶的极性比较强，因此对于大多数材料都具有良好的粘合力，适用范围比较广泛。e. 氯橡胶分子链上的氯原子对双键起着保护作用，使其活性大大降低，因而具有较好的耐热性、耐油性、耐燃性、耐候性和耐溶剂性。f. 为了进一步改善氯丁胶的粘附性和耐热性，可加入一些合成树脂对其进行改性，如我国生产的 CX40 胶、XY401 胶等。g. 氯丁胶的最大缺点是低温性能不良，施工使用温度要求在 10℃以上，储存稳定性不好，储存有效期比较短。

② 合成橡胶类地板胶的应用。合成橡胶类地板胶的品种很多，如 CX404、XY409、LDN1-5、长城牌 202、1 号塑料地板胶、CX40、XY401 和 8123 聚氯乙烯塑料地板胶等。这类地板胶适用于半硬质、硬质、软质聚氯乙烯塑料地板与水泥地面的粘结，也适用于硬木拼花地板与水泥地面的粘结，还可用于金属橡胶、玻璃、木板、皮革、水泥制品、塑料和陶瓷等的粘合。在建筑装饰工程地板铺贴中常用的 XY401 和 8123 聚氯乙烯塑料地板胶，其特点、用途和性能如表 7-19 所示。

合成橡胶类地板胶粘剂的特
点、用途和性能　　　　表 7-19

品 种 及 特 点	用　途	性　　能
8123 聚氯乙烯塑料地板胶粘剂 它是以氯丁乳胶为基料，加入适量增稠剂、填料配制而成。具有无毒、无味、不燃、施工方便、初始粘结强度高、防水性能好等特点	适用于半硬质、硬质、软质、聚氯乙烯塑料地板与水泥地面的粘贴，也适用于硬木拼花地板与水泥地面的粘贴	外观:灰白色,均质糊状; 黏度:26~80s;pH 值:8~9; 固体含量:(48±2)%; 抗拉强度:≥0.5MPa; 储存期:6 个月

品种及特点	用　　途	性　　能
CX401 胶粘剂 它是氯丁橡胶-酚醛树脂型常温硫化胶粘剂，系采用氯丁橡胶、戊二酚甲醛树脂及适量橡胶配合剂、溶剂等配制而成。具有使用简便、固化速度快等特点	适用于金属、橡胶、玻璃、木材、水泥制品、塑料和陶瓷的粘结；常用于水泥墙面、地面粘合橡胶、塑料地面和软木板等	外观:淡黄色胶液； 粘结强度(橡胶与铝合金)： 　24h 不小于 29N/cm²， 　48h 不小于 25N/cm² 抗剥离强度(橡胶与铝合金)： 　24h 不小于 1.1MPa， 　48h 不小于 1.3MPa

（3）聚氨酯类地板胶粘剂。聚氨酯类地板胶粘剂是多元异氰酸酯与多元醇相互作用的产物。作为地板胶粘剂使用时，不是采用聚氨酯高聚物，而是采用端基分别是异氰酸基和羟基的两种低聚物。在胶接过程中，它们相互作用生成高聚物而硬化。

①聚氨酯类地板胶的特点

a. 由于聚氨酯类地板胶的分子结构中含有极性的异氰酸基（—NCO），所以对各种材料都有较强的粘附性，其适用范围比较广。

b. 异氰酸基有很高的反应活性，能与含活泼氢的基团（—OH、—NH₂、—COOH 等）发生作用，可制成双组分常温固化胶，也可制成单组分常温固化胶。

c. 聚氨酯类地板胶粘剂有较大的韧性，可以用来胶接软质材料。

d. 这类地板胶具有良好的耐超低温性能，而且随着温度的降低，胶接强度反而会增高，因此它是超低温环境下理想的胶接材料和密封材料。

e. 这类地板胶耐溶性、耐油性和耐老化性优良，可以在室温下固化，也可加热固化。

f. 这类地板胶的主要缺点是：耐热性不高，机械强度较低，通常仅作为非结构胶使用。

② 聚氨酯类地板胶的应用。聚氨酯类地板胶可分为纯异氰酸酯制成的胶粘剂及由聚酯树脂与二异氰酸酯的混合物制成的胶粘剂两类。前者为单组分胶液，后者为双组分胶液。在建筑装饰工程地板粘贴中最常用的是长城牌 405 胶，其特点、用途和性能如表 7-20 所示。

聚氨酯类胶粘剂的特点、用途和性能　表 7-20

品种及特点	用　途	性　能
405 胶 　　它是由有机异氰酸酯和末端含有羟基的聚酯所组成，能在室温下固化的胶粘剂。具有粘结力强、耐水、耐油、耐弱酸、耐溶剂等特点	对纸张、木材、玻璃、金属、塑料等材料具有良好的粘合力。用以胶接塑料、木材、皮革等及特别防水、耐酸碱工程	1. 剪切强度：铁-铁 4.5MPa，铝-铝 4.7MPa，铜-铜 4.8MPa，玻璃-玻璃 2.5MPa 　　2. 剥离强度：橡胶-橡胶 0.2～0.3MPa 　　3. 剪切强度：塑料-水泥(1d)时 1.3MPa

（4）环氧树脂类地板胶粘剂。环氧树脂是指在分子中含有两个以上环氧基团的化合物。国内外环氧树脂的品种很多，目前产量最大、使用最广的为双酚 A 醚型环氧（国内牌号为 E 型）。近几年，研制了一些新的环氧树脂品种，如非双酚 A 环氧树脂、脂环族环氧树脂、脂肪族环氧树脂等，从而大大改善了环氧树脂的性能。

① 环氧树脂类地板胶的特点。环氧树脂类地板胶具有如下特点：a. 由于环氧树脂中含有环氧基、羟基等极性基团，因而与大多数材料具有优良的粘附性。环氧树脂与固化剂、改性剂等配合后发生化学反应，使分子间互相交联，保证了其内聚强度，因而具有较高的粘结强度。b. 这类地板胶不含任何溶剂，能在接触压力下产生固化，在反应过程中不放出小分子，因而其收缩率很小，一般仅1%～2%。c. 在配制这类地板胶时，可用不同固化剂在室温或加温情况下固化，固化后的产物具有良好的电绝缘性、耐腐蚀性、耐水性和耐油性等 d. 和其他高分子材料及填料的混溶性比较好，以便于对其进行改性。e. 这类地板胶的主要缺点是：其耐热性、韧性、耐紫外线及耐辐射性均比较差。

② 环氧树脂类地板胶的应用环氧树脂类地板胶对各种金属材料和非金属材料，如钢铁、铜、

铝、玻璃、陶瓷、水泥制品、木材等，均有良好的粘接性能，是目前应用最广泛的一种胶粘剂。用于粘贴塑料地板的环氧树脂的品种有：XY507 地板胶、EE1 高效耐水地板胶、EE3 建筑胶粘剂、HN605 地板胶等，其中 HN605 在工程中应用最广泛，其特点、用途和性能如表 7-21 所示。

环氧树脂类地板胶粘剂的特
点、用途和性能   表 7-21

品种及特点	用 途	性 能
HN-605 胶 以环氧树脂为主要材料,其具有粘结强度高、耐酸碱、耐火及耐其他有机溶剂的特点	适用于各种金属、塑料、橡胶、陶瓷等多种材料的粘接	剪切强度:45 号钢 室温:≥20MPa;+50℃:≥30MPa −50℃:≥15MPa

（5）其他塑料地板胶粘剂。

塑料地板胶的品种非常多，除以上介绍的不同类型、不同品种的胶粘剂外，还有一些其他品种的地板胶。

① 耐水塑料地板胶粘剂。耐水塑料地板胶粘剂是以合成树脂为基料，加入溶剂、耐水增稠树

脂、稳定剂、增塑剂、填料而制成的一种溶剂型塑料地板胶。这种地板胶具有初黏强度高、施工简单、干燥速度快、价格低廉、耐热性好（60℃）、耐寒性强（－15℃）等性能。主要适用于塑料地板与水泥地面的粘接，并可在潮湿环境中长期使用。

② 7990 水性高分子胶粘剂。7990 水性高分子胶粘剂是以几种高聚物为基料，加入适量填料而制成的水溶性胶粘剂。这种胶粘剂具有不燃、无毒、无刺激气味、水溶性、施工方便、能在潮湿基底粘贴等特点，有一定的初始粘结强度，固化后抗水性好，价格比较便宜。这种胶粘剂主要用于 PVC 硬质、半硬质、软质塑料地板与水泥地面的粘接，也可用于 PVC 塑料板与木材、木材与混凝土、瓷砖与水泥墙面等的粘接。

这种胶粘剂在使用时，要求基底平整、清洁、无尘，胶倒在基底后用刮刀将其刮平，胶层的厚度控制在 2～3mm，使用环境温度必须高于 15℃，其贮存温度应在 0℃以上，贮存期一般不超过 6 个月。

③ AF-02 塑料地板胶粘剂。AF-02 塑料地板胶粘剂是由胶粘剂、增稠剂、乳化剂、交联剂、稳定剂和水配制而成。这种胶粘剂具有初始强度高、防水性能好、施工方便、无毒、不燃等特点，主要适用于用石棉为填料的聚氯乙烯塑料地板、聚氯乙烯

塑料地毯与水泥地面的粘接。

这种地板胶在使用时，要求地面平整、干净、无油污、施工温度在 5℃以上，涂胶后待胶层略有粘性时，即可将塑料地板与地面压合，并用橡胶锤轻轻敲击平整，其贮存温度应在 5℃以上，贮存期一般不超过 1 年。

④ LD-4116 高强力快干地板胶。LD-4116 高强力快干地板胶是由多种化工原料配制而成的一种新型地板胶。这种地板胶具有粘合力强、固化速度快、冬期不冻结、操作很方便、省工省料等特点，主要适用于塑料地板与水泥地面的粘接。

这种地板胶在使用时，要求地面平整、干燥、无油污，用刷涂或刮涂的方法将粘结面涂胶，待晾置数分钟后胶面不粘手后即可粘合，并用橡胶锤轻轻敲击平整。胶液在使用过程中因溶剂挥发而粘度增大时，可加入适量稀释剂、甲苯、醋酸乙酯等均可。其贮存期一般不超过 6 个月。

⑤ D-1 型塑料地板胶粘剂。D-1 型塑料地板胶粘剂是一种以合成胶乳为主体的水溶性胶粘剂。这种地板胶具有初期黏度大，使用安全可靠，对水泥、木材等材料均有很好的粘结力，主要适用于在木板地面或水泥地面上粘贴塑料地板。

这种地板胶在使用时，要求地面平整、清洁、无油污、无裂缝，用刮板将地板胶刮平刮匀后，晾置 10min 后即可粘贴塑料地板。这种地板胶与 AF-02 塑料地板胶，是在塑料地板施工中应用最多的地板胶，它们的特点、用途和性能如表 7-22 所示。

其他塑料地板胶粘剂的特点、用途和性能   表 7-22

品种及特点	用途	性能
D-1 塑料地板胶粘剂：以合成胶乳为主体的水溶性胶粘剂。具有初期黏度大，使用安全可靠，对水泥、木材等材料有很好的黏着力	适用于水泥地面和木地面粘贴塑料地板	粘结强度：0.2～0.3MPa 耐水性：25℃、168h 不脱落 干燥时间：40～60min
AF-02 塑料地板胶粘剂 它是由胶粘剂、增稠剂、乳化剂、交联剂、稳定剂及水配制而成。具有初始粘结强度高，防水性能好，施工方便，无毒、不燃等特点	适用 PVC、石棉填充塑料地板、塑料地毡卷材与水泥地面粘结	外观：粉色黏稠液 粘结后抗拉强度：0.5～0.8MPa 浸水后粘结强度：0.2～0.3MPa

（三）竹木胶粘剂

在建筑工程中，竹、木材专用的胶粘剂有三

375

类，即脲醛树脂类胶粘剂、酚醛树脂类胶粘剂和醋酸乙烯类胶粘剂。

（1）脲醛树脂类胶粘剂。脲醛树脂类胶粘剂由脲素与甲醛缩聚而制成，是竹木专用的胶粘剂。这类胶粘剂具有无色、耐光性好、毒性较小、价格低廉等特点，并具有耐水、耐热、不发霉、耐微生物侵蚀等优点。在工程中常用的主要品种有：531 脲醛树脂胶、563 脲醛树脂胶、5001 脲醛树脂胶等。

① 531 脲醛树脂胶。这种胶粘剂可以在室温或加热条件下固化。

② 563 脲醛树脂胶。这种胶粘剂可以在室温下经 8h 或 110℃ 温度下经 5～7min 固化。

③ 5001 脲醛树脂胶。在使用这种胶粘剂时要加入氯化铵水溶液，可在常温下固化或加热固化。

（2）酚醛树脂类胶粘剂。酚醛树脂类胶粘剂主要有以下几个品种：

① 水溶性酚醛树脂胶。这种胶是由水溶性酚醛树脂配合固化剂组成的热固型或冷固型胶，具有在常温下能固化的显著特点。

② FA-1016 木材专用粘合剂。这种胶是由水溶性冷固型酚醛树脂胶和 N-4 型固化剂组成，具有耐水性好、粘结强度高、施工设备简单等特点。

③ 铁锚 206 胶。铁锚 206 胶是由酚醛树脂和固

化剂组成，具有可在室温下固化、胶膜性脆等特点。

（3）醋酸乙烯类胶粘剂。醋酸乙烯类胶粘剂主要有以下几个品种：

① 聚醋酸乙烯乳液。这种胶是由聚醋酸乙烯乳液和增塑剂等组成，具有常温自干、成膜性好、耐候性和耐霉菌性良好等特点，不含有机溶剂，无刺激性臭味，粘接木材的强度高（一般大于9MPa）。这种胶粘剂宜贮存于常温的室内，贮存温度一般以 10~40℃为宜，最低不得低于 5℃，其贮存期一般为半年。

② 醋酸乙烯共聚乳液。这种乳液一般又分为AVA 型和 AVM 型两种。AVA 型是由醋酸乙烯与丙烯酸丁酯共聚的乳胶液，而 AVM 型是由醋酸乙烯与顺丁烯二丁酯的共聚的乳胶液。这种胶粘剂具有增塑、粘结强度高、对环境无污染等特点，粘接木材的压剪强度可达 8MPa。其胶液要求在 4℃以上的温度密封贮存，贮存期一般为 1 年。

（四）瓷砖及大理石用胶粘剂

瓷砖、大理石用的胶粘剂，具有粘结强度高、能改善水泥砂浆的粘结力，并可提高水泥砂浆的防水性，同时具有耐水、耐化学侵蚀、耐气候、操作方便、价格低廉等特点。这类胶粘剂一般具有铺贴

377

和勾缝两种。建筑装饰工程中用的瓷砖、大理石黏粘剂品种很多，常用的主要有：AH-93大理石胶粘剂、SG-8407内墙瓷砖胶粘剂、TAM型通用瓷砖胶粘剂、TAS型高强度耐水瓷砖胶粘剂、ATG型瓷砖勾缝剂和双组分SF-1型装饰石材胶粘剂等。

（1）AH-93大理石胶粘剂。这是一种由环氧树脂等多种高分子合成材料组成基材配制而成的单组分膏状胶粘剂，具有粘结强度高、耐水性好、耐气候、使用方便等特点，主要适用于大理石、花岗石、马赛克、釉面砖、瓷砖等与水泥基层的粘接。这种胶的外观为白色或粉色膏状黏稠体，其粘结强度大于20MPa。

（2）SG-8407内墙瓷砖胶粘剂。这种胶粘剂能改善水泥砂浆的粘结力，并可以提高水泥砂浆的防水性，主要适用于在水泥砂浆、混凝土基层上粘贴瓷砖、地砖、面砖和马赛克等。这种胶在自然空气中的粘结力可达1.3MPa，在30℃的水中浸泡48h后粘结力可达到0.9MPa，在50℃的湿热气中7天的粘结力仍可达1.3MPa。

（3）TAM型通用瓷砖胶粘剂。这种胶粘剂是以水泥为基材、用聚合物改性后制成的粉末状胶粘剂。在使用时只需加适量水搅拌便获得粘稠的胶浆，具有耐水、耐久性好、操作方便价格低廉等特点，主要适用于在混凝土、水泥砂浆墙面、地面和石膏板等表面粘贴瓷砖、马赛克、天然大理石、人造大理石等。这种胶为白色或灰色粉末，室温 28d 的剪切强度可超过 1.0MPa，室温 24h 的抗拉强度可超过 0.036MPa。

（4）TAS 型高强度耐水瓷砖胶粘剂。这是一种双组分的高强度耐水瓷砖胶，具有耐水、耐气候、耐各种化学物质侵蚀、强度高等特点，主要适用于混凝土、钢铁、玻璃、木材等表面粘贴瓷砖、墙面砖、地面砖等。这种双组分胶粘剂混合后的寿命大于 4h，操作时间大于 3h，在室温下的剪切强度大于 2.0MPa。

（5）ATG 型瓷砖勾缝剂。这种瓷砖勾缝剂呈粉末状，有各种各样的颜色，是瓷砖胶粘剂的配套材料，具有良好的耐水性，主要适用于白色或彩色瓷砖的勾缝，也可用于游泳池中的瓷砖勾缝，勾缝宽度在 3mm 以下不开裂。

（6）双组分 SF-1 型装饰石材胶粘剂。双组分 SF-1 型装饰石材胶粘剂，系以水玻璃为主要原料，配以改性剂、硬化剂、助剂和填料，经一定工艺加工而成，是用于装饰石材的专用粘接剂。

（五）玻璃、有机玻璃专用胶

在建筑工程中所用的玻璃、有机玻璃专用胶粘剂有：AE 室温固化透明丙烯酸酯胶、WH-2 有机玻璃胶粘剂等。

（1）AE 室温固化透明丙烯酸酯胶。AE 室温固化透明丙烯酸酯胶，简称 AE 透明胶，系一种无色透明粘稠的液体，能在室温下快速固化，一般 4～8h 内即可完全固化，固化后其透光率和折射系数与有机玻璃基本相同。这种专用胶具有粘结力强、透明度高、操作简单等特点。

（2）WH-2 有机玻璃胶粘剂。WH-2 有机玻璃胶粘剂，系一种无色透明的胶状液体。其具有耐水、耐油、耐碱、耐弱酸、耐盐雾等腐蚀的特点，主要适用于有机玻璃制品、赛璐璐制品的胶合。

（3）聚乙烯醇缩丁醛胶粘剂。这种胶是以聚乙烯醇在酸性催化剂作用下与醛反应而生成，具有粘结力高、抗水性好、耐潮湿和耐腐蚀性强等特点。尤其是对玻璃的粘结力好，且透明度高、耐老化出色、耐冲击性佳，因此特别适用于玻璃的粘接。在粘接玻璃-玻璃时，在干燥器中放置 2 天其剥离强度达 0.5～1.0MPa，同条件放置 15d 其剥离强度达 0.54～1.4MPa。

（4）506 型胶粘剂。506 型胶粘剂主要含酚醛丁腈橡胶，这种胶具有耐酒精、耐汽油、耐海水、防腐蚀、耐磨耗等优异性能。尤其是其耐温范围非常大，一般为 $-60 \sim 200℃$，抗剪强度较高，一般可达 25MPa。

（六）塑料薄膜用胶粘剂

塑料薄膜用胶粘剂，是用于塑料制品的专用胶粘剂。其主要产品有：721 聚乙烯薄膜胶粘剂、塑料贴面胶粘剂等。

（1）721 聚乙烯薄膜胶粘剂。721 聚乙烯薄膜胶粘剂，是聚乙烯塑料制品的专用胶粘剂，最适用于聚乙烯薄膜的粘结，也可以用于聚乙烯印字和印花（加入适量颜料和溶剂）。

（2）塑料贴面胶粘剂。塑料贴面胶粘剂又称为 BH-415 胶粘剂，主要成分为乙烯、醋酸乙烯改性树脂。这种胶粘剂具有对聚氯乙烯（PVC）亲和性能好、应用比较广泛、耐热性很好等优点。主要用于 PVC（硬质、半硬质、软质）胶片与胶合板、刨花板、纤维板等木制品的粘合，以及 PVC 膜与纸张、聚氨酯泡沫塑料粘合等。

（3）BH-415 胶粘剂。BH-415 是一种良好的塑料贴面胶粘剂，其为白色乳液，主要选用于硬质、半硬质和软质 PVC 膜片与胶合板、刨花板、纤维板等木制品的粘合，也可用于 PVC 膜与纸的粘合、PVC 与聚氨酯泡沫塑料的粘合等。这种胶具有耐热性好、耐热蠕变性能好、耐久性好、初黏性能好等特点。

（七）橡胶类防水卷材用胶粘剂

橡胶类防水卷材用胶粘剂品种也非常多，最常用的是氯化乙丙橡胶胶粘剂。这种胶粘剂是以氯化乙丙橡胶为原料，以甲苯为溶剂，再配以适量的补强剂、交联剂和软化剂等其他一些辅助材料而制成。其具有良好的粘结性、优异的耐候性、耐臭氧性、耐老化性、耐水性、耐化学介质腐蚀性等特点，主要用于建筑防水材料乙丙橡胶防水卷材的粘接。

（八）塑料管道胶粘剂

用于塑料管道粘接的胶粘剂品种也很多，在工程上常见的有：硬质聚氯乙烯管胶粘剂、玻璃钢管道修补胶、硬质 PVC 管道胶粘剂、聚乙烯烃塑料管胶粘剂等。

（1）硬质聚氯乙烯管胶粘剂。这种胶粘剂以聚氯乙烯为主要原料配制而成，具有粘结强度高，耐水、耐酸、耐碱、耐热、耐冻、施工方便，价格较低等特点。

这种胶在粘结后，压剪强度 2h 可达 3.11MPa，16h 可达 5.90MPa，72h 可达 10.3MPa，浸水 72h 可达 11.9MPa。在 10％氢氧化钠（NaOH）溶液中浸泡 72h，其剪切强度可达 11.9MPa；在 10％硫酸（H_2SO_4）溶液中浸泡 72h，其剪切强度可达 12.2MPa；在 50～60℃热水中浸泡 48h，其剪切强度可达 11.5MPa。

（2）玻璃钢管道修补胶。玻璃钢管道修补胶是以环氧树脂、邻苯二甲酸二丁酯、石墨粉及三氟化硼络合物等为主配制而成的双组胶，A组分为树脂，B组分为固化剂，主要适用于玻璃钢管道裂纹、漏洞的快速修补。

这种胶具有固化速度快（常温下 3～5min 固化）、耐热性好（90℃时的剪切强度为 6～9MPa）、耐油性和耐水性好等特点。试验证明：这种胶在水或原油中浸泡一个月，强度基本保持不变；在80℃的原油中煮 24h，其强度不下降。

（3）硬质 PVC 管道胶粘剂。硬质 PVC 管道胶粘剂也称 901 胶粘剂，是由过氯乙烯树脂、干性油、改性醇酸树脂、增韧剂、稳定剂等经研磨后，加入适量的有机溶剂配制而成。

硬质 PVC 管道胶粘剂是一种无色透明的黏稠液，具有较好的粘结能力（剪切强度一般大于 7.0MPa），初黏强度较高（粘接 1min 后不产生移位），较强的耐腐蚀性（10% NaOH 溶液中的剪切强度为 8.8MPa），优良的防霉、防潮性能。主要适用于各种硬质塑料管材、板材的粘接。

（4）聚乙烯烃塑料管胶粘剂。聚乙烯烃塑料管胶粘剂又称 ME 型热熔胶，这种胶是以 EVA（乙

383

烯-醋酸乙烯共聚物）为主体的单组分胶，具有耐酸、耐碱、耐老化、常温下固化快、强度高等特点。这是一种固体状热熔型胶粘剂，主要适用于聚丙烯、聚乙烯管材、板材的粘接，也可用于此类塑料与金属的粘接。

（九）混凝土界面粘结剂

混凝土界面粘结剂，是指用于普通混凝土、水泥砂浆及饰面砖等表面处理或增强处理的粘结材料。在建筑装饰工程中常用的混凝土界面粘结剂有：JD-601 混凝土界面粘结剂、YJ-302 混凝土界面处理剂等。

（1）JD-601 混凝土界面粘结剂。JD-601 混凝土界面粘结剂是一种聚合物混合乳液，是增强混凝土表面粘结的材料，它可以大大提高新老混凝土与抹灰砂浆的结合力，可以取代传统的冲毛、凿毛等处理方法，这样不仅避免了抹灰砂浆易出现的空鼓、分层、粘结不牢等弊病，而且还能提高工程质量，加快施工进度，降低工程造价。

（2）YJ-302 混凝土界面处理剂。YJ-302 混凝土界面处理剂是一种水泥砂浆粘结增强剂，主要适用于新老混凝土及饰面砖（如面砖、玻璃锦砖、大理石等）的表面涂敷处理，以增加水泥砂浆对以上其他材料的粘结力，从而解决抹灰砂浆空鼓、面砖脱落、新老混凝土脱层等质量问题。

（3）A-1 型水泥制品修补膏。A-1 型水泥制品修补膏主要成分是多组分环氧树脂，并掺加适量的表面活性剂、紫外线屏蔽剂、触变剂等多种成分；这种胶与混凝土、木材、金属、玻璃、陶瓷等多种材料有良好的粘结力，修补后的产品外观质量好，配制使用非常安全、方便，并能用于立面、天花板的修补。这种修补膏粘结强度在 20℃温度下，经 1 天可达 5MPa，经 28 天可达 7.7MPa，其固化收缩率仅为 0.08%。

在使用这种胶时，应先将粘合面上的油污除掉、擦净，按甲∶乙＝100∶26 的质量比混合均匀涂于粘合面，温度在 10℃以上时，1d 后即能干硬，受力部位需要 3～5d 才可。

（4）YH-82 环氧树脂低温固化剂。这种环氧树脂低温固化剂可在－10～5℃低温条件下固化，用它配制的环氧树脂砂浆胶粘剂，可在－10～5℃低温条件下粘结、修补混凝土和钢筋混凝土构件，并具有粘结强度高、配制容易、涂敷方便等特点。

环氧树脂配制非常简单，各种材料的质量比为：E44 或 E51 环氧树脂 100 份，乙二醇缩水甘油醚 20 份、糠醇 5 份，YH-82 固化剂 30 份，强度等级为 52.5MPa 的普通硅酸盐水泥 100 份，纯净的砂 250 份。

第八章 木竹质装饰材料

木材和竹材是人类使用最早的建筑材料之一，我国在使用木材方面历史悠久、成果辉煌，是世界各国的楷模。木材作为建筑材料具有许多优良性能，如轻质高强、容易加工、导热性低、导电性差，有很好的弹性和塑性，能承受冲击和振动荷载的作用，在干燥环境或长期置于水中均有很好的耐久性，有的木材具有美丽的天然花纹，易于着色和油漆，给人以淳朴、古雅、亲切的质感，是极好的装饰装修材料，有其独特的功能和价值。

第一节 木地板装饰材料

木地板作为室内地面的装饰材料，具有自重较轻、弹性较好、脚感舒适、导热性小、冬暖夏凉等特性，尤其是其独特的质感和天然的纹理，迎合人们回归自然、追求质朴的心理，受到消费者的青睐。

木地板从原始的实木地板发展至今，品种繁多，规格多种，性能各异。目前，在建筑装饰工程中常用的木地板有：实木地板、实木复合地板、强

386

化地板和实木集成地板等。

一、实木地板

实木地板是指用天然木材不经任何粘结处理，用机械设备直接加工而成的地板。实木地板由于具有天然的木材地质、柔和的触感、润泽的质感、自然温馨、高贵典雅，从古至今深受人们的喜爱。目前，常见的实木地板有拼花木地板和条木地板两种。

（一）拼花木地板

拼花木地板是用阔叶树种的硬木材，经干燥处理并加工成一定几何尺寸的木块，再拼成一定花纹图案的地板材料。拼花木地板通过小木板条不同方向的组合，可以拼制出多种美观大方的图案花纹。图案花纹可以千变万化，其选用应根据房间面积的大小和使用者的爱好而定，科学合理地选择木地板的图案花纹，能使面积较大的房间显得稳重高雅，面积较小的房间能感到宽敞、亲切、轻松。

拼花木地板的木块尺寸比较小，一般长度为250～300mm、宽度为40～60mm、板厚为20～25mm。拼花木地板有平口接缝地板和企口拼接地板两种。在我国常用拼花木地板的品种和规格见表8-1。

常用拼花木地板的品种和规格   表 8-1

品种	地板材质	规格（长度×宽度×厚度，mm×mm×mm）			
平头接缝地板	以水曲柳、柞木、榆木等硬木为原料经加工而成		120×24×8 150×37.5×10	150×30×12 300×50×12	150×50.8×10
企口地板	以进口缅甸柚木、樱桃木、花梨木、楠木和中国青冈、白梨等优质树材为原料经加工而成，有柚木和白木组合拼格砖块、花梨木组合、镶上钢条、柚木中点缀级白木图案、席纹拼贴等多种图案	缅甸柚木	305×50.8×12 200×50×12 320×80×12 400×80×12 500×80×12	400×100×15 600×100×15 800×100×15 910×100×15 1000×100×15	305×50.8×18 400×100×18 600×100×18 800×100×18 1000×100×18
		中国青冈白梨	305×50.8×12 1000×100×18	400×100×15	305×50.8×18
席纹木地板	采用南方优质硬木，经蒸煮烘干处理后加工而成。经烘过油漆、打蜡、抛光，具有豪华、舒适、防潮、隔声、耐磨、装饰性好等优点	平口板	150×30×14 200×40×14	150×30×10 200×40×20	
		企口板	200×40×18 300×50×20		

388

拼花木地板的铺设一般从房间的中央开始，先画出图案花纹的式样，在地面上弹出铺设的控制线，当铺好第一块拼花木地板后，依次向四周铺开。因此，第一块地板铺设的位置、方向、高程和平整度，是保证整个房间地板铺贴是否合格的关键。

为确保拼花木地板的装饰效果和铺设质量，在拼花木地板铺设之前，首先对拼板进行挑选和试拼，将纹理和颜色相近者集中使用，把质量好的拼板铺设在显眼处，质量稍差的铺设在墙根或门后的隐蔽处，做到合理拼接、物尽其用。拼花木地板均应用清漆进行表面处理，以显露木材的天然纹理。

拼花木地板的铺装分为双层和单层两种。双层拼花木地板是将地板分为两层，其面层用暗钉钉在毛板上；单层拼花木地板是采用适宜的粘结材料，将木地板直接粘贴在找平后的混凝土基层上。拼花木地板按质量不同，可分为高、中、低三个档次。拼花木地板材质坚硬、富有弹性、耐磨性好、耐蚀性强、质感和光感好、纹理美观，在加工中一般经远红外线干燥处理，其含水率恒定，外形非常稳定，易保持地面平整而不变形。拼花木地板适用于高级宾馆、饭店、别墅、会议室、展览室、体育馆、影剧院及住宅等的室内地面装饰。

（二）条木地板

条木地板是中国传统的木地板，这种木地板一般采用径级大、缺陷少的优良树种，经干燥处理和设备加工而制成。常用的树种有松木、柞木、杉木、柳桉木、水曲柳、樱桃木、柚木、桦木和榉木等，所用的木材应当具有耐磨性好、不易腐蚀、不易变形的特性。条木地板有双层和单层之分，双层者下层为毛板，面板为硬质木板。

条木地板是使用最普遍的木质地面，按其构造不同可分为空铺和实铺两种。空铺条木地板是由龙骨、水平支撑和地板三部分组成。实铺条木地板是直接将木地板粘贴在找平后的混凝土基层上。条木地板的长度一般为 450～600mm，宽度一场不大于120mm，厚度不大于 25mm，其品种和规格见表8-2。按照地板铺设要求，地板的接缝处可做成平头、企口或错口，如图 8-1 所示。

图 8-1　条木地板端部结构

条木地板的品种和规格 表8-2

品种	地板材质	规格（长度×宽度×厚度，mm×mm×mm）
长条木地板	以优质山樟、红白柳桉木等加工而成，产品具有纹理清晰、耐磨损、柔韧性好、表面光洁等特点	（600～1200）×（60～120）×（16～22）
企口木地板	以优质柚木、桦木、柞木、西南桦、香柏木等原料加工而成	有各种规格
高级无尘木地板	以优质樱桃木、桦木、柞木等木材加工而成，具有无尘、耐高温、防潮、防腐、防蛀、经久耐磨等特点，是一种质感高雅、豪华、气派高档的木质地板材料	600×75×12　600×75×15　600×90×12 600×90×15　450×75×12　450×75×15 450×90×12　450×90×15　750×75×12 750×75×15　750×90×12　750×90×15

条木地板有上漆和不上漆之分。不上漆的条木地板是在铺设安装完毕后再上油漆，而上漆条木地板是指生产厂家在木地板生产过程中就上了油漆。目前，市场上比较流行的是无需上漆的一次成型的实木地板（简称实木漆板）。实木漆板的油漆质量高、铺设安装简便、装饰效果好，已成为实木地板中的主要品种，但价格大大高于同级未上油漆的实木地板。

实木地板的油漆工艺简称为"UV 漆淋涂工艺"，是一种利用紫外线照射含有感光原料的特种油漆，使油漆分子结构发生变化重组，从而完成油漆固化的过程，这个固化过程是不可逆的，区别于一般的烤漆利用温度使漆面产生固化的工艺。

条木地板由于采用了特种油漆和特殊的工艺处理，使得实木地板的漆面较手工油漆木地板具有相当高的丰满度和自然光泽度，且漆膜均匀完整，反光度分布均匀，具有阻燃性和较高的耐磨性。如果没有人为地严重破坏，漆板不需要每年上漆保养，在正常使用的情况下，使用寿命可高达几十年。

条木地板具有整体感强、自重较轻、弹性较好、导热性小、脚感舒适、易于清洁、美观大方等特点，尤其是经过良好的表面涂饰处理后，既能显示出优美自然的纹理，又能保持亮丽的木材本色，给人以清晰雅致、自然淳朴的美好感受。条木地板主要适用于办公室、会议室、休息室、宾馆客房、舞台、住宅等的地面装饰。

（三）实木地板的质量标准

根据国家标准《实木地板第1部分：技术要求》（GB/T 15036.1—2009）的规定，用于实木地板的木材树种要求纹理美观，材质软硬适度，尺寸稳定性和可加工性都较好。

实木地板产品按其外观质量、物理力学性能等，可分为优等品、一等品和合格品三个质量等级。实木地板的外观质量要求如表8-3所示；实木地板的主要尺寸及偏差如表8-4所示；实木地板的形状位置偏差如表8-5所示；实木地板的物理力学性能指标如表8-6所示。

实木地板的外观质量要求　　　　表8-3

名称	表　面			背面
	优等品	一等品	合格品	
活节	直径≤10mm 长度≤500mm，≤5个 长度>500mm，≤10个	10mm<直径≤25mm 长度≤500mm，≤5个 长度>500mm，≤10个	直径≤25mm 个数不限	尺寸与个数不限

名称	表　面			背面
	优等品	一等品	合格品	
死节	死节不允许有	直径≤3mm 长度≤500mm， ≤3个 长度>500mm， ≤5个	直径≤5mm 个数不限	直径≤ 20mm 个数不限
蛀孔	蛀孔不允许有	直径≤0.5mm， ≤5个	直径≤2mm， ≤5个	不限
树脂囊	不允许有		长度≤5mm 宽度≤1mm ≤2条	不限
髓斑	不允许有	不限		不限
腐朽	不允许有			初步腐朽 且面积≤ 20%，不剥 落，也不能 捻成粉末
缺棱	不允许有			长度≤板 长30%，宽 度≤板宽 的20%
裂纹	不允许有	宽≤0.15mm，长度≤地 板长度的2%		不限

名称	表面			背面
	优等品	一等品	合格品	
加工波纹	不允许有	不明显	不限	
漆膜划痕	不允许有	不明显	—	
漆膜鼓泡	不允许有			—
漏漆	不允许有			—
漆膜上针孔	不允许有	直径≤0.5mm，≤3个		—
漆膜皱皮	不允许有			—
漆膜粒子	长度≤500mm，≤2个 长度>500mm，≤4个		长度≤500mm，≤4个 长度>500mm，≤6个	—

注：1. 凡在外观质量检验环境条件下，不能清晰地观察到的缺陷即为不明显；
　　2. 倒角上漆膜粒子不计。

实木地板的主要尺寸及偏差　　　　表 8-4

名称	偏　差　规　定
长度	当长度≤500mm 时,公称长度与每个测量值之差的绝对值应≤0.50mm;当长度>500mm 时,公称长度与每个测量值之差的绝对值应≤1.0mm
宽度	公称宽度与平均宽度之差的绝对值应≤0.30mm,宽度的最大值与最小值之差应≤0.30mm
厚度	公称厚度与平均厚度之差的绝对值应≤0.30mm,厚度的最大值与最小值之差应≤0.40mm

注：1. 实木地板长度和宽度是指不包括榫舌的长度和宽度；

2. 镶嵌地板只检量方形单元的外形尺寸；

3. 榫接地板的榫舌宽度应≥4.0mm,槽最大高度与榫最大厚度之差为 0～0.4mm。

实木地板的形状位置偏差　　　　表 8-5

名　称	偏　差　规　定
翘曲度	宽度方向凸翘曲度≤0.2%,宽度方向凹翘曲度≤0.15%
	长度方向凸翘曲度≤1.00%,长度方向凹翘曲度≤0.5%
拼装离缝	最大值≤0.40mm
拼装高度差	最大值≤0.30mm

实木地板的物理力学性能指标 表 8-6

性能名称	单位	优等品	一等品	合格品
含水率	%	7≤含水率≤我国各地区的平衡含水率		
漆板表面耐磨	g/100r	≤0.08 且漆膜未磨透	≤0.10 且漆膜未磨透	≤0.15 且漆膜未磨透
漆膜附着力	级	≤1	≤2	≤3
漆膜硬度	—	≥2H	≥H	

注：含水率是指地板在未拆封和使用前的含水率，我国各
地区的平衡含水率见《锯材干燥质量》GB/T 6491 附
录 A。

二、实木复合地板

实木复合地板是由不同树种的板材交错层压而
成，克服了实木地板单向同性的缺点，干缩湿胀率
小，具有较好的尺寸稳定性，并保留了实木地板的
自然木纹和舒适的脚感。实木复合地板不仅兼具强
化地板的稳定性与实木地板的美观性，而且具有环
保优势。

根据现行国家标准《实木复合地板》（GB/T
18103—2013）中的规定，实木复合地板是指以实
木拼板或单板为面层、实木条为芯层、单板为底层
制成的企口地板和以单板为面层、胶合板为基材制
成的企口地板。这类地板以树种来确定地板树种

397

名称。

（一）实木复合地板的分类方法

实木复合地板的分类方法，应符合表 8-7 中的规定。

实木复合地板的分类方法　　表 8-7

分类方法	实木复合地板类别
按面板材料分	天然整张单板为面板的实木复合地板；天然拼装（含拼花）单板为面板的实木复合地板；重组装饰单板为面板的实木复合地板；调色单板为面板的实木复合地板
按结构分	两层实木复合地板；三层实木复合地板；多层实木复合地板
按涂饰方式分	油饰面实木复合地板；油漆饰面实木复合地板、未涂饰实木复合地板

（二）实木复合地板的规格尺寸

实木复合地板的规格尺寸和尺寸偏差，应符合表 8-8 中的规定。

实木复合地板的规格尺寸和尺寸偏差　表 8-8

规格尺寸(mm)		
长度	宽度	厚度
300～2200	60～220	8～22

实木地板尺寸偏差

厚度偏差	公称厚度与平均厚度之差绝对值≤0.5mm，厚度最大值与厚度最小值之差≤0.5mm
面层净长偏差	公称长度≤1500mm 时，其与每个测量值之差绝对值≤1.0mm；公称长度>1500mm 时，其与每个测量值之差绝对值≤2.0mm
面层净宽偏差	公称宽度与平均宽度之差绝对值≤0.1mm，宽度最大值与宽度最小值之差≤0.2mm
直角度	实木复合地板的直角度应≤0.2mm
边缘不直度	实木复合地板的边缘不直度应≤0.3mm/m
翘曲度	宽度方向凸翘曲度应≤0.20%，长度方向凸翘曲度应≤1.00%
拼装离缝	拼装离缝的平均值应≤0.15mm，最大值应≤0.20mm
拼装高度差	拼装高度差平均值应≤0.10mm，最大值应≤0.15mm

（三）实木复合地板的外观质量

实木复合地板的外观质量，应符合表 8-9 中的规定。

实木复合地板的外观质量　　　　**表 8-9**

名　称	项　目	表　面			背面
		优等品	一等品	合格品	
死节	最大单个长径(mm)	不允许	2	面板厚度小于2mm　4	50,应修补
				面板厚度不小于2mm　10	
				应修补,且任意两个死节之间距离不小于50mm	
孔洞(含虫孔)	最大单个长径(mm)	不允许	不允许	2,需修补	15,应修补
浅色夹皮	最大单个长度(mm)	不允许	20	30	不限
	最大单个宽度(mm)	不允许	2	4	不限
深色夹皮	最大单个长度(mm)	不允许	不允许	15	不限
	最大单个宽度(mm)	不允许	不允许	2	不限
树脂囊和树脂(胶)道	最大单个长度(mm)	不允许	不允许	5,且最大单个宽度<1	不限
腐朽	—	不允许	不允许	不允许	a
真菌变色	不得超过板面积(%)	不允许	5,色泽要协调	20,色泽大致协调	不限

400

名　称	项　目	表　面			背面
		优等品	一等品	合格品	
裂缝	—	不允许	不允许	不允许	不限
拼接离缝	最大单个宽度（mm）	0.1	0.2	0.5	—
	最大单个长度不超过板长的（%）	5	10	20	—
面板叠层	—	不允许	不允许	不允许	不允许
鼓泡、分层	—	不允许	不允许	不允许	不允许
凹陷、压痕、鼓包	—	不允许	不明显	不明显	不限
补条、补片	—	不允许	不允许	不允许	不限
毛刺沟痕	—	不允许	不允许	不允许	不限
透胶、板面污染	不超过板面积（%）	不允许	不允许	1	不限
砂透	—	不允许	不允许	不允许	10
波纹	—	不允许	不允许	不明显	—
刀痕、划痕	—	不允许	不允许	不允许	不限
边、角缺损	—	不允许	不允许	不允许	b
漆膜鼓泡	最大单个直径≤0.5mm	不允许	每块板上不得超过 3 个		

名　称	项　目	表　面			背面
		优等品	一等品	合格品	
针孔	最大单个直径≤0.5mm	不允许	每块板上不得超过 3 个		—
皱皮	不超过板面积(%)	不允许	不允许	5	—
粒子	—	不允许	不允许	不明显	—
漏漆	—	不允许	不允许	不允许	—

注：ᵃ 允许有初腐。

　　ᵇ长边缺损不超过板长的 30%，且宽不超过 5mm，厚度不超过板厚的 1/3；短边缺损不超过板宽的 20%，且宽不超过 5mm，厚度不超过板厚的 1/3。

（四）实木复合地板的理化性能

实木复合地板的理化性能，应符合表 8-10 中的规定。

实木复合地板的理化性能　　表 8-10

检验项目	要　　求
浸渍剥离	任一边的任一胶层开胶累计长度不超过该胶层长度的 1/3,6 块试件中有 5 块试件合格即为合格
静曲强度(MPa)	≥30

检验项目	要　　求
弹性模量（MPa）	≥4000
含水率（%）	5～14
漆膜附着力	割痕及割痕交叉处允许有漆膜剥落，漆膜沿割痕允许有少量断续剥落
表面耐磨性（g/100r）	≤0.15，且漆膜未磨透
漆膜硬度	≥2H
表面耐污水	无污染痕迹
甲醛释放量（mg/100g）	应符合 GB 18580 的要求

三、强化地板

浸渍纸层压木质地板（商品名为强化木地板），是近年来在市场上出现的一种新型木地板，与传统的实木地板相比，在结构和性能上有一定的差异。这种实木复合地板是以一层或多层专用纸浸渍热固性氨基树脂，铺装在刨花板、中密度纤维板、高密度纤维板等人造板基材表面，在背面加平衡层，正面加耐磨层，经热压而制成的地板。

（一）强化地板的主要特点

强化地板与实木地板相比，其主要特点是：耐磨性比较强，表面装饰花纹整齐，色泽鲜艳均匀，抗压强度较高，抗冲击、抗静电、耐污染、耐光照、耐灼烧、安装方便、保养简单、价格便宜、便于清洁。此外，从木材资源的综合有效利用的角度来看，强化地板更有利于木材资源的可持续利用。其主要缺点是：弹性较差，脚感不如实木地板，水泡损坏后不可修复，胶粘剂含有一定的甲醛，对人体健康有害，应严格控制在国家标准范围之内。

（二）强化地板的技术标准

根据国家标准《浸渍纸层压木质地板》（GB/T 18102—2007）中的规定，与强化地板相关的技术标准主要包括以下四个方面：

（1）国家标准《浸渍纸层压木质地板》（GB/T 18102—2007）中规定了浸渍纸层压木质地板的分类、技术要求、检验方法和检验规则，以及标志、包装、运输和贮存等。其中明确规定了地板各等级的外观质量要求、幅面尺寸、尺寸偏差、理化性能。在选购强化木地板之前，应据此了解其主要物理化学指标，如甲醛释放量、耐磨转数、基材密度、吸水厚度膨胀率、尺寸稳定性、含水率等。

（2）国家标准《室内装饰装修材料 人造板及其制品中甲醛释放限量》（GB 18580—2001）中规定了室内装饰装修用人造板及其制品中甲醛释放量的指标值、试验方法和检验规则。

（3）行业标准《木地板铺设面层验收规范》（WB/T 1016—2002）中，主要对木地板铺设的基本要求、施工程序、验收时间、验收标准等作了具体规定。

（4）行业标准《木地板保修期内面层检验规范》（WB/T 1017—2006）中，主要对木地板的维护使用、保修期限、面层检验、保修义务等作了具体规定。

（三）强化地板的分类方法

强化地板的分类方法有多种，主要有以下五种分类方法：①按地板基材不同分类。按地板的基材不同，可分为刨花板为基材的强化地板、中密度纤维板为基材的强化地板和高密度纤维板为基材的强化地板。②按其装饰层不同分类。按其装饰层不同，可分为单层强化地板、多层强化地板和热固性树脂装饰层强化地板。③按表面图案不同分类。按表面图案不同，可分为浮雕强化地板和光面强化地板。④按主要用途不同分类。按其主要用途不同，可分为公共场所用强化地板（耐磨转数≥9000 转）和家庭用强化地板（耐磨转数≥6000 转）。⑤按甲醛释放量不同分类。按甲醛释放量不同，可分为 A 类强化地板（甲醛释放量：≤9mg/100g）和 B 类强化地板（甲醛释放量：9～40mg/100g）。

405

（四）强化地板的技术要求

根据国家标准《浸渍纸层压木质地板》（GB/T 18102—2007）中的规定，强化地板产品按其外观质量、理化性能指标等，可分为优等品、一等品和合格品三个等级。强化地板的外观质量要求如表8-11所示，强化地板的理化性能指标如表 8-12 所示。

强化地板的外观质量要求　　　表 8-11

缺陷名称	板的正面			板的反面
	优等品	一等品	合格品	
干湿花	不允许		总面积不超过板面的 25%	允许
表面划痕	不允许			不允许露出基材
表面压痕	不允许			不允许
透底现象	不允许			不允许
光泽不均	不允许		总面积不超过板面的 25%	允许
污斑	不允许	$\leqslant 3mm^2$，允许 1 个/块	$\leqslant 10mm^2$，允许 1 个/块	允许

缺陷名称	板的正面			板的反面
	优等品	一等品	合格品	
鼓泡、鼓包	不允许			≤10mm²，允许1个/块
分层	不允许			≤10mm²，允许1个/块
纸张撕裂	不允许			≤10mm²，允许1个/块
局部缺纸	不允许			允许
崩边	不允许			不允许
表面龟裂	不允许			不允许
榫舌及边角缺损	不允许			不允许

强化地板的理化性能指标　　表 8-12

检验项目	单位	优等品	一等品	合格品
静曲强度	MPa	≥40.0		≥30.0
内结合强度	MPa	≥1.0		
含水率	%	3.0～10.0		
密度	g/cm³	≥0.80		
吸水厚度膨胀率	%	≤2.5	≤4.5	≤10.0

检验项目	单位	优等品	一等品	合格品
表面胶合强度	MPa	≥1.0		
表面耐冷热循环	—	无龟裂、无鼓泡		
表面耐划痕	—	≥3.5N 表面无整圈连续划痕	≥3.0N 表面无整圈连续划痕	≥2.0N 表面无整圈连续划痕
尺寸稳定性	mm	≤0.50		
表面耐磨性	转	家庭用耐磨转数≥6000 转；公共场所用耐磨转数≥9000 转		
表面耐香烟灼烧	—	无黑斑、裂纹和鼓泡		—
表面耐干热性	—	无龟裂、无鼓泡		
表面耐污染腐蚀	—	无污染、无腐蚀		—
表面耐龟裂性	—	0 级	1 级	
表面耐水蒸气	—	无突起变色和龟裂		
抗冲击性能	mm	≤9	≤12	
甲醛释放量	mg/100g	A 类：≤9		
		B 类：9～40		

四、实木集成地板

实木集成地板是指用两块或两块以上实木规格料经平面胶拼制而成的企口地板。现行行业标准《实木集成地板》（LY/T 1614—2011）中规定，实木集成地板按表面有无涂饰，可分为涂饰实木集成地板和未涂饰实木集成地板；按地板的拼装方式不同，可分为普通企口实木集成地板和卡扣实木集成地板；根据产品的外观质量，可分为优等品、一等品和合格品。

现行行业标准《实木集成地板》（LY/T 1614—2011）中对实木集成地板的一般要求为：实木集成地板两端规格料（不含榫）保留长度不小于 50mm；常用树种为柞木、桦木、槭木、水曲柳、山毛榉、枫木等；同一地板的树种应一致；纵向拼接应采用指接方式接长。实木集成地板的外观质量要求见表8-13，实木集成地板的规格尺寸和尺寸偏差见表8-14，实木集成地板的理化性能指标见表8-15。

实木集成地板的外观质量要求　　**表8-13**

名　称	项　　目	正面			背面
		优等品	一等品	合格品	
死节	最大单个长径(mm)	不允许	≤3	≤5	30
	个数	长度≤1m时，≤4个；长度>1m时，≤6个			

名　称	项　目	正面			背面
		优等品	一等品	合格品	
活节	最大单个长径(mm)	≤10	允许		
孔洞(含虫洞)	最大单个长径(mm)	不允许		3,需修补	不限,需修补
夹皮	最大单个长度(mm)	不允许		30	不限
	最大单个宽度(mm)			4	
腐朽	—	不允许			
树脂道(树胶道)	最大单个长度(mm)	不允许	≤20	≤30	不限
	最大单个宽度(mm)		≤2	≤3	
变色	不得超过板面积(%)	不允许	5,板面色泽应协调	20,板面色泽应基本协调	不限
裂缝	—	不允许			不限
表面拼接离缝	横拼 最大单个宽度(mm)	0.1	0.2	0.2	不限
	横拼 最大单个长度不超过板长的(%)	5	10	20	
	纵拼 最大单个宽度(mm)	0.1	0.2	0.5	

410

名 称	项 目	正面			背面
		优等品	一等品	合格品	
相邻横拼板的纵接缝距离（mm）	—	≥80	≥60	≥50	—
规格料长度(不含榫)(mm)	—	≥200	≥150	≥100	
榫舌残缺	不超过榫舌全长(%)	不允许	10	20	—
	残榫的宽度(mm)		≤2		
钝棱	长不超过板长(%)	不允许			30
	宽不超过板长(%)				20
未刨部分和刨痕	—	不允许	不明显		不限
波纹	—	不允许	不明显		不限
板面污染	不超过板面积(%)	不允许		1	不限
划痕		不允许	不明显		不限
漆膜鼓泡	直径≤0.5mm	不允许	每块板不超过3个		不限

411

名　称	项　　目	正面			背面
		优等品	一等品	合格品	
针孔	直径≤0.5mm	不允许	每块板不超过 3 个		不限
皱皮	不超过板面积（%）	不允许		1	不限
粒子	—	不允许		不明显	不限
漏漆	—	不允许			不限

实木集成地板的规格尺寸和尺寸偏差　表 8-14

幅面及厚度尺寸(mm)		
长度	宽度	厚度
450～2200	60～450	10～40

尺寸偏差要求	
项目	具体要求
厚度偏差	公称厚度 t_n 与平均厚度 t_e 之差绝对值≤0.3mm 厚度最大值 t_{max} 与最小值 t_{min} 之差≤0.4mm
幅面净长偏差	公称长度 l_n≤1500mm 时，l_n 与每个测量值 l_m 之差绝对值≤1.0mm 公称长度 l_n＞1500mm 时，l_n 与每个测量值 l_m 之差绝对值≤2.0mm

尺寸偏差要求

项目	具体要求
幅面净宽偏差	公称宽度 ω_n 与平均宽度 ω_e 之差绝对值 $\leqslant 0.3$mm
	宽度最大值 ω_{max} 与最小值 ω_{min} 之差 $\leqslant 0.3$mm
翘曲度	宽度方向 $f_w \leqslant 0.20\%$；长度方向 $f_1 \leqslant 1.00\%$
拼装离缝	最大值 $o_{max} \leqslant 0.30$mm
拼装高度差	最大值 $h_{max} \leqslant 0.30$mm

注：经供需双方协议可生产其他幅面尺寸的产品。

实木集成地板的理化性能指标 表 8-15

检验项目	性能指标
浸渍剥离	单个试件两端胶线剥离总长度不超过两端胶线长度总和的 10%，且每个胶线剥离长度不超过该胶线长度的 1/3
抗弯载荷(N)	公称厚度小于或等于 16mm 时，破坏载荷平均值 $\geqslant$200N，最小值 $\geqslant$160N；公称厚度大于 16mm，小于或等于 18mm 时，破坏载荷平均值 $\geqslant$300N，最小值 $\geqslant$240N；公称厚度大于 18mm，小于或等于 20mm 时，破坏载荷平均值 $\geqslant$400N，最小值 $\geqslant$320N；公称厚度大于 20mm 时，破坏载荷平均值 $\geqslant$500N，最小值 $\geqslant$400N

检验项目	性能指标
含水率(%)	7~14
漆膜附着力	不低于 2 级
表面耐磨性(g/100r)	≤0.15,且漆膜未磨透
表面耐污染	不低于 2 级
甲醛释放量(mg/L)	≤1.5

注：若是无横向拼接的实木集成地板,不测试浸渍剥离性能。

第二节　木质饰面材料板

在建筑装饰工程中所用的木质饰面材料板,除天然的木质板材之外,人造板材是使用量最大的一种板材。凡以木材或木质碎料等为主要原料,进行各种加工处理而制成的板材,统称为木质人造板材。木质人造板材可以科学合理地利用木材,大大提高木材的利用率,是对木材进行综合利用的主要途径。

人造板材就是利用木材在加工过程中产生的边角废料,添加化工胶粘剂制作而成的板材。人造板材种类很多,常用的有刨花板、中密度板、细木工板、胶合板,以及防火板等装饰型人造板。由于这些人造板材它们有各自不同的特点，可以应用于不同的家具制造领域。

一、细木工板

细木工板系指板芯用木条、蜂窝材料组拼，上下两面各自胶贴一层或二层单板制成的人造板。细木工板具有质轻、易加工、钉固牢靠、不易变形等优点，是室内装修和高档家具制作的理想材料。根据现行国家标准《细木工板》（GB/T 5849—2006）中的规定，本标准适用于实心细木工板，而不适用于空心细木工板。

（一）细木工板的分类方法

细木工板的分类方法主要包括：①按板芯的结构不同，可分为实心细木工板和空心细木工板；②按板芯的拼接状况不同，可分为胶液拼接的细木工板和不用胶液拼接的细木工板；③按表面加工状况不同，可分为单面砂光细木工板、两面砂光细木工板和不砂光细木工板；④按使用环境不同，可分为室内用细木工板和室外用细木工板；⑤按板的层数不同，可分为三层细木工板、五层细木工板和多层细木工板；⑥按板的用途不同，普通用细木工板和建筑用细木工板。

（二）细木工板外观分等的允许缺陷

阔叶树材细木工板外观分等的允许缺陷，应符

合表 8-16 中的规定。针叶树材细木工板外观分等
的允许缺陷，应符合表 8-17 中的规定。

阔叶树材细木工板外观分等的允许缺陷　表 8-16

缺陷种类	检验项目		技术要求			背板
			面板			
			优等品	一等品	合格品	
针节	—		允许	允许	允许	允许
活节	最大单个直径(mm)		10	20	不限	不限
半活节死节夹皮	每平方米板面上总个数		不允许	4	6	不限
	半活节	最大单个直径(mm)	不允许	15(自 5 以下不计)	不限	不限
	死节	最大单个直径(mm)	不允许	4(自 2 以下不计)	15	不限
	夹皮	最大单个长度(mm)	不允许	20(自 5 以下不计)	不限	不限
木材异常结构	—		允许	允许	允许	允许
裂缝	每米板宽度范围内的条数		不允许	1	2	不限
	最大单个宽度(mm)		不允许	1.5	3.0	6.0
	最大单个长为板长的百分比(%)		不允许	10	15	30

缺陷种类	检验项目	技术要求			背板
		面板			
		优等品	一等品	合格品	
虫孔、钉孔、孔洞	最大单个直径(mm)	不允许	4	8	15
	每平方米板面上的个数	不允许	4	不呈筛孔状不限	
变色①	不超过板面积的(%)	不允许	30	不限	不限
腐朽	—	不允许	不允许	允许初腐,面积不超过板面积1%	允许初腐
表面拼接离缝	最大单个宽度(mm)	不允许	0.5	1.0	2.0
	最大单个长度为板长的百分比(%)	不允许	10	30	50
	每米板宽度内的条数	不允许	1	2	不限
表板叠层	最大单个宽度(mm)	不允许	不允许	8	不限
	最大单个长度为板长的百分比(%)	不允许	不允许	20	不限

缺陷种类	检验项目		技术要求			
			面板			背板
			优等品	一等品	合格品	
芯板叠层分离	紧贴表板的芯板的叠层分离	最大单个宽度(mm)	不允许	2	8	10
		每米板长内条数	不允许	2	不限	不限
	其他各层离缝的最大宽度(mm)		不允许	10	10	—
鼓泡、分层	—		不允许	不允许	不允许	
凹陷、压痕、鼓包	最大单个面积(mm²)		不允许	50	400	不限
	每平方米板面上的个数		不允许	1	20	不限
毛刺沟痕	不超过板面积的百分比(%)		不允许	1	20	不限
	深度不超过(mm)		不允许	0.4	不允许穿透	
表板砂透	每平方米板面上(mm²)		不允许	不允许	400	10000
透胶及其他人为污染	不超过板面积的百分比(%)		不允许	0.5	10	30

缺陷种类	检验项目	技术要求			背板
		面板			
		优等品	一等品	合格品	
补片、补条	允许制作适当且填补牢固的,每平方米板面上的数	不允许	3	不限	不限
	不超过板面积的百分比(%)	不允许	0.5	3.0	不限
	缝隙不超过(%)	不允许	0.5	1.0	2.0
内含铅质书钉	—	不允许	不允许	不允许	不允许
板边缺损	基本幅面内不超过(mm)	不允许	不允许	10	10
其他缺损		不允许	按最类似缺陷考虑		

注:浅色斑条按变色计:一等品板深色斑条宽度不允许超过 2mm,长度不允许超过 20mm,桦木除优等品板材外,允许有伪芯材,但一等品板的色泽应调和;桦木一等品板材不允许有密集的褐色或黑色髓斑;优等品和一等品板材的异色边芯材按变色计。

针叶树材细木工板外观分等的允许缺陷　表 8-17

缺陷种类	检验项目		技术要求			
			面板			背板
			优等品	一等品	合格品	
针节	—		允许	允许	允许	允许
活节半活节死节	活节	每平方米板面上总个数	5	8	10	不限
		最大单个直径（mm）	20	30（自10以下不计）	不限	不限
	半活节、死节	最大单个直径（mm）	不允许	5	30（自10以下不计）	不限
木材异常结构	—		允许	允许	允许	允许
夹皮树脂道	每平方米板面上的总个数		3	4（自10以下不计）	10（自15以下不计）	不限
	单个最大长度（mm）		15	30	不限	不限
裂缝	每米板宽度范围内的条数		不允许	1	2	不限
	最大单个宽度（mm）		不允许	1.5	3.0	6.0
	最大单个长为板长的百分比（%）		不允许	10	15	30

420

缺陷种类	检验项目	技术要求			背板
		面板			
		优等品	一等品	合格品	
虫孔、钉孔、孔洞	最大单个直径（mm）	不允许	2	6	15
	每平方米板面上的个数	不允许	4	10（自 3 以下不计）	不呈筛孔状不限
变色①	不超过板面积的（%）	不允许	浅色 10	不限	不限
腐朽	—	不允许	不允许	允许初腐，面积不超过板面积 1%	允许初腐
表面拼接离缝	最大单个宽度（mm）	不允许	0.5	1.0	2.0
	最大单个长度为板长的百分比（%）	不允许	10	30	50
	每米板宽度内的条数	不允许	1	2	不限
表板砂透	每平方米板面上（mm²）	不允许	不允许	400	10000

421

缺陷种类	检验项目	技术要求			背板
		面板			
		优等品	一等品	合格品	
表板叠层	最大单个宽度(mm)	不允许	不允许	2	10
	最大单个长度为板长的百分比(%)	不允许	不允许	20	不限
芯板叠层分离	紧贴表板的芯板的叠层分离 最大单个宽度(mm)	不允许	2	4	10
	每米板长内条数	不允许	2	不限	不限
	其他各层离缝的最大宽度(mm)	不允许	10	10	—
鼓泡、分层	—	不允许	不允许	不允许	
凹陷、压痕鼓包	最大单个面积(mm²)	不允许	50	400	不限
	每平方米板面上的个数	不允许	2	6	不限
毛刺沟痕	不超过板面积的百分比(%)	不允许	5	20	不限
	深度不超过(mm)	不允许	不允许穿透		

缺陷种类	检验项目	技术要求			
		面板			背板
		优等品	一等品	合格品	
透胶及其他人为污染	不超过板面积的百分比(%)	不允许	0.5	10	30
补片、补条	允许制作适当且填补牢固的,每平方米板面上的数	不允许	6	不限	不限
	不超过板面积的百分比(%)	不允许	1	5	不限
	缝隙不超过(%)	不允许	0.5	1.0	2.0
内含铅质的书钉	—	不允许	不允许	不允许	不允许
板边缺损	基本幅面内不超过(mm)	不允许	不允许	10	10
其他缺损	—	不允许	按最类似缺陷考虑		

（三）细木工板外观分等的规格尺寸和偏差

细木工板外观分等的规格尺寸和偏差，应符合表 8-18 的规定。

细木工板外观分等的规格尺寸和偏差　表 8-18

项目	技　术　指　标					
宽度和长度(mm)	宽度	长度				
	915	915	—	1830	2135	—
	1220	—	1220	1830	2135	2440
厚度偏差 (mm)	基本厚度	不砂光		砂光(单面或双面)		
		每张板厚度公差	厚度偏差	每张板厚度公差	厚度偏差	
	≤16	1.0	±0.6	0.6	±0.4	
	>16	1.2	±0.8	0.8	±0.6	
垂直度	相邻近的边垂直度不超过 1.0mm/m					
边缘的顺直度	不超过 1.0mm/m					
翘曲度	优等品不超过 0.1%,一等品不超过 0.2%,合格品不超过 0.3%					
波纹度	砂光表面波纹度不超过 0.3mm,不砂光表面波纹度不超过 0.5mm					

（四）细木工板外观分等的其他方面的要求

（1）细木工板板芯部的质量要求。细木工板板芯部的质量要求，应符合表 8-19 的规定。

细木工板板芯部的质量要求　　表8-19

项　目	技　术　指　标
相邻近"芯条"的接缝间距	沿着板材的长度方向,相邻近两排"芯条"的两个端部接缝的距离不小于50mm
细木工板的"芯条"长度	不小于100mm
"芯条"的宽厚比	"芯条"的宽度与厚度之比不大于3.5
"芯条"侧面缝隙和"芯条"端面缝隙	"芯条"的侧面缝隙不超过1mm,"芯条"的端面缝隙不超过3mm
板芯的修补	板芯可以允许用木条、木块和单板进行加胶修补

（2）细木工板的含水率、横向静曲强度、浸渍剥离性能要求，应符合表8-20中的规定。

细木工板的含水率、横向静曲强
度、浸渍剥离性能要求　　表8-20

检验项目		指标值	检验项目	指标值
含水率（%）		6.0～14.0	表面胶合强度（MPa）	≥0.60
横向静曲强度（MPa）	平均值	≥15.0	浸渍剥离性能（mm）	试件每个胶层上的每一边剥离长度均不超过25mn
	最小值	≥12.0		

（3）细木工板的胶合强度要求。细木工板的胶合强度要求，应符合表8-21中的规定。

425

细木工板的胶合强度要求

（单位：MPa）   表 8-21

树　　　种	技术指标
椴木、杨木、拟赤杨、泡桐、柳安、杉木、奥克榄、白梧桐、海棠木	≥0.70
水曲柳、荷木、枫香、槭木、榆木、柞木、阿必东、克隆、山樟	≥0.80
桦木	≥1.00
马尾松、云南松、落叶松、辐射松	≥0.80

注：1. 其他国产阔叶树材或针叶树材制成的细木工板，其胶合强度指标值可根据其密度分别比照本表所规定的椴木、水曲柳或马尾松的指标值；其他热带阔叶树材制成的细木工板，其胶合强度指标值可根据树种的密度比照本表的规定。密度自 $0.60g/cm^3$ 以下的采用柳安的指标值，超过的则采用阿必东的指标值。供需双方对树种的密度有争议时，按 GB/T 1933 的规定制定。
　　2. 三层细木工板不进行胶合强度和表面胶合强度检验。
　　3. 当表板的厚度＜0.55mm 时，细木工板不进行胶合强度检验；当表板的厚度≥0.55mm 时，五层及多层细木工板不进行表面胶合强度和浸渍剥离检验。
　　4. 对于不同树种搭配制成的细木工板的胶合强度指标值，应取各树种中要求量小的指标值。
　　5. 在确定胶合强度的换算系数时，应根据表板和芯板的厚度。
　　6. 如测定胶合强度试件的平均木材破坏率超过 80% 时，则其胶合强度指标值可比本表所规定的值低 0.20MPa。

二、胶合板

胶合板是由木段旋切成单板或由木方刨切成薄

426

木,再用胶粘剂胶合而成的三层或多层的板状材料,通常用奇数层单板,并使相邻层单板的纤维方向互相垂直胶合而成。胶合板能有效地提高木材利用率,是节约木材的一个主要途径。可供飞机、船舶、火车、汽车、家具、建筑装饰和包装箱等作用材。根据现行国家标准《普通胶合板》(GB/T 9846—2015)中的规定,本标准适用于所有普通的胶合板。

（一）胶合板的分类和特性

胶合板的分类和特性,应符合《普通胶合板》(GB/T 9846—2015)中的规定,具体规定见表8-22。

胶合板的分类和特性 表8-22

分类		名称	说　明
按总体外观分	按板的构成分	单张胶合板	一组单板通常按相邻层木纹方向互相垂直组坯胶合而成
		木芯胶合板	细木工板：板芯由木条组成,木条之间可以胶黏,也可以不胶黏 层积板：板芯由一种蜂窝结构组成,板芯的两侧通常至少有两层木纹互相垂直排列的单板
		复合胶合板	板芯由除实体木材或单板之外的材料组成
	按外形和形状分	平面胶合板	未进一步加工的胶合板
		成型胶合板	在压模中加压成型的非平面状胶合板

427

分类		名称	说　　明
按主要特征分	按耐久性能分		按耐久性能不同可分为:室外条件下使用、潮湿条件下使用和干燥条件下使用
	按加工表面状况分	未砂光板	表面未经砂光机砂光的胶合板
		砂光板	表面经过砂光机砂光的胶合板
		贴面	表面复贴装饰单板、薄膜、浸渍纸等的胶合板
		预饰面板	制造时已进行专门表面处理,使用时不需要再修饰的胶合板
按最终使用者要求分	按用途不同分	普通胶合板	Ⅰ类胶合板:耐气候胶合板,供室外条件下使用,能通过煮沸试验; Ⅱ类胶合板:耐水胶合板,供潮湿条件下使用,通过 63±3℃热水浸渍试验; Ⅲ类胶合板:不耐潮胶合板,供干燥条件下使用,能通过干燥试验
		特种胶合板	能满足专门用途的胶合板,如具有限定力学性能要求的结构胶合板、装饰胶合板、成型胶合板、星形组合胶合板、斜接和横接胶合板

（二）胶合板的尺寸公差

胶合板的尺寸公差,应符合《普通胶合板》（GB/T 9846—2015）中的规定,具体规定见表8-23。

胶合板的尺寸公差　　　　表 8-23

胶合板的幅面尺寸(mm)

宽度	长　度				
	915	1220	1830	2135	2440
915	915	1220	1830	2135	—
1220	—	1220	1830	2135	2440

注:1. 特殊尺寸可由供需双方协议;

2. 胶合板长度和宽度公差为±2.5mm

胶合板的厚度公差(mm)

公称厚度(t)	未砂光板		砂光板	
	每张板内的厚度允许差	厚度允许偏差	每张板内的厚度允许差	厚度允许偏差
2.7、3.0	0.5	+0.4, —0.2	0.3	±0.2
3<t<5	0.7	+0.5, —0.3	0.3	±0.3
5≤t≤12	1.0	+(0.8+0.03t)	0.6	+(0.8+0.03t)
12<t≤25	1.5	—(0.4+0.03t)	0.6	—(0.4+0.03t)

胶合板的翘曲度限值

厚度	等级		
	优等品	一等品	合格品
公称厚度(自 6mm 以上)	≤0.5%	≤1.0%	≤2.0%

（三）普通胶合板通用技术条件

普通胶合板通用技术条件，应符合《普通胶合板》（GB/T 9846—2015）中的规定，具体规定见表 8-24。

普通胶合板通用技术条件　　表 8-24

胶合板的含水率		
胶合板的材种	含水率（%）	
	Ⅰ、Ⅱ类	Ⅲ类
阔叶树材（含热带阔叶树材）、针叶树材	6～14	6～16

胶合板的强度指标值		
树 种 名 称	类别	
	Ⅰ、Ⅱ类	Ⅲ类
椴木、杨木、拟赤杨、泡桐、柳安、杉木、奥克榄、白梧桐、海棠木	≥0.70	≥0.70
水曲柳、荷木、枫香、槭木、榆木、柞木、阿必东、克隆、山樟	≥0.80	
桦木	≥1.00	
马尾松、云南松、落叶松、辐射松	≥0.80	

胶合板的甲醛释放限量		
级别标志	限量值（g/L）	备　注
E_0	≤0.5	可直接用于室内

430

胶合板的甲醛释放限量

级别标志	限量值(g/L)	备　注
E₁	≤1.5	可直接用于室内
E₂	≤5.0	必须饰面处理后方可允许用于室内

三、难燃胶合板

难燃胶合板是由木段旋切成单板或由木方刨切成薄木，对单板进行阻燃处理后再用胶粘剂胶合而成的三层或多层的板状材料，通常用奇数层单板，并使相邻层单板的纤维方向互相垂直胶合而成。根据现行国家标准《难燃胶合板》（GB/T 18101—2013）中的规定，本标准适用于难燃普通胶合板及难燃装饰单板贴面胶合板。

（一）难燃胶合板的分类方法

难燃胶合板按其表面状况不同，可分为难燃的普通胶合板和难燃装饰单板贴面胶合板。难燃的普通胶合板系指经过阻燃处理后，燃烧性能符合《建筑材料及制品燃烧性能分级》（GB 8624—2012）中B级要求的普通胶合板。难燃装饰单板贴面胶合板系指经过阻燃处理后，燃烧性能符合《建筑材料及制品燃烧性能分级》（GB 8624—2012）中B级要求的装饰单板贴面胶合板。

（二）难燃胶合板的尺寸、公差和结构

（1）难燃胶合板的尺寸和公差，应符合下列要求：

① 难燃胶合板的规格尺寸，长度和宽度公差、厚度公差，应符合《普通胶合板》（GB/T 9846—2015）或《装饰单板贴面人造板》（GB/T 15104—2006）中的相应规定。

② 难燃胶合板的两对角线长度之差及翘曲度，应符合《胶合板 第3部分：普通胶合板通用技术条件》（GB/T 9846.3—2004）或《装饰单板贴面人造板》（GB/T 15104—2006）中的相应规定。

③ 难燃胶合板的四边边缘不直度，不得超过1mm/m。

（2）难燃胶合板的结构。难燃胶合板的结构应符合下列要求：

① 难燃普通胶合板的结构，应符合《普通胶合板》（GB/T 9846—2015）中的规定。

② 难燃装饰单板贴面胶合板基材和装饰单板，应符合《装饰单板贴面人造板》（GB/T 15104—2006）中的规定。

③ 面板树种或装饰单板树种，应为该胶合板的树种。

（三）难燃胶合板的技术性能要求

难燃胶合板的技术性能要求，应符合表 8-25 中的规定。

难燃胶合板的技术性能要求　　表 8-25

项　目		技术性能要求
外观质量要求	等级	难燃普通胶合板	分为特等、一等、二等及三等四个等级。各等级的允许缺陷应符合《普通胶合板》（GB/T 9846—2015）中的规定
		难燃装饰单板贴面胶合板	分为优等品、一等品及合格品三个等级，各等级装饰面的外观质量要求，应符合《装饰单板贴面人造板》（GB/T 15104—2006）中的规定
	表板的拼接要求		表板的拼接要求，应符合《普通胶合板》（GB/T 9846—2015）中的规定
	表板对阻燃剂渗析要求	难燃普通胶合板	特等品和一等品：不允许；二等品和三等品：允许轻微
		难燃装饰单板贴面胶合板	优等品和一等品：不允许；合格品：允许轻微

项　目		技术性能要求
物理力学性能	难燃普通胶合板　含水率(%)	6～14
	胶合强度(MPa)	≥0.70
	难燃装饰单板贴面胶合板　含水率(%)	6～14
	浸渍剥离试验	试件贴面胶层与胶合板每个胶层上的每一边剥离长度不得超过25mm
	表面胶合强度(MPa)	≥0.50
胶黏性能		应符合《普通胶合板》(GB/T 9846—2015)中的Ⅰ类胶合板或Ⅱ类胶合板的要求
燃烧性能		难燃胶合板的燃烧性能,应符合《建筑材料及制品燃烧性能分级》(GB 8624—2012)中所规定的难燃材料 B1 级的要求:①达到《建筑材料可燃性试验方法》(GB/T 8626—2007)所规定的指标,且不允许有燃烧滴落物质引燃纸的现象;②每组试件燃烧平均剩余长度≥15cm(其中任一试件的剩余长度>0cm),且每次测试的烟气温度峰值≤200℃;烟密度等级(SDR)≤75

四、刨切单板

刨切单板是指刨切机刨刀从木段切下的薄木片,这种单板主要用做人造板表面装饰材料,厚度较大

434

的单板也可用做胶合板、复合地板的表层材料。根据现行国家标准《刨切单板》（GB/T 13010—2006）中的规定，本标准适用于作为成品装饰材料用的天然木质刨切单板。

（一）刨切单板的分类方法

刨切单板的分类方法主要包括：①刨切单板按板的表面花纹分类，可分为径向单板和纵向单板；②刨切单板按板边的加工状况分类，可分为毛边单板和齐边单板；③刨切单板按板的加工方式分类，可分为横向刨切单板和纵向刨切单板。

（二）刨切单板的外观质量要求

刨切单板的外观质量要求，应符合表 8-26 中的规定。

刨切单板的外观质量要求　　　表 8-26

检 测 项 目			各等级允许缺陷		
			优等品	一等品	合格品
装饰性		美感	板材色彩和花纹美观		
		花纹一致性（仅限于有要求时）	花纹排列一致或基本一致		
活节	阔叶树材	最大单个长径(mm)	10	20	不限
	针叶树材		5	10	20

435

检测项目				各等级允许缺陷		
				优等品	一等品	合格品
死节、孔洞夹皮、树脂道等	死节、孔洞、夹皮、树脂道等	每米长板面上总个数	板宽≤120mm	0	1	2
			板宽>120mm	0	2	3
	半活节	最大单个长径(mm)		不允许	10(小于5不计)	20(小于5不计)
	死节、虫孔、孔洞	最大单个长径(mm)		不允许	不允许	4(小于2不计)
	夹皮	最大单个长径(mm)		不允许	不允许	20(小于10不计)
	树脂道、树胶道	最大单个长径(mm)		不允许	15(小于5不计)	30(小于10不计)
材料色泽不匀、变色、褪色		色差		不易分辨	不明显	明显
腐朽		观察,程度		不允许	不允许	不允许
裂缝		最大单个宽度(mm)		闭合 开口	闭合 <0.2	闭合 <0.5
		长度不超过板长的百分比(%)		5 不允许	10 5	15 10

436

检 测 项 目		各等级允许缺陷		
		优等品	一等品	合格品
毛刺沟痕、刀痕、划痕	目测、手感、程度	不允许	不明显	轻微
边、角缺损		不允许有尺寸公差范围以内的缺损		

注：1. 装饰板面的材料色差，服从供需双方的确认，需要仲裁时应使用测色仪器检测。"不易分辨"为总色差小于 1.5；"不明显"为总色差 1.5～3.0；"明显"为总色差 3.0～6.0。

2. 经供需双方协商，可以允许表 8-26 以外的缺陷存在。

（三）刨切单板的规格尺寸及偏差

（1）刨切单板的规格尺寸及偏差，应符合表 8-27中的规定。

刨切单板的规格尺寸及偏差　　　表 8-27

名称	基本尺寸(mm)	允许偏差(mm)	名称	基本尺寸(mm)	允许偏差(mm)
厚度	<0.20	±0.02	长度	1930	±10.0
	0.20～0.50	±0.03		2235	±10.0
	0.51～1.00	±0.04		2540	±10.0
	1.01～2.00	±0.06	宽度	自 60 起	+5,0
	>2.00	±0.08	注：经供需双方商定，可生产其他规格的产品		

（2）单边单板每 1000mm 板长上的两端边宽度之差≤1.0mm。

（四）刨切单板的其他性能要求

（1）刨切单板用材的树种。生产刨切单板应选用材质细致均匀、花纹美观的树种，并根据不同用途合理选用。

（2）刨切单板含水率。刨切单板产品出厂时的含水率为 8%～16%，湿贴用刨切单的含水率不限。

（3）刨切单板表面粗糙度。当用户对表面粗糙度有要求时，建议采用《刨切单板》（GB/T 13010—2006）附录 A 中表 A.1 刨切单板表面粗糙度参数值的规定。

五、浸渍纸层压木质地板

浸渍纸层压木质地板也称为强化木地板，是以一层或多层专用纸浸渍热固性氨基树脂，铺装在刨花板、高密度纤维板等人造板基材表层，背面设置平衡层，正面设置耐磨层，经热压成型的地板。浸渍纸层压木质地板具有耐磨、款式丰富、抗冲击、抗变形、耐污染、阻燃、防潮、环保、不褪色、安装简便、易打理等特点。

根据现行国家标准《浸渍纸层压木质地板》（GB/T 18102—2007）中的规定，本标准适用于浸渍纸层压木质地板。

438

（一）浸渍纸层压木质地板的分类方法

浸渍纸层压木质地板的分类方法主要包括：①按地板的用途不同分类，可分为商用级浸渍纸层压木质地板、家用Ⅰ级浸渍纸层压木质地板、家用Ⅱ级浸渍纸层压木质地板；②按地板的基材不同分类，可分为以刨花板为基材的浸渍纸层压木质地板、以高密度纤维板为基材的浸渍纸层压木质地板；③按地板装饰层不同分类，可分为单层浸渍纸层压木质地板、热固性树脂浸渍纸高压装饰层积层压木质地板；④按表面图案不同分类，可分为浮雕浸渍纸层压木质地板、光面浸渍纸层压木质地板；⑤按表面耐磨等级不同分类，可分为商用级（≥9000r），家用Ⅰ级（≥6000r），家用Ⅱ级（≥4000r）。⑥按甲醛释放量分类，可分为 E_0 级浸渍纸层压木质地板、E_1 级浸渍纸层压木质地板。

（二）浸渍纸层压木质地板的规格尺寸及偏差

浸渍纸层压木质地板的规格尺寸及偏差，应符合表 8-28 中的规定。

浸渍纸层压木质地板的规格尺寸及偏差　表 8-28

浸渍纸层压木质地板的规格尺寸（mm）			
浸渍纸层压木质地板的幅面尺寸	厚度	榫舌宽度	其他规格
(600～2430)×(60～600)	6～15	≥3	由供需双方协议

浸渍纸层压木质地板的尺寸偏差(mm)

项目	尺寸偏差要求
厚度偏差	公称厚度与平均厚度之差绝对值≤0.5mm,厚度最大值与最小值之差≤0.5mm
面层净长偏差	公称长度≤1500mm时,公称长度与每个测量值之差绝对值≤1.0mm;公称长度>1500mm时,公称长度与每个测量值之差绝对值≤2.0mm
面层净宽偏差	公称宽度与平均厚度之差绝对值≤0.10mm,宽度最大值与最小值之差≤0.20mm
直角度	直角度的最大偏差≤0.2mm
边缘不直度	边缘不直度的最大偏差≤0.3mm/m
翘曲度	宽度方向凸翘曲度应≤0.20%,宽度方向凹翘曲度应≤0.15%;长度方向凸翘曲度应≤1.00%,长度方向凹翘曲度应≤0.50%
拼装离缝	拼装离缝的平均值应≤0.15mm,最大值应≤0.20mm
拼装高度差	拼装高度差的平均值应≤0.10mm,最大值应≤0.15mm

（三）浸渍纸层压木质地板的外观质量要求

浸渍纸层压木质地板各等级外观质量要求，应符合表 8-29 中的规定。

缺陷名称	地板正面		地板背面
	优等品	合格品	
干花与湿花	不允许	总面积不得超过板面的3%	允许
表面划痕	不允许	不允许	不允许露出基材
表面压痕和透底	不允许	不允许	不允许
光泽不均	不允许	总面积不得超过板面的3%	允许
污斑	不允许	面积≤10mm²，允许1个/块	允许
鼓泡与鼓包	不允许	不允许	面积≤10mm²，允许1个/块
纸张撕裂	不允许	不允许	长度≤100mm，允许1处/块
局部缺纸	不允许	不允许	面积≤20mm²，允许1处/块
崩边	不允许	不允许	允许
颜色不匹配	明显的不允许	明显的不允许	允许
表面龟裂与分层	不允许	不允许	不允许
榫舌及边角缺损	不允许	不允许	不允许

441

（四）浸渍纸层压木质地板的物理化学性能

浸渍纸层压木质地板的物理化学性能，应符合表 8-30 中的规定。

浸渍纸层压木质地板的物理化学性能 表 8-30

项目	性能指标	项目	性能指标
静曲强度（MPa）	≥35.0	内部结合强度（MPa）	≥1.0
含水率（%）	3.0～10.0	密度（g/cm³）	≥0.88
吸水厚度膨胀率（%）	≤18.0	表面胶合强度（MPa）	≥1.0
表面耐冷热循环	无龟裂、无鼓泡	表面耐划痕	4.0N 表面装饰花纹无划破
尺寸稳定性（mm）	≤0.9	表面耐香烟灼烧	无黑斑、裂纹和鼓泡
表面耐干热	无龟裂、无鼓泡	表面耐污染腐蚀	无污染、无腐蚀
表面耐龟裂	用 6 倍放大镜观察，表面无裂纹	抗冲击（mm）	≤10
		甲醛释放量［mg/100g］	E₀级：≤0.5；E₁级：≤1.5
表面耐磨（r）	商用级：≥9000，家用Ⅰ级：≥6000，家用Ⅰ级：≥4000	耐光色牢度（级）	≥灰色样卡 4 级

六、浸渍胶膜纸饰面人造板

浸渍胶膜纸饰面人造板一般由胶膜纸、基材组成。浸渍胶膜纸饰面人造板，与实木锯材相比，具有原材料要求低、来源广泛，木材利用率高，产品规格多，加工性能好，以及表面装饰多样化，且表面具有耐磨、耐热、耐水、耐化学污染以及表面光滑光洁易清洗等优良性能。根据现行国家标准《浸渍胶膜纸饰面人造板》（GB/T 15102—2006）中的规定，本标准适用于以浸渍氨基树脂的胶膜纸，铺装在刨花板、纤维板等基材人造板表面，经热压而成的装饰板材，但不适用于浸渍纸层压木质地板。

（一）浸渍胶膜纸饰面人造板的分类方法

浸渍胶膜纸饰面人造板的分类方法主要包括：①按人造板的基材不同分类，可分为浸渍胶膜纸饰面刨花板、浸渍胶膜纸饰面纤维板；②按装饰面的数量不同分类，可分为浸渍胶膜纸单饰面人造板、浸渍胶膜纸双饰面人造板；③按人造板表面状态不同分类，可分为平面浸渍胶膜纸饰面人造板、浮雕浸渍胶膜纸饰面人造板。

（二）浸渍胶膜纸饰面人造板的规格尺寸及偏差

浸渍胶膜纸饰面人造板的规格尺寸及偏差，应符合表 8-31 中的规定。

浸渍胶膜纸饰面人造板的
规格尺寸及偏差　　　　表8-31

幅面尺寸及偏差	长度(mm)	宽度(mm)	允许偏差(mm/m)	项目	允许偏差
	2440	1220	±2.0	厚度偏差	不得超过±0.3mm
	2440	1525		垂直度偏差	不得超过1mm/m
	2440	1830		边缘顺直度偏差	不得超过1mm/m
	2610	2070		翘曲度	厚度为6~12mm的翘曲不得超过0.5%;厚度为大于12mm的翘曲度不得超过0.3%
	2700	2070			

（三）浸渍胶膜纸饰面人造板的外观质量要求

浸渍胶膜纸饰面人造板的外观质量要求，应符合表8-32中的规定。

浸渍胶膜纸饰面人造板的
外观质量要求　　　　表8-32

缺陷名称	优等品		一等品		合格品	
	正面	背面	正面	背面	正面	背面
干、湿花	不允许		不允许	总面积不超过板面的3%,允许	距板边5mm内,允许	总面积不超过板面的5%,允许

444

缺陷名称	优等品正面	优等品背面	一等品正面	一等品背面	合格品正面	合格品背面
污斑	不允许		任意 1m² 板面内 ≤3mm² 允许 1 处	任意 1m² 板面内 3～30mm² 允许 1 处	任意 1m² 板面内 3～30mm² 允许 1 处	任意 1m² 板面内 5～30mm² 允许 5 处
表面划痕	不允许		不允许	任意 1m² 板面内长度≤100mm 允许 2 处,影响装饰层的不允许		任意 1m² 板面内长度≤200mm 允许 4 处,影响装饰层的不允许
表面压痕	不允许		不允许	不允许	不允许	任意 1m² 板面内 20～50mm² 允许 1 处
透底	不允许		不允许	明显的不允许	明显的不允许	明显的不允许
纸板错位	不允许		不允许	宽度不得超过 10mm,只允许一边有		
表面孔隙	不允许		不允许	表面孔隙总面积不超过板面的 3%允许		
颜色不匹配	明显的不允许		明显的不允许	明显的不允许	明显的不允许	明显的不允许

缺陷名称	优等品		一等品		合格品	
	正面	背面	正面	背面	正面	背面
光泽不均	明显的不允许		明显的不允许	明显的不允许	明显的不允许	明显的不允许
鼓泡	不允许		不允许	不允许	不允许	任意 1m² 板面内≤10mm² 允许 1 个
纸张撕裂	不允许		不允许	≤100mm,允许 1 处/张		
局部缺纸	不允许		不允许	不允许	不允许	≤10mm²,允许 1 处/张
崩边	不允许	不允许		不允许	不允许	≤3mm

注：1. 表中未列入影响使用和装饰效果的严重缺陷，如表面龟裂、分层、边角缺陷（在基本尺寸内）等，各等级产品均不允许。

2. 浸渍胶膜纸饰面人造板的装饰面外观质量应符合表中正面的要求，其背面不应有影响使用的缺陷。

（四）浸渍胶膜纸饰面人造板的物理化学性能

浸渍胶膜纸饰面纤维板的物理化学性能，应符合表 8-33 中的规定。浸渍胶膜纸饰面刨花板的物理化学性能，应符合表 8-34 中的规定。

浸渍胶膜纸饰面纤维板的
物理化学性能　　表 8-33

检验项目	纤维板密度 0.6～0.8g/cm²				密度大于 0.8g/cm²
	基本厚度(mm)				
	≤13.0	13.0～20.0	20.0～25.0	＞25.0	
静曲强度(MPa)≥	22.0	20.0	18.0	17.0	30.0
内部结合强度(MPa)≥	0.55	0.45	0.45	0.45	0.80
含水率(%)	3.0～10.0				
吸水厚度膨胀率(%)	≤8.0				
握螺钉力(N)	板面为≥1000,板边为≥700				
表面胶合强度(MPa)	≥0.60				≥1.00
表面耐冷热循环	无裂缝,无鼓泡				
表面耐划痕	≥1.5N 表面无整圈的连续划痕				
尺寸稳定性(%)	≤0.30				≤0.60
表面耐磨 磨耗值(mg/100r)	≤80				
表面耐磨 表面情况	图案:磨100r后应保留 50%以上花纹;素色:磨350r后应无露底现象				
表面耐香烟灼烧	黑斑、裂纹、鼓泡不允许				
表面耐干热	无龟裂、无鼓泡				

检验项目	纤维板密度 0.6～0.8g/cm²				密度大于0.8g/cm²
	基本厚度(mm)				
	≤13.0	13.0～20.0	20.0～25.0	>25.0	
表面耐污染腐蚀	无污染、无腐蚀				
表面耐龟裂	0～1级				
表面耐水蒸气	不允许有凸起、变色和龟裂				
耐光色牢度(灰色样卡)/级	≥4				

注: 1. 两类不同密度的浸渍胶膜纸双饰面纤维板的表面性能,两面均应符合本表的指标要求。

2. 经供需双方协议,可生产其他耐光色牢度级别的产品。

浸渍胶膜纸饰面刨花板的物理化学性能　　表 8-34

检验项目	基本厚度(mm)				
	≤13.0	13.0～20.0	20.0～25.0	25.0～32.0	>32.0
静曲强度(MPa)≥	16.0	15.0	14.0	12.0	10.0
内部结合强度(MPa)≥	0.40	0.35	0.30	0.25	0.20

检验项目	基本厚度（mm）				
	≤13.0	13.0～20.0	20.0～25.0	25.0～32.0	>32.0
含水率（%）	3.0～10.0				
吸水厚度膨胀率（%）	≤8.0				
握螺钉力（N）	板面为≥1000，板边为≥700				
表面胶合强度（MPa）	≥0.60				
表面耐冷热循环	无裂缝，无鼓泡				
表面耐划痕	≥1.5N 表面无整圈的连续划痕				
尺寸稳定性（%）	≤0.60				
表面耐磨	磨耗值（mg/100r）	≤80				
	表面情况	图案：磨100r后应保留50%以上花纹；素色：磨350r后应无露底现象				
表面耐香烟灼烧	黑斑、裂纹、鼓泡不允许				
表面耐干热	无龟裂、无鼓泡				
表面耐污染腐蚀	无污染、无腐蚀				
表面耐龟裂	0～1级				
表面耐水蒸气	不允许有凸起、变色和龟裂				

检验项目	基本厚度(mm)				
	≤13.0	13.0～20.0	20.0～25.0	25.0～32.0	>32.0
耐光色牢度 (灰色样卡)/级	≥4				

注：1. 两类不同密度的浸渍胶膜纸双饰面刨花板的表面性能，两面均应符合本表的指标要求。

2. 经供需双方协议，可生产其他耐光色牢度级别的产品。

七、模压刨花制品

刨花模压制品系用木材、竹材及一些农作物剩余物，直接胶粘装饰材料一次压制而成的产品。模压刨花制品根据使用环境不同，可分为室内用和室外用两类，建筑工程中常见的是室内用模压刨花制品。根据现行国家标准《模压刨花制品 第1部分：室内用》（GB/T 15105.1—2006）中的规定，本标准适用于室内用模压刨花制品。

（一）模压装饰层模压刨花制品的分类方法

模压装饰层模压刨花制品的分类方法主要包括：①按表面是否有装饰层分类，可分为有装饰层模压刨花制品和无装饰层模压刨花制品；②按使用的装饰材料分类，可分为三聚氰胺树脂浸渍胶膜纸装饰模压装饰层模压刨花制品、印刷纸装饰模压刨花制品、单板装饰模压刨花制品、织物装饰模压刨花制品、聚氯乙烯薄膜装饰模压刨花制品；③按装饰面数量不同分类，可分为单面装饰模压刨花制品、双面装饰模压刨花制品；④按加压的方式不同分类，可分为平压装饰模压刨花制品、挤压装饰模压刨花制品；⑤按使用的场所不同分类，可分为室内装饰模压刨花制品、室外装饰模压刨花制品。

（二）模压装饰层模压刨花制品的技术要求

模压装饰层模压刨花制品的外观质量：

① 三聚氰胺树脂浸渍胶膜纸装饰模压装饰层模压刨花制品装饰层的外观质量，应符合《浸渍胶膜纸饰面人造板》（GB/T 15102—2006）中表 1 的规定。

② 印刷纸装饰模压刨花制品装饰层的外观质量，应符合表 8-35 中的要求。

印刷纸装饰模压刨花制品的外观质量 表 8-35

缺陷名称	允许范围		
	优等品	一等品	合格品
边缘接缝	接缝宽度≤1mm,且不允许出现虚接		
侧面皱折	不允许	允许	允许
刨花显现	不允许	允许	允许

451

缺陷名称	允许范围		
	优等品	一等品	合格品
干、湿花	不允许	不允许	总面积不得超过板面的5%
污斑	不允许	面积≤20mm²的不多于3处	面积≤50mm²的不多于5处
压痕	不允许	面积≤20mm²的允许1处	面积≤20mm²的允许1处
划痕	不允许	长度20mm以下的允许1处	长度20mm以下的允许1处
颜色不匹配	不允许	总面积不得超过板面的3%	总面积不得超过板面的5%
光泽不均	不允许	不允许	总面积不得超过板面的5%

③ 单板装饰模压刨花制品装饰层的外观质量，应符合《装饰单板贴面人造板》（GB/T 15104—2006）中表3的规定。

④ 聚氯乙烯薄膜装饰模压刨花制品装饰层的外观质量，应符合《聚氯乙烯薄膜饰面人造板》（LY/T 1279—2008）中的规定。

⑤ 模压刨花制品的非装饰面外观质量，应符合表8-36中的规定。

452

模压刨花制品的非装饰面外观质量 表 8-36

缺陷名称	优等品	一等品	合格品
鼓泡	不允许	单个不大于 10cm² 允许 1 处	单个不大于 20cm² 允许 1 处
污斑	小于 5cm² 允许 1 处	单个不大于 20cm² 允许 1 处	单个不大于 20cm² 允许 1 处
分层	不允许	不允许	不大于 5cm² 允许 1 处

（三）模压装饰层模压刨花制品的理化性能

模压装饰层模压刨花制品的理化性能，应符合表 8-37 中的规定。

模压装饰层模压刨花制品的理化性能 表 8-37

检验项目	优等品	一等品	合格品	备注
密度(g/cm³)	0.60～0.85	0.60～0.85	0.60～0.85	
含水率(%)	5.0～11.0			
静曲强度(MPa)≥	40	30	25	
内部结合强度(MPa)≥	1.00	0.80	0.70	
吸水厚度膨胀率(%)≤	3.0	6.0	8.0	
握螺钉力(N)≥	1000	800	600	

检验项目		优等品	一等品	合格品	备注
浸渍剥离性能		任何一边装饰层与基材剥离长度均不得超过 25mm			仅适用于本标准中 4.2(c) 规定的产品
表面耐磨	磨耗值 (mg/100r)	≤80			仅适用于本标准中 4.2(a) 规定的产品
	表面情况	图案:磨 100r 后应保留 50% 以上花纹;素色:磨 350r 后应无露底现象			
表面耐开裂性能		0	≤1	≤1	
表面耐香烟灼烧		允许有黄斑和光泽有轻微变化			
表面耐干热		无龟裂、无鼓泡,允许光泽有轻微变化			
表面耐污染腐蚀		无污染、无腐蚀			
表面耐水蒸气		不允许有凸起、变色和开裂			
耐光色牢度(灰色样卡)/级		≥4			

注:经供需双方协议,可生产其他耐光色牢度级别的产品。

（四）模压装饰层模压刨花制品的甲醛释放限量

模压装饰层模压刨花制品的甲醛释放限量,应符合表 8-38 中的规定。

模压装饰层模压刨花制品的
甲醛释放限量

表 8-38

产品名称	单位	甲醛释放限量及级别标志			测定方法
		E_0	E_1	E_2	
无装饰层的模压刨花制品	mg/100r	≤5.0	>5.0~ ≤9.0	>9.0~ ≤30.0	穿孔萃取法
印刷纸装饰模压刨花制品、单板装饰模压刨花制品	mg/L	≤0.5	>0.5~ ≤1.5	>1.5~ ≤5.0	干燥器法
三聚氰胺树脂浸渍胶膜纸装饰模压装饰层模压刨花制品、织物装饰模压刨花制品、聚氯乙烯薄膜装饰模压刨花制品	mg/L	≤0.5	>0.5~ ≤1.5	—	

八、中密度纤维板

中密度纤维板是指以木质纤维或其他植物纤维为原料，经过纤维制备，施加合成树脂，在加热加压条件下压制成厚度不小于 1.5mm、名义密度范围在（0.65~0.80）g/cm³ 之间的板材。根据现行国家标准《中密度纤维板》（GB/T 11718—2009）中的规定，本标准适用于干法生产的中密度纤维板。

（一）中密度纤维板的分类方法

中密度纤维板可分为普通型中密度纤维板、家

455

具型中密度纤维板和承重型中密度纤维板。以上三类中密度纤维板，按其使用状态又可分为：干燥状态、潮湿状态、高湿度状态和室外状态四种情况。

（二）中密度纤维板的外观质量要求

中密度纤维板的外观质量要求，应符合表 8-39 中的规定。

中密度纤维板的外观质量要求　　表 8-39

项目名称	质量要求	允许范围	
		优等品	合格品
分层、鼓泡或炭化	—	不允许	不允许
局部松软	单个面积≤2000mm²	不允许	3 个
板边缺损	宽度≤10mm	不允许	允许
油污斑点或异物	单个面积≤40mm²	不允许	1 个
压痕	—	不允许	允许

注：①同一张板不应有两项或以上的外观缺陷。②不砂光的表面质量由供需双方协商确定。

（三）中密度纤维板的物理力学性能

（1）普通型中密度纤维板（MDF-GP）的物理力学性能

在干燥状态下使用的普通型中密度纤维板（MDF-GP REG）的物理力学性能，应符合表 8-40 中的规定。在潮湿状态下使用的普通型中密度纤维板（MDF-GP MR）的物理力学性能，应符合表

8-41中的规定。在高湿度状态下使用的普通型中密度纤维板（MDF-GP HMR）的物理力学性能，应符合表8-42中的规定。

（2）家具型中密度纤维板（MDF-FN）的物理力学性能

在干燥状态下使用的家具型中密度纤维板（MDF-FN REG）的物理力学性能，应符合表8-43中的规定。在潮湿状态下使用的家具型中密度纤维板（MDF-FN MR）的物理力学性能，应符合表8-44中的规定。在高湿度状态下使用的家具型中密度纤维板（MDF-FN HMR）的物理力学性能，应符合表8-45中的规定。在室外状态下使用的家具型中密度纤维板（MDF-FN EXT）的物理力学性能，应符合表8-46中的规定。

（3）承重型中密度纤维板（MDF-LB）的物理力学性能

在干燥状态下使用的承重型中密度纤维板（MDF-LB REG）的物理力学性能，应符合表8-47中的规定。在潮湿状态下使用的承重型中密度纤维板（MDF-LB MR）的物理力学性能，应符合表8-48中的规定。在高湿度状态下使用的承重型中密度纤维板（MDF-LB HMR）的物理力学性能，应符合表8-49中的规定。

在干燥状态下使用的普通型中密度纤维板的物理力学性能　　表 8-40

性能名称	单位	公称厚度范围(mm)							
		≥1.5~3.5	>3.5~6.0	>6.0~9.0	>9.0~13.0	>13.0~22.0	>22.0~34.0	>34.0
静曲强度	MPa	27.0	26.0	25.0	24.0	22.0	20.0	17.0
弹性模量	MPa	2700	2600	2500	2400	2200	1800	1800
内部结合强度	MPa	0.60	0.60	0.60	0.50	0.45	0.40	0.40
吸水厚度膨胀率	%	45.0	35.0	20.0	15.0	12.0	10.0	8.0

在潮湿状态下使用的普通型中密度纤维板的物理力学性能 表 8-41

性能名称	单位	公称厚度范围(mm)						
		≥1.5~3.5	>3.5~6.0	>6.0~9.0	>9.0~13.0	>13.0~22.0	>22.0~34.0	>34.0
静曲强度	MPa	27.0	26.0	25.0	24.0	22.0	20.0	17.0
弹性模量	MPa	2700	2600	2500	2400	2200	1800	1800
内部结合强度	MPa	0.60	0.60	0.60	0.50	0.45	0.40	0.40
吸水厚度膨胀率	%	32.0	18.0	14.0	12.0	9.0	9.0	7.0
防潮性能								
循环试验后的内部结合强度	MPa	0.35	0.30	0.30	0.25	0.20	0.15	0.10

459

性能名称	单位	公称厚度范围(mm)						
		≥1.5~3.5	>3.5~6.0	>6.0~9.0	>9.0~13.0	>13.0~22.0	>22.0~34.0	>34.0
防潮性能								
循环试验后的吸水膨胀率	%	45.0	25.0	20.0	18.0	13.0	12.0	10.0
沸腾试验后的内部结合强度	MPa	0.20	0.18	0.16	0.15	0.12	0.10	0.10
湿的静曲强度(70℃热水浸泡)	MPa	8.0	7.0	7.0	6.0	5.0	4.0	4.0

在高湿湿度状态下使用的普通型中密度纤维板的物理力学性能　　表 8-42

性能名称	单位	公称厚度范围(mm)							
		≥1.5~3.5	>3.5~6.0	>6.0~9.0	>9.0~13.0	>13.0~22.0	>22.0~34.0	>34.0
静曲强度	MPa	28.0	26.0	25.0	24.0	22.0	20.0	18.0
弹性模量	MPa	2800	2600	2500	2400	2000	1800	1800
内部结合强度	MPa	0.60	0.60	0.60	0.50	0.45	0.40	0.40
吸水厚度膨胀率	%	20.0	14.0	12.0	10.0	7.0	6.0	5.0
防潮性能								
循环试验后的内部结合强度	MPa	0.40	0.35	0.35	0.30	0.25	0.20	0.18

461

性能名称	单位	公称厚度范围（mm）						
		≥1.5~3.5	>3.5~6.0	>6.0~9.0	>9.0~13.0	>13.0~22.0	>22.0~34.0	>34.0
防潮性能								
循环试验后的吸水膨胀率	%	25.0	20.0	17.0	15.0	11.0	9.0	7.0
沸腾试验后的内部结合强度	MPa	0.25	0.20	0.20	0.18	0.15	0.12	0.10
湿的静曲强度（70℃热水浸泡）	MPa	12.0	10.0	9.0	8.0	8.0	7.0	7.0

在干燥状态下使用的家具型中密度纤维板的物理力学性能　表 8-43

性能名称	单位	公称厚度范围(mm)						
		≥1.5~3.5	>3.5~6.0	>6.0~9.0	>9.0~13.0	>13.0~22.0	>22.0~34.0	>34.0
静曲强度	MPa	30.0	28.0	27.0	26.0	24.0	23.0	21.0
弹性模量	MPa	2800	2600	2600	2500	2300	1800	1800
内部结合强度	MPa	0.60	0.60	0.60	0.50	0.45	0.40	0.40
吸水厚度膨胀率	%	45.0	35.0	20.0	15.0	12.0	10.0	8.0
表面结合强度	MPa	0.60	0.60	0.60	0.60	0.90	0.90	0.90

在潮湿状态下使用的家具型中密度纤维板的物理力学性能　　　表 8-44

性能名称	单位	公称厚度范围 (mm)							
		≥1.5~3.5	>3.5~6.0	>6.0~9.0	>9.0~13.0	>13.0~22.0	>22.0~34.0	>34.0
静曲强度	MPa	30.0	28.0	27.0	26.0	24.0	23.0	21.0
弹性模量	MPa	2800	2600	2600	2500	2300	1800	1800
内部结合强度	MPa	0.70	0.70	0.70	0.60	0.50	0.45	0.40
吸水厚度膨胀率	%	32.0	18.0	14.0	12.0	9.0	9.0	7.0
表面结合强度	MPa	0.60	0.70	0.70	0.80	0.90	0.90	0.90
防潮性能								
循环试验后的内部结合强度	MPa	0.35	0.30	0.30	0.25	0.20	0.15	0.10

性能名称	单位	公称厚度范围（mm）						
		≥1.5～3.5	>3.5～6.0	>6.0～9.0	>9.0～13.0	>13.0～22.0	>22.0～34.0	>34.0
防潮性能								
循环试验后的吸水膨胀率	%	45.0	25.0	20.0	18.0	13.0	12.0	10.0
沸腾试验后的内部结合强度	MPa	0.20	0.18	0.16	0.15	0.12	0.10	0.10
湿的静曲强度（70℃热水浸泡）	MPa	8.0	7.0	7.0	6.0	5.0	4.0	4.0

在高湿度状态下使用的家具型中密度纤维板的物理力学性能　表 8-45

性能名称	单位	公称厚度范围(mm)						
		≥1.5~3.5	>3.5~6.0	>6.0~9.0	>9.0~13.0	>13.0~22.0	>22.0~34.0	>34.0
静曲强度	MPa	30.0	28.0	27.0	26.0	24.0	23.0	21.0
弹性模量	MPa	2800	2600	2600	2500	2300	1800	1800
内部结合强度	MPa	0.70	0.70	0.70	0.60	0.50	0.45	0.40
吸水厚度膨胀率	%	20.0	14.0	12.0	10.0	7.0	6.0	5.0
表面结合强度	MPa	0.60	0.70	0.70	0.90	0.90	0.90	0.90
防潮性能								
循环试验后的内部结合强度	MPa	0.40	0.35	0.35	0.30	0.25	0.20	0.18

性能名称	单位	公称厚度范围（mm）							
		≥1.5～3.5	>3.5～6.0	>6.0～9.0	>9.0～13.0	>13.0～22.0	>22.0～34.0	>34.0	
		防潮性能							
循环试验后的吸水膨胀率	%	25.0	20.0	17.0	15.0	11.0	9.0	7.0	
沸腾试验后的内部结合强度	MPa	0.25	0.20	0.20	0.18	0.15	0.12	0.10	
湿的静曲强度（70℃热水浸泡）	MPa	14.0	12.0	12.0	12.0	10.0	9.0	8.0	

在室外状态下使用的家具型中密度纤维板的物理力学性能　表 8-46

性能名称	单位	公称厚度范围(mm)						
		≥1.5~3.5	>3.5~6.0	>6.0~9.0	>9.0~13.0	>13.0~22.0	>22.0~34.0	>34.0
静曲强度	MPa	30.0	28.0	27.0	26.0	24.0	23.0	21.0
弹性模量	MPa	2800	2600	2600	2500	2300	1800	1800
内部结合强度	MPa	0.70	0.70	0.70	0.65	0.60	0.55	0.50
吸水厚度膨胀率	%	15.0	12.0	10.0	7.0	5.0	4.0	4.0
防潮性能								
循环试验后的内部结合强度	MPa	0.50	0.40	0.40	0.35	0.30	0.25	0.22

性能名称	单位	公称厚度范围 (mm)							
		≥1.5~3.5	>3.5~6.0	>6.0~9.0	>9.0~13.0	>13.0~22.0	>22.0~34.0	>34.0	
		防潮性能							
循环试验后的吸水膨胀率	%	20.0	16.0	15.0	12.0	10.0	8.0	7.0	
沸腾试验后的内部结合强度	MPa	0.30	0.25	0.24	0.22	0.20	0.20	0.18	
湿的静曲强度(70℃热水浸泡)	MPa	12.0	12.0	12.0	12.0	10.0	9.0	8.0	

在干燥状态下使用的承重型中密度纤维板的物理力学性能　　表 8-47

性能名称	单位	公称厚度范围（mm）						
		≥1.5~3.5	>3.5~6.0	>6.0~9.0	>9.0~13.0	>13.0~22.0	>22.0~34.0	>34.0
静曲强度	MPa	36.0	34.0	34.0	32.0	28.0	25.0	23.0
弹性模量	MPa	3100	3000	2900	2800	2500	2300	2100
内部结合强度	MPa	0.75	0.70	0.70	0.70	0.60	0.55	0.50
吸水厚度膨胀率	%	45.0	33.0	20.0	15.0	12.0	10.0	8.0

在潮湿状态下使用的承重型中密度纤维板的物理力学性能　　表 8-48

性能名称	单位	公称厚度范围 (mm)						
		≥1.5~3.5	>3.5~6.0	>6.0~9.0	>9.0~13.0	>13.0~22.0	>22.0~34.0	>34.0
静曲强度	MPa	36.0	34.0	34.0	32.0	28.0	25.0	23.0
弹性模量	MPa	3100	3000	2900	2800	2500	2300	2100
内部结合强度	MPa	0.75	0.70	0.70	0.70	0.65	0.60	0.55
吸水厚度膨胀率	%	30.0	18.0	14.0	12.0	8.0	7.0	7.0
防潮性能								
循环试验后的内部结合强度	MPa	0.35	0.30	0.30	0.25	0.20	0.15	0.12

性能名称	单位	公称厚度范围(mm)						
		≥1.5~3.5	>3.5~6.0	>6.0~9.0	>9.0~13.0	>13.0~22.0	>22.0~34.0	>34.0
		防潮性能						
循环试验后的吸水膨胀率	%	45.0	25.0	20.0	18.0	13.0	11.0	10.0
沸腾试验后的内部结合强度	MPa	0.20	0.18	0.18	015	0.12	0.10	0.08
湿的静曲强度(70℃热水浸泡)	MPa	9.0	8.0	8.0	8.0	6.0	4.0	4.0

在高温度状态下使用的承重型中密度纤维板的物理力学性能   表 8-49

性能名称	单位	公称厚度范围 (mm)							
		≥1.5~3.5	>3.5~6.0	>6.0~9.0	>9.0~13.0	>13.0~22.0	>22.0~34.0	>34.0
静曲强度	MPa	36.0	34.0	34.0	32.0	28.0	25.0	23.0
弹性模量	MPa	3100	3000	2900	2800	2500	2300	2100
内部结合强度	MPa	0.75	0.70	0.70	0.70	0.65	0.60	0.55
吸水厚度膨胀率	%	20.0	14.0	12.0	10.0	7.0	6.0	5.0
防潮性能								
循环试验后的内部结合强度	MPa	0.40	0.35	0.35	0.35	0.30	0.27	0.25

473

性能名称	单位	公称厚度范围（mm）						
		≥1.5~3.5	>3.5~6.0	>6.0~9.0	>9.0~13.0	>13.0~22.0	>22.0~34.0	>34.0
		防潮性能						
循环试验后的吸水膨胀率	%	25.0	20.0	17.0	15.0	11.0	9.0	7.0
沸腾试验后的内部结合强度	MPa	0.25	0.20	0.20	0.18	0.15	0.12	0.10
湿的静曲强度（70℃热水浸泡）	MPa	15.0	15.0	15.0	15.0	13.0	11.5	10.5

（四）中密度纤维板的其他方面要求

（1）中密度纤维板的幅面尺寸、尺寸偏差、密度及偏差和含水率要求，应符合表 8-50 中的规定。

中密度纤维板的幅面尺寸、尺寸偏差、密度及偏差和含水率要求　表 8-50

性能名称		单位	公称厚度范围（mm）	
			≤12	>12
厚度偏差	不砂光板	mm	−0.30～+1.50	−0.50～+1.70
	砂光板	mm	±0.20	±0.30
长度与宽度偏差		mm/m	±2.0	±2.0
垂直度		mm/m	<2.0	<2.0
密度		g/cm³	0.65～0.80（允许偏差±10%）	
板内的密度偏差		%	±10.0	±10.0
含水率		%	3.0～13.0	3.0～13.0

（2）中密度纤维板的甲醛释放限量。中密度纤维板的甲醛释放限量，应符合表 8-51 中的规定。

中密度纤维板的甲醛释放限量　表 8-51

测试方法	气候箱法	小型容器法	气体分析法	干燥器法	穿孔法
单位	mg/m²	mg/m²	mg/(m² · h)	mg/L	mg/100g

测试方法	气候箱法	小型容器法	气体分析法	干燥器法	穿孔法
限量值	0.124	——	3.5	——	8.0

注：1. 甲醛释放限量应符合气候箱法、气体分析法和穿孔法中的任一项限量值，由供需双方协商选择。

2. 如果小型容器法和干燥器法应用于生产控制检验，则应确定其与气候箱法之间的有效相关性。

九、难燃中密度纤维板

根据现行国家标准《难燃中密度纤维板》（GB/T 18958—2013）中的规定，本标准适用于具有难燃性质的中密度纤维板。

（一）难燃中密度纤维板的分类及代号

难燃中密度纤维板可分为室内用难燃中密度纤维板（代号为 MDF·DF）、室内防潮难燃中密度纤维板（代号为 MDF·H·DF）和室外用难燃中密度纤维板（代号为 MDF·E·DF）。

（二）难燃中密度纤维板的技术要求

难燃中密度纤维板的技术要求，应符合表8-52中的规定。

难燃中密度纤维板的技术要求　　表 8-52

通用技术要求	难燃中密度纤维板出厂时,产品外观、规格尺寸、理化性能等通用技术要求,应符合《中密度纤维板》(GB/T 11718—2009)中的规定,其甲醛释放量应符合《室内装饰装潢材料人造板及其制品甲醛释放量》(GB 18580—2001)中的规定			
燃烧性能	难燃B1级检测项目及指标	难燃中密度纤维板的燃烧性能,应符合《建筑材料及制品燃烧性能分级》(GB 8624—2006)中难燃 B1 级规定		
		检测项目	依据标准	指标
		可燃性试验	GB/T 8626—2007	达到规定指标,且不允许燃烧滴落下物质引燃滤纸的现象
		难燃性试验 平均燃烧剩余长度	GB/T 8625—2005	≥15cm(其中任一试样的剩余长度≥0)
		平均烟气温度	GB/T 8625—2005	≤200℃
		烟密度等级(SDR)	GB/T 8627—2007	≤75

注:对于特殊技术要求由供需双方协商另订。

十、单板层积材

单板层积材是用旋切的厚单板,经施胶、顺纹组坯、施压胶合而得到的一种结构材料。根据现行国家标准《单板层积材》（GB/T 20241—2006）中的规定，本标准适用于多层整幅（或经拼装）单板按顺纹为主组坯胶合而成的板材，包括非结构用单板层积材和结构用单板层积材。

（一）单板层积材的分类方法

单板层积材的分类方法主要包括：①按用途不同，可分为非结构用单板层积材和结构用单板层积材；②按防腐处理不同，可分为未经防腐处理的单板层积材和经防腐处理的单板层积材；③按阻燃处理不同，可分为未经阻燃处理的单板层积材和经阻燃处理的单板层积材。

（二）单板层积材的技术要求

非结构用单板层积材的技术要求，应符合表8-53中的规定。

非结构用单板层积材的技术要求 表 8-53

检验项目		优等品	一等品	合格品
半活节和死节	单个最大长径(mm)	10	20	不限
孔洞、脱落节、虫孔	单个最大长径(mm)	不允许	≤10 允许，超过此规定且≤40 若经修补，允许	≤40 允许，超过此规定若经修补，允许

478

检验项目		优等品	一等品	合格品
夹皮、树脂道	每平方米板面上个数	3	4(自 10mm 以下不计)	10(自 10mm 以下不计)
	单个最大长度(mm)	15	30	不限
腐朽		不允许	不允许	不允许
表板开裂或缺损		不允许	长度小于板长的 20%,宽度小于 1.5mm	长度小于板长的 50%,宽度小于 6.0mm
鼓泡、分层		不允许	不允许	不允许
补片、补板条	经制作适当,且填补牢固的,每平方米上的个数	不允许	6	不限
	累计面积不超过板面积百分比(%)	不允许	1	5
	最大缝隙(mm)	不允许	0.5	1.0
其他缺陷		按最类似缺陷考虑		

非结构用单板层积材的规格及尺寸偏差(mm)

非结构用单板层积材的规格	长度为 1830～6405mm;宽度为 915mm、1220mm、1830mm、2440mm;厚 度 为 19mm、20mm、22mm、25mm、30mm、32mm、35mm、40mm、45mm、50mm、55mm、60mm。特殊规格尺寸及偏差由供需双方协议

项目		允许偏差（mm）	项目	允许偏差（mm）
长度(mm)		+10.0,0	宽度	+5.0,0
厚度（mm）	≤20	±0.3	边缘直度(mm/m)	1.0
	20～40	±0.4	垂直度(mm/m)	1.0
	>40	±0.5	翘曲度(%)	1.0
理化性能		①含水率:6%～14%;②浸渍剥离:试件同一胶层的任一边胶线剥离长度不得超过该边线长度的1/3;③甲醛释放量:$E_1 \leqslant 1.5$mg/L(可直接用于室内),$E_2 \leqslant$5.0mg/L(经过饰面处理后,方可允许用于室内)		

第三节　竹材装饰制品

20 世纪 90 年代初,我国开始用实体竹材生产的竹地板,竹地板具有质硬耐磨、纹理细腻、光洁清新、防滑隔潮等特点,深受市场欢迎。用原竹切成微薄竹片,以木质胶合板、中密度纤维板、刨花板为基材进行贴面加工,可替代大径级阔叶林木材的使用,生产出具有各种装饰效果的板材。如果将竹材加工拼接成各种装饰的基材,其经济效益更加可观。

一、竹地板

竹地板是采用胶粘剂将竹板拼接,施以高温高

480

压而制成。这种竹地板具有无毒、牢固稳定、不开胶、不变形等特点。根据现行国家标准《竹地板》(GB/T 20240—2006)中的规定，本标准适用于以竹材为原料的室内用长条企口地板。

（一）竹地板的分类方法

竹地板的分类方法主要包括：①按组成结构不同分类，可分为多层胶合竹地板、单层侧拼装竹地板；②按表面有无涂饰分类，可分为涂饰竹地板、未涂饰竹地板；③按表面颜色不同分类，可分为本色竹地板、漂白竹地板和炭化竹地板；④按产品质量不同，竹地板可分为优等品、一等品和合格品三个等级。

（二）竹地板的规格尺寸及允许偏差

竹地板的规格尺寸及允许偏差，应符合表 8-54 中的规定。

竹地板的规格尺寸及允许偏差　　表 8-54

项目	规格尺寸	允许偏差
面层净长度 (mm)	900、915、 920、950	公称长度与每个测量值 之差的绝对值≤0.50
面层净宽度 (mm)	90、92、 95、100	公称宽度与平均宽度之差的绝 对值≤0.50，宽度最大值与最 小值之差≤0.20

481

项目	规格尺寸	允许偏差
竹地板厚度 (mm)	9、12、 15、18	公称厚度与平均厚度之差的绝 对值≤0.30,厚度最大值与 最小值之差≤0.20
垂直度 (mm)	—	≤0.15
边缘直度 (mm/m)	—	≤0.20
翘曲度(%)		宽度方向翘曲度≤0.20, 长度方向翘曲度≤0.50
拼装高差 (mm)		拼装高差平均值≤0.15, 拼装高差最大值≤0.20
拼装离缝 (mm)		拼装离缝平均值≤0.15, 拼装离缝最大值≤0.20

注：经供需双方协议可生产其他规格产品。

（三）竹地板的外观质量要求

竹地板的外观质量要求，应符合表 8-55 中的规定。

竹地板的外观质量要求 　　　表 8-55

项目		优等品	一等品	合格品
未刨光部 分和刨痕	表面、侧面	不允许	不允许	轻微
	背面	不允许	允许	允许

482

项 目		优等品	一等品	合格品
榫舌残缺	残缺长度	不允许	≤全长的 10%	≤全长的 20%
	残缺宽度	不允许	≤榫舌宽度的 40%	≤榫舌宽度的 40%
腐朽		不允许	不允许	不允许
色差	表面	不明显	轻微	允许
	背面	允许	允许	允许
裂纹	表面、侧面	不允许	不允许	允许一条,长度≤200mm,宽度≤0.2mm
	背面	腻子修补后允许	腻子修补后允许	腻子修补后允许
虫孔、缺棱和漏漆		不允许	不允许	不允许
波纹和霉变		不允许	不允许	不明显
拼接离缝(表面、侧面和背面)		各等级的表面和侧面均不允许,背面允许		
污染		不允许	不允许	≤板面积的 5%(累计)
鼓泡和针孔(直径≤0.5mm)		不允许	每块板不超过 3 个	每块板不超过 5 个

项　目	优等品	一等品	合格品
皱皮	不允许	不允许	≤板面积的 5%
粒子、胀边	不允许	不允许	轻微

（四）竹地板的理化性能指标

竹地板的理化性能指标，应符合表 8-56 中的规定。

竹地板的理化性能指标　　　　表 8-56

项目		性能指标	项目		性能指标
含水率(%)		6.0～15.0	表面漆膜耐磨性	磨耗转数	磨 100r 后表面留有漆膜
静曲强度(MPa)	厚度≤15mm	≥80		磨耗值(g/100r)	≤0.15
	厚度＞15mm	≥75	表面漆膜附着力		不低于 3 级
表面漆膜耐污染性		无污染痕迹	甲醛释放限量(mg/L)		≤1.5
浸渍剥离试验(mm)		任一胶层累计剥离长度≤25	表面抗冲击性能(mm)		压痕直径≤10，无裂纹

二、竹编胶合板

竹编胶合板是指竹篾相互交错编织成竹席，再经组合胶压制而成的竹材胶合板。根据现行国家标

484

准《竹编胶合板》（GB/T 13123—2003）中的规定，本标准适用于竹篾席或以竹篾席为表层、以竹帘添加少量的竹碎料等为芯层，经施加胶粘剂、热压而制成的板材，同时也适用于浸渍胶膜纸覆面竹编胶合板。

（一）竹编胶合板的分类方法

竹编胶合板的分类方法主要包括：①按板胶粘性能不同分类，可分为Ⅰ类竹编胶合板（耐气候竹编胶合板）和Ⅱ类竹编胶合板（耐水竹编胶合板）；②按板的厚度不同分类，可分为薄型竹编胶合板和厚型竹编胶合板；③按板的结构不同分类，可分为竹篾席竹编胶合板，以竹篾席为表层、以竹帘添加少竹编胶合板量的竹碎料为芯层竹编胶合板，浸渍纸覆面竹编胶合板；④按产品外观质量不同分类，可分为优等品、一等品和合格品三个等级。

（二）竹编胶合板的规格尺寸及允许偏差

竹编胶合板的规格尺寸及允许偏差，应符合表8-57中的规定。

竹编胶合板的规格尺寸及允许偏差　表 8-57

幅面尺寸及允许偏差(mm)

长度	偏差	长度	偏差	宽度	偏差	宽度	偏差
1830	+5	2135	+5	915	+5	915	+5
2135		2440		1000		1220	

竹编胶合板厚度及允许偏差(mm)

公称厚度	厚度偏差	每张板内厚度最大允许偏差	公称厚度	厚度偏差	每张板内厚度最大允许偏差
2~6	+0.5，-0.6	0.9	11~19	+1.2，-1.5	1.5
6~11	+0.8，-1.0	1.2	>19	±1.5	1.6

覆面竹编胶合板厚度及允许偏差(mm)

公称厚度	厚度偏差	每张板内厚度最大允许偏差	公称厚度	厚度偏差	每张板内厚度最大允许偏差
2~6	±0.3	0.5	11~19	±1.0	1.5
6~11	±0.5	1.0	>19	±1.0	2.0

两对角线允许偏差(mm)

公称长度	两对角线之差	公称长度	两对角线之差
1830~2135	≤5.0	2135~3000	≤6.0

（三）竹编胶合板的外观质量要求

竹编胶合板和覆面竹编胶合板的外观质量要求，应符合表 8-58 中的规定。

486

竹编胶合板和覆面竹编胶合板的
外观质量要求　　　　表 8-58

竹编胶合板的外观质量要求

缺陷名称	检 测 项 目	允许范围		
		优等品	一等合	合格品
腐朽、霉斑	—	不允许	不允许	不允许
板边缺损	自公称幅面内不得超过(mm)	不允许	≤5	≤10
鼓泡、分层	—	不允许	不允许	不允许
篾片脱胶	单个最大面积(mm²)	不允许	不允许	1000
	每平方米面上的个数	不允许	不允许	1
表面污染	—	不明显	允许	允许
板面压痕	单个最大面积(mm²)	不允许	50	200
	每平方米面上的个数	不允许	2	4

覆面竹编胶合板的外观质量要求

表面压痕	—	不允许	不明显	允许
鼓泡、分层	—	不允许	不允许	不允许
鼓包	单个最大面积(mm²)	不允许	≤30	≤30
	每平方米面上的个数	不允许	3	5
板面压痕	单个最大面积(mm²)	不允许	不允许	≤100
	每平方米面上的个数	不允许	不允许	1

竹编胶合板的外观质量要求

缺陷名称	检 测 项 目	允许范围		
		优等品	一等合	合格品
板边缺损	自公称幅面内不得超过(mm)	不允许	≤5	≤10

注：翘曲度要求，优等品为≤0.5%，一等品为≤1.0%，
合格品为≤2.0%。薄型板不检测翘曲度。

（四）竹编胶合板的物理力学指标

竹编胶合板的物理力学指标，应符合表 8-59
中的规定。

竹编胶合板的物理力学指标　　表 8-59

项　　目	薄型竹编胶合板		厚型竹编胶合板	
	Ⅰ类	Ⅱ类	Ⅰ类	Ⅱ类
含水率(%)，≤	15	15	15	15
静曲强度(MPa)，≥	70	60	60	50
弹性模量(MPa)，≥	—	—	5000	5000
冲击韧性(kJ/m²)，≥	—	—	50	50
水煮-干燥处理后静曲强度(MPa)，≥	30		30	
水浸-干燥处理后静曲强度(MPa)，≥		30		50

注：覆面竹编胶合板应符合相应结构的物理力学指标。

488

三、竹单板饰面人造板

根据现行国家标准《竹单板饰面人造板》（GB/T 21129—2007）中的规定，本标准适用于以竹单板进行装饰的各种人造板。

（一）竹单板饰面人造板的分类方法

竹单板饰面人造板的分类方法主要包括：①按板的基材不同分类，可分为竹单板饰面胶合板、竹单板饰面刨花板、竹单板饰面纤维板和其他的竹单板饰面人造板；②按板的装饰面分类，可分为单面竹单板饰面人造板和双竹单板饰面人造板；③按板的耐水性分类，可分为Ⅰ类竹单板饰面人造板、Ⅱ类竹单板饰面人造板和Ⅲ类竹单板饰面人造板；④按板的加工方法分类，可分为旋切的竹单板饰面人造板、刨切的竹单板饰面人造板和其他的竹单板饰面人造板；⑤按产品质量不同分类，即根据竹材材质缺陷的数量和范围可分为优等品、一等品和合格品三个等级。

（二）竹单板饰面人造板的规格尺寸和公差

竹单板饰面人造板的规格尺寸和公差，应符合表 8-60 中的规定。

竹单板饰面人造板的规格尺寸和公差　表 8-60

	宽度			长　　度		
幅面尺寸及公差 （mm）	915± 2.0	915± 2.0	—	1830± 3.0	2135± 3.0	—
	1220± 2.5	—	1220± 2.5	1830± 3.0		2440± 3.0
	注：1. 竹单板饰面人造板的幅面尺寸及公差，应按基材幅面尺寸及公差要求的规定执行。如果基材没有相关要求，则按本表规定；2. 经供需双方协议可生产其他幅面尺寸和公差的产品					

	基本厚度(t)	公差	基本厚度	公差
厚度公差 （mm）	$t<4.0$	±0.20	$t \geqslant 8.0$	±0.50
	$4.0 \leqslant t < 8.0$	±0.30	注：基本厚度是指产品出厂时标明的厚度	

板的垂直度	在本表规定的幅面规格内，竹单板饰面人造板的垂直度公差为 1mm/m，其他产品由供需双方协议确定
板的边缘顺直度	竹单板饰面人造板的边缘顺直度公差为 1mm/m
翘曲度	板厚≥6mm 的竹单板饰面人造板翘曲度≤1.0%，板厚<6mm 的竹单板饰面人造板翘曲度不作要求

（三）竹单板饰面人造板的外观质量要求

竹单板饰面人造板的外观质量要求，应符合表 8-61 中的规定。

竹单板饰面人造板的外观质量要求 表 8-61

缺陷名称	检测项目	竹单板饰面人造板等级		
		优等品	一等品	合格品
腐朽	—	不允许	不允许	不允许
霉变	不超过板面积(%)	不允许	5,板面色泽要调和	20,板面色泽要调和
裂缝	最大单个宽度(mm)	不允许	0.5	1.0
	最大单个长度(mm)	不允许	100	200
	每米板宽度内的条数	不允许	2	3
拼接离缝	最大单个宽度(mm)	不允许	0.3	0.5
	最大单个长度(mm)	不允许	200	300
叠层	最大单个长度(mm)	不允许	0.5	1.0
鼓泡、分层	—	不允许	不允许	不允许
凹陷、压痕、鼓包	最大单个面积（mm²）	不允许	不允许	100
	每平方米板面上个数	不允许	不允许	1

缺陷名称	检测项目	竹单板饰面人造板等级		
		优等品	一等品	合格品
补条、补片	每平方米板面上个数	不允许	不允许	3.0 精细修补,色泽、纹理与板面近似
	累计面积不超过板面积(%)	不允许	不允许	0.5
毛刺沟痕	—	不允许	轻微	不允许穿透
透胶、板面污染	不超过板面积(%)	不允许	不允许	1,不显著的透胶或污染
砂透	最大砂透宽度(mm)	不允许	3,仅允许在板边部位	8,仅允许在板边部位
刀痕	最大单个宽度(mm)	不允许	不允许	0.3
板边缺损	最大缺边宽度(mm)	不允许	不允许	5
其他缺陷	—	不允许	不允许	不影响装饰效果

注：1. 双面竹单板饰面人造板的外观质量均应符合标明的
等级要求。对背面另有要求时，由供需双方商定。

2. 单面竹单板饰面人造板的外观质量均应符合标明
的等级要求。背面应符合相应基材的外观质量
要求。

（四）竹单板饰面人造板的其他方面要求

（1）竹单板饰面人造板的物理力学性能。竹单板饰面人造板的物理力学性能指标，应符合下列规定：①含水率为 4%～13%；②浸渍剥离为每边剥离长度≤25mm；③表面胶合强度≥0.35MPa。

（2）竹单板饰面人造板的甲醛释放限量值。竹单板饰面人造板的甲醛释放限量值，应符合表 8-62 中的规定。

竹单板饰面人造板的甲醛释放限量值 表 8-62

级别标志	基材分类及限量值		备注
	胶合板、细木工板	刨花板、中密度纤维板	
E_0	≤0.5mg/L	—	可直接用于室内
E_1	≤1.5mg/L	≤9.0mg/100g	可直接用于室内
E_2	≤5.0mg/L	≤30.0mg/100g	经处理并达到 E_1 级后允许用于室内

第四节　其他木质装饰材料

其他木质装饰材料包括很多，在建筑装饰装修工程中常用的有：木装饰线条、木花格、旋切微薄木、木塑装饰材料、竹质装饰材料、模压木饰面板、定向木片层压板和碎木板等。

一、木装饰线条

木装饰线条简称为木线，是选用质地坚硬、纹理细腻、材质较好的木材，经过干燥处理后，再用机械或手工加工而成。木线可油漆成各种色彩和木纹本色，在室内装饰中起到固定、连接、加强饰面装饰效果的作用，既可进行直线对接、拼接，也可弯曲成各种弧线，可作为装饰工程中各平面相接处、相交处、分界处、层次面、对接面的衔接口、交接条等的收边封口材料。

木装饰线条的品种规格繁多，从总体上分，有木装饰角线和木装饰边线两类；从材质上分，有硬质杂木线、进口杂木线、白元木线、水曲柳木线、核桃木线、柚木线、山樟木线等；从功能上分，有压边木线、柱角木线、压角木线、墙角木线、墙腰木线、天花角木线、封边木线、镜框木线等；从款式上分，有外凸式、内凹式、凸凹结合式、嵌槽式等；从外形上分，有半圆形、直角形、斜角形、指甲线等。各类木线造型各异，每类木线条又有多种断面形状，其常用长度一般为 2～5m。

在建筑装饰装修工程上常见的木装饰角线如图8-2 所示，木装饰边线如图 8-3 所示。

木装饰线条具有独特的优点，它材质坚硬、表面光滑、木质细腻、棱角规矩、轮廓分明、耐

494

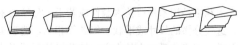

图 8-2 木装饰角线

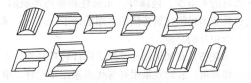

图 8-3 木装饰边线

磨耐蚀、不易劈裂、上色性好、粘结性高，在室内装饰装修中应用广泛。木线条主要用做建筑物室内墙面的墙腰饰线、墙面洞口装饰线、护壁和勒脚的压条装饰线、门框装饰线、顶棚装饰角线、门窗及家具的镶边线等。建筑物室内采用适宜的木线条进行装饰，可增添室内古朴、高雅、亲切的美感。

国家标准《木线条》（GB/T 20446—2006）中对实木线条、指接材线条、人造板线条、木塑复合线条的外观质量、尺寸偏差、形状位置偏差等均有具体要求，应严格按要求选用。

495

二、木花格

木花格是用木板或枋木制作成若干个分格的木架，这些分格的尺寸或形状一般各不相同，造型丰富多样、图案典雅、古朴大方，按花格的不同形式和用途，选材常用硬质杂木或杉木制成，并要求这些木材的木节少、色泽好、无虫蛀和腐朽等缺陷。这也是我国民间建筑传统的常用装饰手法之一，深受古今中外的喜爱。

木花格具有加工制作简单、饰件轻巧纤细、表面纹理清晰、装饰效果很好等优点常用于栏杆、扇门、花窗、挂落、楣子、博古架、隔断等，能起到调整室内设计格调、改进空间效能和提高室内艺术效果等作用。在民间，传统的木花格制作技术娴熟，图案丰富多彩，很多古建筑中充分体现了中国人的聪明智慧和高超工艺水平。木花格的结合常用木榫结合，也可用螺栓结合或用铁件钉牢。

三、旋切微薄木

以珍贵树木（如水曲柳、楸木、黄菠萝、柞木、椴木、樟木、花梨、槁木、梭萝、麻栎、绿楠、龙楠、柚木、橡木等），通过精密刨切或旋切，制得厚度为 0.1～1.0mm 的薄木，以胶合板、纤维板、刨花板等为基材，采用先进的胶粘工艺，经热压制成的一种装饰板材。

薄木按厚度分类可分为两种：一是厚薄木，即厚度大于 0.5mm，一般指 0.7～0.8mm 的薄木；二是微薄木，即厚度小于 0.5mm 的薄木，一般指 0.2～0.3mm 厚的薄木。由于珍贵树种的木材越来越少，因此薄木的厚度也日趋微薄。欧美常用 0.7～0.8mm 的厚度，日本常用 0.2～0.3mm 厚的微薄木，我国常用 0.5mm 厚的薄木。厚度越小对施工要求越高，对基材要求越严格。

由于薄木装饰板面层具有花纹清晰、图案美观、材色悦目，真实感和立体感强，具有天然木材自然美等特点，特别采用树根瘤制作的微薄木，具有鸟眼花纹的特色，装饰效果更佳，因此主要用于高级建筑墙面、门窗、车船等的内装修以及用于高级家具的制作。

采用旋切微薄木装饰立面时，应根据花纹特点区分上下端。施工安装时，应注意到树根方向朝下，树梢朝上。为便于使用，在生产微薄木贴面板时，板背面应盖有检验印记，有印记的一端为树根方向。建筑物室内采用旋切微薄木装饰，在选择树种和花纹的同时，还应考虑室内家具的色调、灯具灯光以及其他附件的陪衬颜色，以获得更好的装饰效果。

在建筑装饰工程中常见的旋切微薄木贴面板的

规格尺寸见表 8-63。

微薄木贴面装饰板的规格尺寸　　　　表 8-63

序号	长度与宽度 (mm)	厚度 (mm)	序号	长度与宽度 (mm)	厚度 (mm)
1	915×915	1～3	4	2135×915	3～6
2	2000×1000	3～5	5	2135×1220	3～6
3	1830×915	3～5	6	1830×1220	3～6

四、木塑装饰材料

木塑材料产业化 20 世纪 80 年代起源于美国。当时美国有越来越多的废弃塑料需要处理，而一些木质纤维最初因为成本低廉，又能提高塑料刚性而经常被用作塑料改性的填充材料，所以最早的木塑材料被当作改性塑料。

但随着木塑复合材料技术不断突破，逐渐生产出兼备塑料和木材双重优势的新材料，其特色逐步显现，并成为一类自成体系的新型材料，而不再是某一类材料的延伸或附庸，最终形成了一个新产业。目前，各种类型木塑复合材料制品在美国、加拿大、德国、英国、荷兰、日本和韩国等国已得到较广泛的应用，并形成比较规范的产业和市场。

中国木塑材料产业刚刚起步。据不完全统计，至 2005 年年底，全国直接从事木塑材料研制、生产的企事业单位有 150 家，木塑材料制品年产量接近 10 万 t。一些国际跨国集团也在密切关注中国木塑材料产业的发展动态。虽说目前中国木塑产业的真正潜力还未完全发挥，但其广阔的发展前景已经可以预见。据专家预计，2010 年后，中国若每年能回收 150 万 t 废旧塑料用于生产木塑制品，年产量可达近千万吨，由此形成的工业增加值可达到 800 亿元。

木塑材料（Wood-plastic composite，缩写为 WPC）是近年来发展起来的一种新型复合材料，是用木纤维或植物纤维填充、增强的改性热塑性材料。木塑材料将两种不同材料的优点有机地结合在一起，既可以像木材一样表面进行胶合、油漆，也可以进行钉、钻、锯、刨等，又可像热塑性塑料一样进行成型加工，发挥了木材的易加工性和塑料的加工方法的多样性、灵活性，兼有木材和塑料的诸多性能优点，是比较理想的木材、塑料的代用品。

木塑作为一种新型的复合性材料，其所具备的功能性涵盖了木材与塑料的优点，又弥补了两者的缺陷，产品完全无毒，无有害气体释放，防水、抗酸碱腐蚀，是符合现代社会要求的真正意义上的绿色环保产品。在解决保护森林减少木材使用量、提高环保、优化产品品质的同时，还可以根据各种不同的产品功能要求，进行配方、配套材料融合等调整，以适应不同产品的物理、化学性能需要。

目前，木塑复合材料在许多领域已获得广泛应用，实践充分证明：这种材料既可用于装饰材料（如装饰板、踢脚线、防水地板、装饰线条等）、建筑材料（如建筑模板、门窗型材等）和包装材料（如包装垫板、托盘等），还可以用于家具、日用杂品、汽车配件、活动架等。另外，由于木塑复合材料具有材料质轻、刚性大、耐酸碱及防水、防虫等特点，在军事领域的应用极具发展潜力。

木塑材料之所以发展迅速、应用广泛，是因为其具有如下特点：

（1）具有木质制品的外观和加工特性，装饰效果好，可以进行锯、刨、车、削、钉、钻、磨、粘接、油漆等二次加工，便于生产多种规格、尺寸、形状、色彩和厚度的制品，完全可以满足建筑装饰工程设计的需要。

（2）木塑复合材料与木质材料相比，具有强度比较高、使用寿命长、资源丰富、价格低廉、经济实用等优点，是天然木材较好的替代材料，为节约木材开辟了一条新的途径。

（3）木塑复合材料制品的尺寸稳定性好，不会产生裂纹、龟裂，不易翘曲变形，无天然木材的节疤、斜纹、色斑、霉斑等缺陷。

（4）木塑复合材料具有热塑性塑料的成型加工特性，成型周期短，加工工序少，生产效率高，便于推广应用。

（5）木塑复合材料制品具有耐老化、耐腐蚀、吸水性小、阻燃性好、防虫、无污染、防霉杀菌性好，其所具备的功能性涵盖了木材与塑料的优点，又弥补了两者的缺陷。

（6）木塑复合材料能重复使用和回收利用，具有生物降解性，不仅产品完全无毒、无有害气体释放，而且保护了森林资源和生态环境，是符合现代社会要求的真正意义上绿色环保产品。

除了以上介绍的几种其他木质装饰材料外，另外还有很多种木质装饰材料，在设计和施工中可参考《刨光材》（GB/T 20445—2006）、《指接材》（GB/T 21140—2007）、《防腐木材》（GB/T 22102—2008）、《难燃胶合板》（GB 18101—2000）、《难燃中密度纤维板》（GB/T 18958—2003）、《浸渍胶膜纸面人造板》（GB/T 15102—2006）、《单板层积材》（GB/T 20241—2006）、《竹地板》（GB/T 20240—2006）、《竹编胶合板》（GB/T 13123—2003）、《竹单板饰面人造板》（Gb/T 21129—2007）等。

第九章　装饰织物材料

装饰织物材料在装饰材料领域占有极其重要的位置，在室内装饰中起着非常重要的作用，科学合理地选择装饰织物材料，不仅给人们的工作、生活和环境带来舒适和幸福，而且又能使建筑室内增添豪华气派，对现代室内装饰设计起到锦上添花的作用。

装饰织物按其用途和我国的传统习惯，可分为贴墙类、铺地类、窗帘类、床上用品类、家具披覆类、装饰艺术品类、餐厨用品类和浴室用品类8大类。建筑室内装饰织物主要包括地毯、艺术挂毯、窗帘、床单、台布、沙发、蒙面布和靠垫等。这里主要介绍地毯装饰材料、墙面装饰织物和窗帘装饰材料。

第一节　地毯装饰材料

地毯是一种古老的、世界性的高级地面装饰材料，我国有着悠久的发展历史，延绵千年而经久不衰，在现代室内地面装饰中仍广泛应用。地毯以其独特的装饰功能和质感，使其具有较高的实用价值和欣赏价值，成为室内装饰中的重要组成部分。地毯不仅具有隔热、保温、隔声、吸声、降噪、吸尘、柔软、弹性好、降低空调费用和较好缓冲作用等优良优点，而且铺设后又可具有很高的欣赏价值，创造出其他装饰材料难以达到的高贵、华丽、美观、悦目的室内环境气氛，给人以温暖、舒适之感，是比较理想的现代室内装饰材料。

地毯是一种高档的地面装饰品，我国是世界上生产地毯最早的国家之一。中国地毯做工精细，图案配色优雅大方，具有独特的风格。有的明快活泼，有的古色古香，有的素雅清秀，令人赏心悦目，富有鲜明的东方风情。"京"、"美"、"彩"、"素"四大图案，是我国高级羊毛地毯的主流和中坚，是中华民族文化艺术的结晶，是我国劳动人民高超技艺的具体体现。

一、地毯的分类

地毯所用的材料从最初的原状动物毛，逐步发展到精细的毛纺、麻、丝及人工合成纤维等，编织的方法也从手工发展到机械编织。因此，地毯已成为品种繁多、花色图案多样，低、中、高档皆有系列产品的地面铺装材料。

1. 按装饰花纹图案分类

按装饰花纹图案分类，这是我国传统的分类方法，也是我国手工羊毛地毯著名的几大流派，一般可以分为以下五类：

（1）北京式地毯。北京式地毯，简称"京式地毯"，它是北京地区传统地毯，它具有主调图案突出、图案工整对称、色调典雅、庄重古朴、四周方形边框醒目的明显特点，，常取材于中国古老艺术，所有图案均具有独特的寓意及象征性，是手工地毯优秀产品之一。

（2）美术式地毯。美术式地毯突出美术图案，图案构图完整、色彩华丽、富于层次感，具有富丽堂皇的艺术风格。美术式地毯借鉴西欧装饰艺术的特点，常以盛开的玫瑰花、苞蕾卷叶、郁金香等组成花团锦簇，给人以繁花似锦之感。

（3）彩花式地毯。彩花式地毯以黑色作为主色，配以小花图案，浮现百花争艳的情调，其图案清晰活泼，色彩绚丽，华贵大方，如同工笔花鸟画，构图富于变化。

（4）素凸式地毯。素凸式地毯色调较为清淡，图案为单色凸花织做，纹样剪后清晰美观，犹如浮雕，富有幽静、雅致的情趣。

（5）仿古式地毯。仿古式地毯以古代的古纹图案、优美风景、常见花鸟为题材，给人以古色古香、古朴典雅的感觉。

2. 按材质不同分类

按地毯的材质不同分类，可以分为纯毛地毯、混纺地毯、化纤地毯、塑料地毯和剑麻地毯六大类。

（1）纯毛地毯。纯毛地毯即羊毛地毯，是以粗绵羊毛为主要原料，采用手工编织或机械编织而成。纯毛地毯具有质地厚实、不易变形、不易燃烧、不易污染、弹性较大、拉力较强、隔热性好、经久耐用、光泽较好、图案清晰等优点，其装饰效果极好，是一种高档铺地装饰材料。

纯毛地毯的耐磨性，一般是由羊毛的质地和用量来决定。用量以每平方厘米的羊毛量，即绒毛密度来衡量。对于手工编织的地毯，一般以"道"的数量来决定其密度，即指垒织方向（自上而下）上1英尺（1英尺＝0.3048m）内垒织的经纬线的层数（每一层即称为一道）。地毯的档次也与其道数成正比关系，一般家用地毯为90～150道，高级装修用的地毯均在250道以上，目前最高档的纯毛地毯达400道。

（2）混纺地毯。混纺地毯是以羊毛纤维与合成纤维混纺后编制而成的地毯，其性能介于纯毛地毯与化纤地毯之间。由于合成纤维的品种多，且性能也各不相同，当混纺地毯中所用的合成纤维品种或掺量不同时，制成的混纺地毯的性能也各不相同。

合成纤维的掺入，可显著改善纯毛地毯的耐磨性。如在羊毛中加入15%的锦纶纤维，织成的地毯比纯毛地毯更耐磨损；在羊毛中掺入20%的尼龙纤维，地毯的耐磨性可提高5倍，其装饰性能不亚于纯毛地毯，而价格比纯毛地毯降低。

（3）化纤地毯。化纤地毯也称为合成纤维地毯，是用簇绒法或机织法将合成纤维制成面层，再与麻布背衬材料复合处理而成。化纤地毯一般是由面层、防松涂层和背衬三部分构成。按面层织物的织造方法不同，可分为簇绒地毯、针刺地毯、机织地毯、粘合地毯和静电植绒地毯等其中以簇绒地毯产销量最大，其次是针刺地毯和机织地毯。我国对这三种地毯制定了产品标准，它们分别是：《簇绒地毯》（GB/T 11746—2008）、《针刺地毯》（QB/T 2792—2006）和《机织地毯》（GB/T 14252—2008）。

化纤地毯常用的合成纤维有：丙纶、腈纶、涤纶及锦纶等。化纤地毯的外观和触感似纯毛地毯，耐磨且富有弹性，是目前用量最大的中、低档地毯品种。

化纤地毯的共同特性是：不发霉、不易虫蛀、耐腐蚀、质量轻、吸湿性小、易于清洗等。但各种化纤地毯的特性并不相同，应注意它们之间的区别。如在着色性能方面，涤纶纤维的着色性很差；

在耐磨性能方面，锦纶纤维最好，但腈纶纤维最差；在耐暴晒性能方面，腈纶纤维最好，而丙纶和锦纶纤维较差；在弹性方面，丙纶和锦纶弹性恢复能力较好，而锦纶和涤纶比较差；在抗静电性能方面，锦纶纤维在干燥环境下容易造成静电积累。

（4）塑料地毯。塑料地毯系采用聚氯乙烯树脂为基料，加入填料、增塑剂等多种辅助材料和添加剂，经均匀混炼、塑化、并在地毯模具中成型而制成的一种新型轻质地毯。这种地毯具有质地柔软、质量较轻、色彩鲜艳、脚感舒适、自熄不燃、经久耐用、污染可洗、耐水性强等优点。

塑料地毯一般是方块形地毯，常见的规格有400mm×400mm、500mm×500mm、1000mm×1000mm等多种，主要适用于一般公共建筑和住宅地面的铺装材料，如宾馆、商场、舞台等公用建筑及高级浴室等。

（5）剑麻地毯。剑麻地毯系采用植物纤维剑麻（西沙尔麻）为原料，经纺纱、编织、涂胶、硫化等工序而制成，产品分为素色和染色两类，有斜纹、螺纹、鱼骨纹、帆布平纹、半巴拿纹、多米诺纹等多种花色品种，幅宽在4m以下，每卷长在50m以下，可按需要进行裁切。

剑麻地毯具有耐酸、耐碱、耐磨、尺寸稳定、无静电现象等优点，比羊毛地毯经济实用，但其弹性较其他类型的地毯差，手感也比较粗糙。主要适用于楼、堂、馆、所等公共建筑地面及家庭地面的铺设。

（6）橡胶地毯。橡胶地毯是以天然橡胶为原料，用地毯模具在蒸压条件下压制而成的一种高分子材料地毯，所形成的橡胶绒长度一般为 5～6mm。这种地毯除具有其他材质地毯的一般特性，如色彩丰富、图案美观、脚感舒适、耐磨性好等外，还具有隔潮、防霉、防滑、耐蚀、防蛀、绝缘及清扫方便等优点。

橡胶地毯的供货方式一般是方块地毯，常见的产品规格有 500mm×500mm、1000mm×1000mm 等。这种地毯主要适用于各种经常淋水或需要经常擦洗的场合，如浴室、厨房、走廊、卫生间、门厅等。

3. 按编织工艺不同分类

按编织工艺不同，可分为手工编织地毯、簇绒地毯和无纺地毯三类。

（1）手工编织地毯。手工编织地毯，一般专指纯毛地毯，它是采用双经双纬，通过人工打结裁绒，将绒毛层与基底一起织做而成。这种地毯做工精细，图案千变万化，是地毯中的高档品。我国的手工地毯有悠久的历史，早在两千多年前就开始生

508

产，自早年出口国外至今，"中国地毯"一直以艺精工细闻名于世，成为国际市场上的畅销产品。但这种地毯工效低、产量少、成本高、价格贵。

（2）簇绒地毯。簇绒地毯又称为裁绒地毯，是目前各国生产化纤地毯的主要工艺，也是目前生产量最大的一种地毯。它是通过带有一排往复式穿针的纺织机，把毛纺纱穿入第一层基层（初级背衬织布），并在其面上将毛纺纱穿插成毛圈而背面拉紧，然后在初级背衬的背面刷一层胶粘剂使之固定，这样就生产出厚实的圈绒地毯。若再用锋利的刀片横向切割毛圈顶部，并经过修剪整理，则成为平绒地毯，又称割绒地毯或切绒地毯。

由于簇绒地毯生产时对绒毛高度进行调整，圈绒绒毛的高度一般为7～10mm，平绒绒毛高度一般为7～10mm，所以这种地毯纤维密度大，弹性比较好，脚感舒适，加上图案繁多，色彩美丽，价格适中，是一种很受欢迎的中档地面铺装材料。根据现行国家标准《簇绒地毯》（GB/T 11746—2008）中的规定，按其绒头结构不同，可分为割绒、圈绒和割绒圈绒组合三种；按毯基上单位面积绒头质量可分为若干型号，如表9-1所示；按其技术要求评定等级，其技术要求分内在质量和外观质量两个方面，具体要求见表9-2和表9-3。

簇绒地毯的型号（单位：g/m²）　表 9-1

地毯型号	300 型	350 型	400 型	450 型	500
毯基上单位面积绒头质量（标称值）	300～349	350～399	400～449	450～499	500～549
地毯型号	550 型	600 型	650 型	700 型	750 型
毯基上单位面积绒头质量（标称值）	550～599	600～649	650～699	700～749	750～749

注：以上仅列举表内 10 个型号，簇绒地毯其他型号可以此类推，每个型号间距为 50g/m²。

簇绒地毯内在质量技术要求　　表 9-2

序号	特性	项目		单位	技术要求
1	基本性能	外观保持性[a]：六足 12000 次		级	≥2.0
2		绒簇拔出力[b]		N	割绒：≥10.0，圈绒：≥20.0
3		背衬剥离强力[c]		N	≥20.0
4		耐光色牢度[d]：氙弧		级	≥5,≥4(浅)[e]
5		耐摩擦色牢度	干	级	≥3～4
			湿	级	≥4
6		耐燃性：水平法（片剂）		mm	最大燃烧长度≤75，至少七块合格

序号	特性	项目		单位	技术要求
7		毯面纤维类型及含量	标称值	%	—
		羊毛或尼龙含量	下限允差	%	−5
8		毯基上绒头厚度、绒头高度、总厚度	标称值	mm	—
	结构规格		允差	%	±10
9		毯基上单位面积绒头质量、单位面积总质量	标称值	g/m²	—
			允差	%	±10
10		尺寸	幅宽 标称值	m	—
			幅宽 下限允差	%	−0.5
			卷长 标称值	m	—
			卷长 实际长度	%	大于标称值
11		室内有害物质释放量			应符合 GB 18587 中的规定

ᵃ 绒头纤维为丙纶或≥50%涤纶混纺簇绒地毯允许低半级。

ᵇ 割绒圈绒组合品种，分别测试、判定线绒簇拔出力，割绒：≥10.0N，圈绒：≥20.0N。

ᶜ 发泡橡胶背衬、无背衬簇绒地毯，不考核表中背衬剥离强力。

ᵈ 羊毛或羊毛混纺簇绒地毯允许低半级。

ᵉ "浅"标定界限为≤1/12标准深度。

注：凡是特征值未作规定的项目，由生产企业提供待定数据。

簇绒地毯外在质量技术要求　　表 9-3

序号	外观疵点	技术要求		
		优等品	一等品	合格品
1	破损（破洞、撕裂、割伤等）	无	无	无
2	污渍（油污、色渍、胶渍等）	无	不明显	不明显
3	毯面折皱	无	无	无
4	修补痕迹、漏补、漏修	不明显	不明显	稍明显
5	脱衬（背衬粘结不良）	无	不明显	稍明显
6	纵、横向条痕	不明显	不明显	稍明显
7	色条	不明显	稍明显	稍明显
8	毯面不平、毯边不平直	无	不明显	稍明显
9	渗胶过量	无	无	不明显
10	脱毛、浮毛	不明显	不明显	稍明显

注：附加任选特性应符合现行国家标准《簇绒地毯》
（GB/T 11746—2008）中附录 A 的规定。

（3）无纺地毯。无纺地毯是指无经纬编织的短毛地毯，是用于生产化纤地毯的方法之一。它是将绒毛线用特殊的钩针扎刺在用合成纤维构成的网布底衬上，然后在其背面涂上胶层使之粘牢、因此，无纺地毯又有针刺地毯、针扎地毯或粘合地毯之称。

无纺地毯由于生产工艺简单、生产效率较高，所以成本低、价格廉，是近些年出现的一种普及型、低价格地毯，其价格约为簇绒地毯的 1/4～1/3。但弹性、装饰性和耐久性较差。为提高其强度和弹性，可在毯底上加缝或加贴一层麻布底衬，或再加贴一层海绵底衬。近年来，我国还开发研制生产了一种纯毛无纺地毯，它是不用纺织或编织方法而制成的纯毛地毯。

4. 按规格尺寸不同分类

按规格尺寸不同，地毯可分为块状地毯和卷装地毯两种。

(1) 块状地毯。块状地毯多数制成方形或长方形，我国的块状地毯的通用规格尺寸为 610mm×610mm～3660mm×6710mm，共有 56 种规格。也可根据需要制成圆形、椭圆形地毯，其厚度视质量等级而有所不同。

纯毛块状地毯还可以成套供应，每套由若干块形状和规格不同的地毯组成。方块地毯常见规格有350mm×350mm、500mm×500mm 和 1000mm×1000mm 等几种。由于方块地毯的单位面积质量较大（一般为 4000g/m² 左右），且块与块之间为密实铺接，虽然无固定措施，但铺设后一般不易移动，表面也比较平整。

目前，我国生产的花式方块地毯，是由花色各

513

不相同、尺寸为 500mm×500mm 的方块地毯组成一箱，铺设时可用来组合成各种不同的图案。这种地毯的相邻两边留有燕尾榫，另外的相邻两边开有燕尾槽。在铺设时，可利用这种榫卯结构将方块地毯联成一个整体，以增强地毯的稳定性。花式方块地毯背面设有橡胶或泡沫塑料垫层，其弹性非常好，脚感也更为舒适。

块状地毯铺设方便灵活，位置可以随意移动，既可满足不同层次人的不同情趣要求，也可以给室内地面装饰设计提供更大的选择余地，还可对已磨损的部位随时进行调换，从而延长地毯的使用寿命，达到既经济又美观的目的。

（2）卷状地毯。化纤地毯、剑麻地毯和无纺纯毛地毯等通常为整幅的成卷包装供货的地毯，其幅宽有 1.8m、2.4m、3.2m 和 4.0m 等多种规格，每卷长度一般 20～50m，也可根据用户要求专门加工。这种地毯铺设成卷的整幅地毯，可使室内具有宽敞感、整洁感，但某处损坏后不易更换，地毯的清洗比较困难。

二、地毯的主要技术性能

地毯的主要技术性能是鉴定其质量的主要标准，也是用户采购地毯时的基本依据。地毯的主要技术性能包括：耐磨性、弹性、剥离强度、绒毛粘合力、抗老化性、抗静电性、耐燃性和抗菌性等。

（1）耐磨性。地毯的耐磨性是其耐久性的重要指标，通常是以地毯在固定压力下，磨至露出背衬时所需的耐磨次数表示，耐磨次数越多，表示耐磨性越好。地毯的耐磨性优劣，与所用面层材质、绒毛长度有关。一般机织化纤地毯的耐磨性优于机织羊毛地毯。我国上海生产的机织丙纶、腈纶化纤地毯，当毛长为 6～10mm 时，其耐磨次数可达 5000～10000 次，达到了国际同类产品的水平。表 9-4 所列为化纤地毯的耐磨性，从表中可看出，化纤地毯比羊毛地毯耐磨，地毯越厚越耐磨。

化纤地毯的耐磨性 表 9-4

面层织造工艺 及材料	绒毛高度 （mm）	耐磨性能 （次）	备　注
机织法丙纶	10	＞10000	地毯的耐磨次数是指地毯在固定的压力下磨损后露出背衬所需要的次数，这是地毯耐久性长短的技术指标
机织法腈纶	10	7000	
机织法腈纶	8	6400	
机织法腈纶	6	6000	
机织法涤纶	6	＞10000	
机织法羊毛	8	2500	
簇绒法丙纶、腈纶	7	5800	
日本簇绒法丙纶、腈纶	10	5400	
日本簇绒法丙纶、腈纶	7	5100	

（2）弹性。地毯的弹性是反映地毯受压力后，其厚度产生压缩变形的程度，这是评价地毯是否脚感舒适的重要指标。其弹性大小通常用动态负载下（即在规定次数下、周期性外加荷载撞击后）地毯厚度减少值及中等静负载后地毯厚度减少值来表示。表9-5中所列为地毯的弹性指标，从表中可以看出，化纤地毯弹性不如羊毛地毯，丙纶地毯的弹性次于腈纶地毯。

地毯的弹性指标　　　　　表9-5

地毯面层材料	厚度损失百分率（%）			
	500 次碰撞后	1000 次碰撞后	1500 次碰撞后	2000 次碰撞后
腈纶地毯	23	25	27	28
丙纶地毯	37	43	43	44
羊毛地毯	20	22	24	26
香港羊毛地毯	12	13	13	14
日本丙纶、腈纶地毯	13	23	23	25
英国"先驱者"腈纶地毯	—	14	—	—

（3）剥离强度。剥离强度是反映地毯面层与背衬复合强度的一项性能指标，通常以背衬剥离强度表示，即指采用一定的仪器设备，在规定的

速度下，将 50mm 宽的地毯试样，使之面层与背衬剥离至 50mm 长时所需的最大力。化纤簇绒地毯要求剥离强力必须大于 25N。我国生产的化纤簇绒地毯和机织丙纶地毯、腈纶地毯的剥离强力见表 9-6。

国产化纤簇绒地毯和机织丙纶
地毯、腈纶地毯的剥离强度　　　表 9-6

面层织造工艺及材料	剥离强度（干）(MPa)	剥离强度（湿 1)(MPa)	剥离强度（湿 2)(MPa)
簇绒法丙纶(横向)	0.109		
簇绒法腈纶(横向)	0.110	>0.069	>0.098
机织法丙纶(横向)	0.116		
机织法腈纶(横向)	0.105		

(4) 绒毛粘合力。绒毛粘合力是衡量地毯绒毛固结在地毯背衬上的牢固程度的指标。绒毛粘合力大小关系到地毯的使用年限和耐磨性好坏。化纤簇绒地毯的粘合力以簇绒拔出力来表示，要求平绒簇绒地毯的拔出力应大于 12N，圈绒地毯的拔出力应大于 20N，国产化纤地毯的粘合力见表 9-7。其中簇绒法丙纶地毯（麻布背衬）的粘合力可达 63.7N，高于日本产同类产品 51.5N 的指标。

国产化纤地毯的粘合力　　表 9-7

面层织造工艺及材料	粘合力(N)
簇绒法丙纶(无背衬)	5.60
簇绒法丙纶(麻布背衬)	63.7
簇绒法丙纶、腈纶(丙纶扁丝初级背衬、麻布次级背衬)	49.0

(5) 抗老化性。抗老化性主要是对化纤地毯而言。这是因为化学合成纤维是有机物,有机物在空气、光照等因素的长期作用下,会逐渐产生老化,使其性能下降。地毯老化后,受撞击和摩擦时会产生粉末现象。在生产化学纤维时,加入一定量的抗老化剂,可以提高其抗老化性能。地毯的抗老化性,通常是经紫外线照射一定时间后,对化纤地毯的耐磨次数、弹性及色泽的变化情况加以评定。国产丙纶地毯光照后的变化情况见表 9-8。

国产丙纶地毯光照后的变化情况　　表 9-8

紫外线照射时间(h)	毛高(mm)	耐磨次数(次)	厚度损失百分率(%)			
			500 次碰撞后	1000 次碰撞后	1500 次碰撞后	2000 次碰撞后
0		3400	32	36	39	41
100		3155	28	31	35	37
312	8	2852	33	43	45	47
500		2632	29	35	38	41

（6）抗静电性。静电性是表示地毯带电和放电的性能。地毯的静电大小与纤维本身的导电性有关。一般来讲，化学纤维未经抗静电处理时，其导电性能较差，致使化纤地毯所带静电比羊毛地毯要大，且极易吸尘，清扫除尘困难，严重时会使走在上面的人有种触电的感觉。因此，化纤地毯生产时常掺入适量抗静电剂，国外还采用增加导电性处理等措施。

化纤地毯的静电大小，常以表面电阻和静电压来表示。国产化纤地毯的表面电阻及静电压见表9-9。目前，我国生产幻化纤地毯的静电值比较大，尚需进一步改善其抗静电能力。

国产化纤地毯的表面电阻及静电压　表9-9

地毯面层材料及背衬	表面电阻(Ω)	静电压(V)
腈纶地毯(麻布背衬)	5.45×10^9	$+16 \sim +4$[①]
涤纶地毯(麻布背衬)	1.41×10^{11}	$-8 \sim -6$[①]
丙纶地毯(麻布背衬)	5.80×10^{11}	$+60$
丙、腈纶地毯(麻布背衬)	8.50×10^9	-10

[①]表示有放电现象，表中数值是在2s内电压值的变化。

（7）耐燃性。耐燃性是指地毯遇到火种时，在

519

一定时间内燃烧的程度。由于化学纤维一般为易燃物质，所以在生成化纤地毯常加入一定量的阻燃剂，以使织成的地毯具有自熄性或阻燃性。国家标准规定：当化纤地毯燃烧时间在 12min 以内，其燃烧面积的直径在 17.96cm 以内，则认为耐燃性合格。化纤地毯的耐燃性见表 9-10。

化纤地毯的耐燃性 表 9-10

地毯样品名称	燃烧时间(s)	燃烧面积及形状	说明
机织法腈纶地毯	108	3.2cm×2.0cm 的椭圆	
机织法丙纶地毯	143	直径为 2.4cm 的圆	合格
机织法涤纶地毯	104	3.1cm×2.4cm 的椭圆	
簇绒法丙纶地毯	626	直径为 3.6cm 的圆	

需要特别注意的是，化纤地毯在燃烧时会释放出有害气体及大量烟雾，很容易使人窒息，难以逃离火灾现场，甚至造成死亡。因此，应尽量选用阻燃性良好的化纤地毯，避免使用非阻燃型地毯。

（8）抗菌性。地毯作为地面覆盖材料，在使用过程中比较容易被虫、菌等的侵蚀而引起霉变。因此，地毯生产过程中要掺加适宜的外加剂，进行防霉、抗菌等处理。通常规定，凡能经受 8 种常见霉菌和 5 种常见细菌的侵蚀而不长菌或不霉变的地毯，则认为是抗菌性合格。化纤地毯的抗菌性优于纯毛地毯。

三、纯毛地毯

纯毛地毯分手工编织地毯和机织地毯两种。前者是我国传统的手工工艺品之一，后者是近代发展起来的较高级的纯毛地毯制品。

（一）手工编织纯毛地毯

我国的手工编织纯毛地毯，已有两千多年的历史，一直以"中国地毯"的艺精工细而闻名于世，至今仍是国际市场上的畅销产品。手工编织纯毛地毯图案优美、色彩鲜艳、质地厚实、富有弹性、经久耐用等特点。用以铺地，触感柔软舒适，富丽堂皇，其铺地装饰效果极佳。

手工编织的纯毛地毯的生产是中国特产的优质羊毛纺纱，用现代染料染出最牢固的颜色，用精湛的技巧织出瑰丽的图案，再以专用机械平整绒面，用特殊的技术剪凹花及周边，用化学方法洗出丝光，用传统手工修整地毯成品。

手工编织的纯毛地毯，由于费工费时、做工精细、造价较高、产品名贵，一般用于国际性、历史性、国家级重要建筑物的室内地面（如迎宾馆、会客厅、大会堂等）的铺装，也可用于高级宾馆、饭店、住宅、会客厅、会堂、展览馆、舞台等装饰性要求高的建筑及场所。

　　手工编织的纯毛地毯，是自下往上垒织裁绒打结（8字扣，国际上称"波斯扣"）而制成的，每垒织打结完一层称为一道，一般按每平方英尺垒织的道数多少，来表示地毯的裁绒密度。道数越多，裁绒密度越大，地毯质量越好，价格也越高。地毯的档次与道数也成正比关系，一般家庭用地毯为90～150道，高级装饰用的地毯均在200道以上，个别的地毯可以达400道。我国手工纯毛地毯的主要规格、性能，如表9-11所示。

　　（二）机织纯毛地毯

　　机织纯毛地毯是以羊毛为主要原料，采用机械编织工艺而制成的。这种地毯具有表面平整、光泽明亮、富有弹性、脚感柔软、耐磨耐用等优点。与化纤地毯相比，其回弹性、抗静电、抗老化、耐燃性均优于化纤地毯；与手工纯毛地毯相比，其性能基本相同，但价格远低于手工地毯。因此，机织纯毛地毯是介于化纤地毯与手工纯毛地毯之间的中档地面装饰材料。

　　建筑室内地面铺设机织纯毛地毯后，不仅能起到良好的装饰作用，而且还对楼地面具有良好的保温隔热及吸声隔声效果，可降低室内的采暖空调费用，并增加室内的宁静感。因此，机织纯毛地毯特

纯毛地毯主要规格、性能

表 9-11

品　名	规格/(mm×mm)	性能特点	生产厂家
90道手工打结羊毛地毯 素式羊毛挂毯 艺术挂毯	610×910~3050×4270 等各种规格	以优质羊毛加工而成,图案华丽、柔软舒适。羊固耐用。传统产品90道羊毛地毯,手工打结羊毛地毯,荣获轻工业部工艺美术百花奖银奖	上海地毯总厂
90道羊毛地毯 120道羊毛艺术挂毯	厚度:6~15 宽度:按要求加工 长宽:按要求加工	用上等纯羊毛手工编织而成。经化学处理,防蛀,图案美观,柔软耐用	武汉地毯厂
90道机拉洗高级羊毛 手工地毯 120、140道高级艺术挂毯 (出口商标为:海鸥)	任何尺寸与形状	产品有:北京武、美术武、彩花武、素古式及风景武,京彩武,京美武等	青岛地毯厂

523

品　名	规格/(mm×mm)	性　能　特　点	生　产　厂　家
高级羊毛手工栽绒地毯（飞天牌）	各种形状规格	以上等羊毛加工而成，有北京式、美术式、彩花式、素凸式、敦煌式、仿古式等	兰州地毯总厂
羊毛满铺地毯电针锈枪地毯艺术壁毯（工美牌）	有各种规格	以优质羊毛加工而成。电锈地毯可仿制传统手工地毯图案、古色古香，现代图案富有时代气息。壁毯图案粗扩朴实、风格多样，价格仅为手工编织壁毯的1/10～1/5	北京市地毯二厂

524

别适用于宾馆、饭店的客房、楼梯、楼道、宴会厅、酒吧间、会客厅、会议室、家庭、体育馆等室内满铺使用。另外，机织纯毛地毯还有阻燃性的产品，可以用于防火性能要求较高的建筑室内地面。我国机织纯毛地毯的品种和规格，如表 9-12 所示。

纯毛机织地毯的品种与规格　　　**表 9-12**

品种	毛纱股数	厚度（m）	规格
A 型纯毛机织地毯	3	0.31	宽 5.5m 以下，长宽不限
B 型纯毛机织地毯	2	0.31	宽 5.5m 以下，长宽不限
纯毛机织麻背地毯	2	0.38	宽 3.1m 以下，长宽不限
纯毛机织楼梯道地毯	3	0.38	宽 3.1m 以下，长宽不限
纯毛机织提花美术地毯	4	0.38	4ft×6ft；6ft×9ft；9ft×12ft
A 型纯毛机织阻燃地毯	3	0.31	宽 5.5m 以下，长宽不限
B 型纯毛机织阻燃地毯	2	0.25	宽 5.5m 以下，长宽不限

注：1ft＝0.3048m；1in＝2.54m。

四、化纤地毯

化纤地毯系以化学合成纤维为主要原料，按一定的织法制成面层织物后，再与背衬材料进行复合而成。化纤地毯的化学纤维材料种类很多，如聚丙烯（丙纶）、聚丙烯腈（腈纶）、聚酯（涤纶）和尼龙（锦纶）纤维等。按其织法不同，化纤地毡可分为簇绒地毯、针刺地毯、机织地毯、编织地毯、粘结地毯、静电植绒地毯等多种。其中，以簇绒地毯的产销量最大。

（一）化纤地毯的特点

化纤地毯具有质轻耐磨、色彩鲜艳、脚感舒适、富有弹性、铺设简单、价格便宜等特点，还具有吸声、隔声、保温、装饰等功能。由于化纤地毯可以机械化生产，其产量较高，价格较低，加之其耐磨性优良，且不易虫蛀和霉变，所以很受人们的欢迎。其主要适用于宾馆、饭店、招待所、接待室、餐厅、住宅居室以及船舶、车辆、飞机等地面装饰铺设。化纤地毯既可以摊铺基层面上，也可以粘铺在木地面、马赛克、水磨石或水泥砂浆表面上。

最近几年，化学纤维材料在飞速发展，由于化纤材料具有独特的优点，化纤地毯的需求量日益增加，世界上化纤地毯产量约占地毯总量的80%。我国自20世纪80年代开始生产化学纤维，目前产品质量已赶上国际同类产品的水平，并成为化学纤维生产大国。据统计，2000年我国化纤地毯生产量已达到1200万 m^2。据有关专家预计，到2020年全国化纤地毯需求量将达到8000万 m^2，品种基本

526

可以配套，可满足不同要求的建筑物对抗静电、阻燃、防毒、防玷污、耐磨损等功能的要求。

（二）化纤地毯的构造

化纤地毯一般由面层、防松涂层及背衬层所构成。

（1）地毯面层。通常化纤地毯依据其面层采用的纤维材料命名，如面层采用丙纶（聚丙烯纤维）纤维的化纤地毯，则称为丙纶纤维地毯。另外，还有腈纶（聚丙烯腈纤维）化纤地毯、涤纶（聚酯纤维）化纤地毯、锦纶（尼龙纤维）化纤地毯等。

化纤地毯的面层纤维密度较大，毯面的平整度好，但工序较多，织造速度不如簇绒法快，因此成本比较高。面层的绒毛有长绒、中长绒、短绒、起圈绒、卷曲绒、高低圈绒、平绒圈绒组合等多种，地毯一般多采用中长绒制作的面层，其绒毛不易脱落和起球，使用寿命比较长。另外，纤维的粗细也会直接影响地毯的弹性与脚感。

（2）防松涂层。防松涂层多以氯乙烯-偏氯乙烯共聚乳液为基料，添加适量的增塑剂、增稠剂及填充料等配制而成，可增加地毯绒面纤维在初级背衬上的固着牢度，使之不易脱落，同时又可在初级背衬上形成一层薄膜，防止胶粘剂渗到绒面层内，可控制和减少初级、次级背衬复合时胶粘剂的用量，并可以增加粘结强度。

（3）地毯背衬。化纤地毯的背衬层由初级背衬和次级背衬组成。初级背衬对地毯面层起固着作用，要求具有一定的耐磨性，用料为黄麻平织网或聚丙烯机织布及无纺布。次级背衬是附于初级背衬后面的材料，主要用以增加地毯的厚度及弹性，用料一般为黄麻布、聚丙烯、丁苯胶乳与热塑性橡胶泡沫、聚氯乙烯共聚型泡沫及聚氨酯泡沫等。

（三）化纤地毯的品种

化纤地毯的品种很多，按其加工方法不同，主要分为簇绒地毯、针刺地毯、机织地毯和印染地毯。

（1）簇绒地毯。簇绒地毯是由毯面纤维、初级背衬、防松涂层和次级背衬四部分组成的一种有麻布背衬的圈绒地毯。这种地毯单位面积的纤维用量较高，因而成本相应也高，但有较好的弹性，脚感舒适。目前，簇绒化纤地毯是国内外化纤地毯中产量最多的一种。

（2）针刺地毯。针刺地毯总体质量不如簇绒地毯，其弹性较差、脚感较硬，但造价低廉。针刺地毯适用于更换周期频繁的场所，属化纤地毯中的低档产品。

（3）机织地毯。机织化纤地毯具有非常美丽和复杂的花纹图案，采用不同的织造工艺还能生产出不同表面质感的地毯。此外，机织化纤地毯的毯面纤维密度较大，毯面平整度优于针刺地毯和簇绒地毯，但机织速度不如簇绒法快，加上工序比较多，其成本也较高。

（4）印染地毯。印染化纤地毯一般是在簇绒地毯上印染各种花纹图案，使地毯表面的图案绚丽多姿，这种地毯的价格要比机织化纤地毯低得多，但其印花图案的耐久性不如机织化纤地毯或编织化纤地毯。

五、尼龙地毯

羊毛作为传统的地毯用料，具有天然纤维特有的优良性能，自古至今在高档地毯市场中独占鳌头，但在使用过程中却暴露出易污染难洗涤、易产生水渍现象、不耐磨损、易使细菌繁殖等不尽如人意之处。近几年，随着人民生活水平的不断提高，以及装饰事业的飞速发展，给作为高档铺地材料的地毯带来良好的销售前景。随着纤维业的不断发展，生产技术的推陈出新以及尼龙地毯防污防渍技术的研制改进，使现代地毯生产及用户的选择观念发生巨大改变。如今尼龙纤维已成为地毯制造工业中使用最多的材质，已经在发达国家地毯市场中占据了80％的份额，且呈逐渐增长的趋势。

地毯的铺设如何是影响整个室内空间设计效果的重要因素，不论色彩、质感、样式，都能带来视觉、触觉上的效果。但是，在选择地毯时不仅要注意其美观、华丽，而且还要注意其经久耐用。在比较锦纶（尼龙）与丙纶、腈纶、涤纶、纯毛、混纺等地毯的耐磨性、可清洁性、耐尘土性、耐污渍性、抗静电性、耐燃性技术指标后，还是以锦纶（尼龙）地毯为最适宜。

尼龙地毯与羊毛地毯相比，尼龙地毯具有以下明显的优点：①经过热定型处理，尼龙地毯比羊毛地毯具有更好的弹性；②不断进步的防污工艺，能防止各类污渍渗透到尼龙纤维之中，使尼龙纤维地毯更易清洗；③防污防尘的处理在防止污渍渗透尼龙纤维的同时，能使尼龙地毯的色泽保持艳丽如新；④即使在频繁使用的情况下，尼龙地毯仍具有很好的耐磨性和抗倒伏性。

世界上尼龙纤维的主要生产国家有美国、中国、韩国和德国。美国现今生产的短纤维产量减少，但地毯用的长纤维产量增加，1990～2010 年的年平均增长率为 0.9%，美国国内生产的尼龙纤维，四分之三用于地毯生产。我国在尼龙纤维方面推行自给化，尼龙纤维的生产年均增长率高达 13.5%，据有关部门统计，每年我国尼龙地毯的消

费量均超过 $1.5 \times 10^7\,\text{m}^2$。随着人们对尼龙地毯需求的增加，尼龙地毯市场必将得到长足发展。

六、新型地毯

随着人们生活质量的日益提高和对装饰工程的配套要求，各种功能独特的地毯纷纷问世，并不断推向市场，备受消费者的青睐。

(1) 发电地毯。德国发明了一种能发电的地毯，它是利用摩擦生电的原理研制成功的。当人踏在地毯上走动时即能发电，若用导线连接，可供家电使用，也可对蓄电池进行充电。这种地毯装有绝缘层，安全可靠。

(2) 防火地毯。英国生产了一种防火地毯，它是用特殊的亚麻布制成，用火烧 0.5h 后仍然完好无损，防火性能极佳，而且还具有防水、防蛀的功能。

(3) 保温地毯。日本推出一种电子保温地毯，具有自动调节室温的功能，其地毯上装有接收装置，每隔 5min 向安装在墙上的温度遥控仪发出室温资料。当室温较低时，接收装置会自动接通电源，使地毯温度上升；当温度达到要求时，则会断掉电源停止供暖。

(4) 光纤地毯。美国一家公司研制生产出一种光纤地毯，内含丙烯酸系光学纤维。这种光纤地毯能发出各种闪光的美丽图案，既可用来装饰房间，也可作为舞厅及演出照明等。一旦公共建筑内发生停电时，光纤地毯还会显示出各个指示箭头，给人指路。

(5) 变色地毯。国外市场上有一种变色地毯，这种地毯可以根据人们不同喜爱而变换颜色。编织这种地毯的毛纱需要先用特殊化学方法加入各种底色，当人们喜爱某种颜色时，只需在洗毯时加入特殊的化学变色剂，便可得到自己喜爱的色调。每洗一次，都可变换一种颜色，使人感到像是又铺上一块新地毯。

(6) 小面地毯。日本最近生产出一种小面积地毯，每块的面积仅有 $50cm^2$，铺设时可以不用搬出家具，像铺瓷砖那样方便地铺在地板上。如果常走之处磨损严重时，也只更换磨损部分即可。这种地毯有各种颜色，能和所用家具、窗帘的色调相协调。

(7) 吸尘地毯。捷克一家公司生产了一种吸尘地毯，这种地毯由一种静电效应很强的聚合材料制成，它不仅能自动清除鞋底带来的灰尘，而且还能吸收空气中的尘埃。当地毯吸附的尘埃过多时，可通过敲打或用湿布拭去，即可重新吸尘。

(8) 木质地毯。我国台湾建材市场上推出一种可拆式木质地毯，这种地毯以美国的橡木为原料，经过精加工组装而制成。它具有原木风格，质感细腻，色泽优雅。可拆式木质地毯表面经过 5 次涂装，不仅防尘效果好，而且耐磨、耐酸碱、清洗容易、保洁如新。此外，这种地毯底布采用了 100％的纯棉，消声效果也很好。

（9）夜光地毯。英国发明了一种能发光地毯，这种地毯在纺织过程中加入了光学纤维，在灯光的照射下，能变换出各种闪光的图案。当房间内突然停电时，地毯可发出微光照明。

（10）拼接地毯。日本生产出一种新式拼接地毯，只用三角形、梯形等形状的小单元，就可根据春夏秋冬季节、用途等组合出色彩丰富、多种效果的几何纹样。同时，这种地毯正反面色彩不同，可以两面使用，具有较好的装饰功能。

（11）防水隔热地毯。这种新型的防水隔热地毯，是在两层布中间装有防水隔热材料而制成。这种地毯可铺设在预制的水泥砂浆面层上，可起到防水、隔热、保温、阻燃、绝缘等作用。该地毯施工简便、迅速、质量高且不污染环境。

（12）多功能地毯。英国以聚丙烯短纤维为原料，研制出一种耐洗刷、耐腐蚀、不发霉、不褪色、不怕晒、耐严寒的多功能地毯。它非常适用于游泳池边、轮船甲板等公共场所装饰使用。

（13）灭火型地毯。澳大利亚发明生产出一种能防火灾的灭火型地毯，该地毯表面上很像普通的羊毛地毯，但它吸饱了具有很强的冷却作用的特殊液体，这种特殊液体不仅能防止地毯被烧，而且遇到火焰时能立即把火扑灭。另外，该种地毯还具有杀菌功能。

（14）天然地毯。天然地毯是指 20 世纪 80 年代在欧洲出现的，采用天然物料编织而成的新型地毯。它区别于羊毛、化纤等传统地毯，一般包括剑麻地毯、椰棕地毯、水草地毯和纸地毯。天然地毯问世以来，由于它具有独特的质感和优良的特点，而且符合现代人们追求绿色环保的时代潮流，因而在欧洲、北美洲和澳洲等地大量使用越来越普及，在世界其他地区越来越受欢迎，并得到广泛应用。

以剑麻地毯为例，除具有传统地毯柔软、保温、隔声、安全等一般共性之外，还具有自身独特的优点：一是它含有一定的水分，可以随着环境变化而吸收空气中的水分，或向空气中放出水分，用来调节室内和空气湿度；二是它表面摩擦力大、耐久性强，特别适合铺设楼梯等经常摩擦的部位；三是它节能性比较强，相当于合成地板，可以减少约一半的空调费用；四是它的弹性比较高、防细菌、防虫蛀、防静电、阻燃防火；五是它容易清洁和保养，使用寿命较长；六是它适用于所有生活环境，能给人们提供一个天然的家居空间等。

七、地毯使用中的注意事项

地毯在使用中如果方法不当，不仅达不到使用效果，而且会造成不应有的损失。因此，在地毯的使用过程中应注意以下事项：

（1）对于暂时不用的地毯，应当沿顺毛方向卷起来，洗净、晒干、凉透后用塑料薄膜包裹，贮存在通风、干燥的室内，温度不超过 40℃，并避免阳光直接照射。对于纯毛地毯应定期放防虫药物，以防造成虫蛀。在打卷时应做到毯边齐整，不得出现螺丝状边缘。

（2）在地毯上放置家具时，接触地毯的部分最好用垫片隔离，以减轻对毯面的压力，或定期移动家具的位置，避免地毯产生变形。对于经常行走、践踏或磨损严重的部位，应采取措施或调换位置使用。

（3）铺设的地毯应尽量避免阳光直射，在使用过程中，不得沾染油污、酸性物质、茶渍、墨水、饮料等，如一旦出现玷污，应及时进行清除。

（4）在使用过程中，应做好经常性的清扫除尘工作，最好每天用吸尘器沿着顺行方向轻轻清扫一遍。所使用的清洁工具不得带有齿状或边缘粗糙，以免损坏地毯。

（5）地毯应经常进行检查、清洗和维修，如出现局部虫蛀或磨损，应当请专业人员及时进行修复。

第二节　墙面装饰织物

墙面装饰织物是目前国内外使用最为广泛的装饰材料。墙面装饰织物以多变的图案、丰富的色泽、仿照传统材料的外观，以独特的柔软质地产生的特殊效果，装饰空间，美化环境，起到把温暖和祥和带到室内的作用，深受用户的欢迎。在宾馆、住宅、办公楼、舞厅、影剧院等有装饰要求的室内墙面、顶棚、柱面，应用较为普遍。

目前，我国生产的墙面装饰织物的品种很多，在工程中主要品种有：织物壁纸、玻璃纤维印花贴墙布、无纺贴墙布、化纤装饰贴墙布、麻草壁纸、皮革及人造革，以及锦缎、丝绒、呢料等高级织物。

一、壁纸类材料

纸基织物壁纸系以棉、麻、丝、毛等天然纤维织物或化学纤维当作面料，制成的各种色泽、花式白粗细纱或织物，用不同的纺织工艺和花色拈线加工方式，将纱线粘贴到基层纸上，从而制成花样繁多的纺织纤维壁纸。也可以用扁草、竹丝或麻皮条等天然材料，经过漂白或染色再与棉线交织后同基纸粘贴，制成植物纤维壁纸。

536

（一）壁纸

根据现行行业标准《壁纸》（QB/T 4034—2010）中的规定，壁纸也称为墙纸，主要以纸为基材，通过胶粘剂粘贴于墙面或天花板上的装饰材料，不包括墙毡及其他类似的墙挂。壁纸可分为纸基壁纸和无纺纸基壁纸、纯纸壁纸和纯无纺纸壁纸。

1. 壁纸尺寸及面积要求

我国生产的壁纸宽度为 500～530mm 或 600～1400mm，500～530mm 宽的成品壁纸的面积应为 $(5.326\pm0.03)m^2$。每卷壁纸都应标明其宽度和长度，且长度和宽度允许偏差应不超过额定尺寸的 $\pm1.5\%$。

2. 壁纸每卷段数和段长

根据现行行业标准《壁纸》（QB/T 4034—2010）中的规定，10m/卷的成品壁纸每卷为一段，15m/卷和 50m/卷成品壁纸每卷段数和段长应符合表 9-13 中的要求。

15m/卷和 50m/卷成品壁纸每卷

| 段数和段长 | | | 表 9-13 |

项目	技术要求		
	优等品	一等品	合格品
每卷段数（段）	≤2	≤3	≤5
每段长度（m）	≥5	≥3	≥3

3. 壁纸的外观质量要求

成品壁纸外观质量应符合表 9-14 中的要求。

成品壁纸外观质量　　　　表 9-14

项目	技术要求		
	优等品	一等品	合格品
色差	不应有明显差异		允许有差异,但不影响使用
伤痕和皱折	不应有		允许基材有轻微折印,但成品表面不应有死折
气泡	不应有		不应有影响外观的气泡
套印精度	偏差不大于 1.5mm		偏差不大于 2.0mm
露底	不应有		露底不大于 2.0mm
漏印	不应有		不应有影响外观的漏印
污染点	不应有	不应有目视明显的污染点	允许有目视明显的污染点,但不应密集

4. 壁纸的物理性能

（1）成品纸基壁纸和无纺纸基壁纸的物理性能应符合表 9-15 中的要求。

（2）成品纯纸壁纸和纯无纺纸壁纸的物理性能应符合表 9-16 中的要求。

（二）聚氯乙烯壁纸

根据现行行业标准《聚氯乙烯壁纸》（QB/T 3805—1999）中的规定,聚氯乙烯壁纸系指以纸

成品纸基墙纸和无纺纸基壁纸的物理性能

表 9-15

指标名称		单位	优等品		一等品		合格品	
			纸基壁纸	无纺纸基壁纸	纸基壁纸	无纺纸基壁纸	纸基壁纸	无纺纸基壁纸
						技术要求		
褪色性		级	≥4		≥4		≥3	
耐摩擦色牢度	干摩擦 纵向	级	>4		>4		>3	
	干摩擦 横向							
	湿摩擦 纵向	级	≥4		3~4		≥3	
	湿摩擦 横向							
遮蔽性[a]		级	≥4		≥3		≥3	
湿润拉伸负荷	纵向	kN/m	≥0.33	≥0.67	≥0.20	≥0.53	≥0.13	≥0.33
	横向							

指标名称		单位	技术要求					
			优等品		一等品		合格品	
			纸基壁纸	无纺纸基壁纸	纸基壁纸	无纺纸基壁纸	纸基壁纸	无纺纸基壁纸
粘合剂可拭性b（横向）		—	20次无外观上的损伤和变化					
可洗性c	可洗	—	30次无外观上的损伤和变化					
	特别可洗	—	100次无外观上的损伤和变化					
	可刷性	—	40次无外观上的损伤和变化					

a 对于粘贴后需再做涂饰的产品，其遮蔽性不作考核。

b 可拭性是指粘贴壁纸的粘合剂附在壁纸的正面，在粘合剂未干时，应有可能用湿布或海绵拭去，而不留下明显痕迹。

c 可洗性是壁纸在粘贴后粘贴期内用水洗涤的性能。

成品纯纸壁纸和纯无纺纸壁纸的物理性能　　　　表 9-16

指标名称			单位	技术要求					
				优等品		一等品		合格品	
				纯纸壁纸	纯无纺纸壁纸	纯纸壁纸	纯无纺纸壁纸	纯纸壁纸	纯无纺纸壁纸
耐摩擦色牢度	褪色性	干摩擦 纵向	级	>4	>4	≥4	≥4	≥3	≥3
		干摩擦 横向							
		湿摩擦 纵向	级	≥4	≥4	3~4	3~4	≥3	≥3
		湿摩擦 横向							
遮蔽性[a]			级	≥4	≥4	≥3			
湿润拉伸负荷		纵向	kN/m	≥0.53	≥1.00	≥0.33	≥0.67	≥0.20	≥0.53
		横向							

541

指标名称	单位	技术要求					
		优等品		一等品		合格品	
		纯纸壁纸	纯无纺纸壁纸	纯纸壁纸	纯无纺纸壁纸	纯纸壁纸	纯无纺纸壁纸
吸水性	g/m²	≤20.0		≤50.0		≤50.0	
伸缩性	%	≤1.2	≤0.6	≤1.2	≤1.0	≤1.5	≤1.5
粘合剂可拭性b（横向）	—	20 次无外观上的损伤和变化					
可洗性c 可洗	—	30 次无外观上的损伤和变化					
可洗性c 特别可洗	—	100 次无外观上的损伤和变化					

a 对于粘贴后需再做涂饰的产品，其遮蔽性不作考核。

b 可拭性是指粘贴壁纸的粘合剂附在壁纸的正面，在粘合剂未干时，应有可能用湿海绵拭去，而不留下明显痕迹。

c 可洗性是壁纸在粘贴后的使用期内可洗涤的性能。

为基材，以聚氯乙烯塑料为面层，经压延或涂布以及印刷、轧花或发泡而制成的聚氯乙烯壁纸。本成品用粘合剂贴于建筑物的内墙或顶棚的镶面，粘贴后不需要进行再装饰。

1. 聚氯乙烯壁纸尺寸要求

我国生产的壁纸宽度为 530±5mm 或（900～1000)±10mm；530mm 宽的成品壁纸每卷长度为 10+0.05m，900～1000mm 宽的成品壁纸每卷长度为 50+0.50m。其他规格尺寸由供需双方协商或以标准尺寸的倍数供应。

2. 聚氯乙烯壁纸每卷段数和段长

根据现行行业标准《聚氯乙烯壁纸》（QB/T 3805—1999）中的规定，10m/卷的成品壁纸每卷为一段，50m/卷成品壁纸每卷段数和段长应符合表 9-17 中的要求。

50m/卷成品壁纸每卷段数和段长　表 9-17

项目	技术要求		
	优等品	一等品	合格品
每卷段数（段）	≤2	≤3	≤6
每段长度（m）	≥10	≥3	≥3

3. 聚氯乙烯壁纸的外观质量要求

成品聚氯乙烯壁纸外观质量应符合表 9-18 中的要求。

成品聚氯乙烯壁纸外观质量　　　表 9-18

项目	技术要求		
	优等品	一等品	合格品
色差	不允许有	不应有明显差异	允许有差异,但不影响使用
伤痕和皱折	不允许有		允许基材有轻微折印,但成品表面不应有死折
气泡	不允许有		不应有影响外观的气泡
套印精度	偏差不大于 0.7mm	偏差不大于 1.0mm	偏差不大于 2.0mm,但不允许密集
露底	不允许有		露底不大于 2.0mm
漏印	不允许有		不应有影响外观的漏印
污染点	不允许有	不应有目视明显的污染点	允许有目视明显的污染点,但不应密集

4. 聚氯乙烯壁纸的物理性能

成品聚氯乙烯壁纸的物理性能应符合表 9-19 中的要求。

成品纸基壁纸和无纺纸基
壁纸的物理性能　　　　表 9-19

指标名称			单位	技术要求		
				优等品	一等品	合格品
褪色性			级	>4	≥4	≥3
耐摩擦色牢度	干摩擦	纵向	级	>4	≥4	≥3
		横向				
	湿摩擦	纵向		>4	≥4	≥3
		横向				
遮蔽性			级	4	≥3	≥3
湿润拉伸负荷		纵向	N/15mm	>2.0	>2.0	>2.0
		横向				
粘合剂可拭性(横向)			—	20 次无外观上的损伤和变化		
可洗性	可洗		—	30 次无外观上的损伤和变化		
	特别可洗		—	100 次无外观上的损伤和变化		
	可刷性		—	40 次无外观上的损伤和变化		

（三）纸基织物壁纸

　　纸基织物壁纸是以棉、麻、毛等天然纤维成的各种色泽、花色和粗细不同的纺线，经特殊工艺处理和巧妙的艺术编排，粘合于纸基上而制成。这种壁纸面层的艺术效果，主要通过各色纺线的排列来达到，有的用纺线排出各种图案花纹，有的带有荧光，有的线中夹有金、银丝，使壁纸呈现金光闪闪，还可以压制成浮雕绒面图案，装饰效果别具一格。纸基织物壁纸的特点主要是：色彩柔和幽雅，墙面立体感强，吸声效果较好，粘结性能优良，耐日晒，不褪色，无毒无害，无静电，不反光，且具有较好的透气性和调湿性。适用于宾馆、饭店、办公室、会议室、接待室、疗养院、计算机房、广播室及家庭卧室等室内墙面装饰。

（四）麻草壁纸

麻草壁纸是以纸质材料为基底，以编织的麻草为面层，经过复合加工而制成的墙面装饰材料。麻草壁纸的厚度一般为 0.3～1.3mm，其宽度一般为 960mm，长度有 5.5m、7.32m 等多种规格。麻草壁纸采用麻草、席草、龙须草等天然植物为原料，以手工或其他方式编织成各种图案的织物，再衬以底层材料制作的壁纸，有其特殊的装饰性。

麻草壁纸不仅具有吸声、阻燃、不吸尘、易散潮湿、不易变形、对人体无任何影响等优良特点，而且更具有自然、古朴、粗犷的大自然之美，给人以置身自然原野之中、回归自然的感觉。主要适用于影剧院、会议室、舞厅、酒吧、接待室、饭店、

546

宾馆等的墙壁贴面装饰，也可用于商店的橱窗设计。

（五）金属面墙纸

金属面墙纸也称为金属质感壁纸、装饰金属壁纸，以金属箔为面层、纸为底层，可根据装饰要求采用印花或压花工艺而组成。金属质感壁纸是以金色和银色为主要色彩，此类墙纸的面层以金箔、银箔、铜箔仿金、铝箔仿银为主。通过真空镀膜等工艺，结合普通壁纸生产工艺在壁纸表面达到金、银、铜、锡、铝等金属材料的质感。这种墙纸具有不锈钢和黄铜等金属的质感与光泽，还具有寿命长、抗老化、耐擦洗、耐污染等特点。

装饰金属壁纸是一种新型的室内装饰材料，因具有金属丝和金属线条特有的柔韧度和光泽度，也就直接形成了与众不同的现代金属装饰的艺术风格。装饰金属壁纸是美的代言词，流动的线条，朦胧的感觉，给人带来无限的神秘感、无限的典雅和无限的享受。

二、墙布类装饰材料

1. 无纺贴墙布

无纺贴墙布是采用棉、麻等天然纤维或涤纶、腈纶等合成纤维，经过无纺成型、上树脂、印花等工序而制成的一种新型贴墙材料。按所用原料不同，无纺贴墙布可分为棉、麻、涤纶、腈纶等，各种无纺墙布均有多种花色图案。

无纺贴墙布的特点是：布体挺括、富有弹性、不易折断、耐老化性好、对皮肤无刺激作用；且色彩鲜艳、图案雅致、粘贴方便，具有一定的透气性和防潮性，耐擦洗而不褪色。适用于各种建筑物的内墙装饰。尤其是涤纶棉无纺贴墙布，除具有麻质无纺贴墙布的所有性能外，还具有质地细腻、表面光滑等特点，特别适用于高档宾馆、高级住宅等建筑物墙面装修。

2. 玻璃纤维墙布

玻璃纤维墙布采用天然石英材料精制而成，集技术、美学和自然属性为一体，高贵典雅，返璞归真，独特的欧洲浅浮雕的艺术风格是其他材料所无法代替的。天然的石英材料造就了玻纤壁布环保、健康、超级抗裂的品质，各种编织工艺凸现了丰富的纹理结构，结合墙面涂饰的色彩变化，是现代家居装修必选的壁饰佳品。这种墙布具有绝对环保、装饰性强、耐擦洗、可消毒、不发霉、防开裂虫蛀、防火性强和应用广泛等特点。

3. 棉纺装饰贴墙布

棉纺装饰墙布是将纯棉平布为基材，经过处理、印花、涂布耐磨树脂等工序制作而成。这种墙布的特点是：强度较大、静电较弱、蠕变性小、无反光、吸声性好、花型繁多、色泽美观大方；尤其是具有无毒、无味的优良性能，使其具有广泛的适用性。一般常用于宾馆、饭店、公共建筑及较高级的民用住宅的装修。能适合用于水泥砂浆墙面、混凝土墙面、石灰砂浆墙面、石膏板墙面、胶合板、纤维板及石棉水泥板等多种基层上使用，也可以用于浮挂。

棉纺装饰墙布还可以用于窗帘，夏季采用这种薄型的淡色窗帘，无论其是自然下垂时或双开平拉成半弧形式，均会给室内创造出清静和舒适的氛围。

4. 化纤装饰贴墙布

化纤装饰贴墙布化纤也称为"人造纤维"。化纤装饰贴墙布是以人造化学纤维（如涤纶、腈纶、丙纶等）织成的化纤布（单纶或多纶）为基材，经一定处理后印花而成。化学纤维种类繁多，各具不同性质，常用的纤维有黏胶纤维、醋酸纤维、聚丙烯纤维、聚丙烯腈纤维、锦纶纤维、聚酯纤维等。所谓"多纶"是指多种化学纤维与棉纱混纺制成的贴墙布。

这种墙布具有无毒、无味、透气、防潮、耐磨、无分层等特点。这种贴墙布适用于各级宾馆、旅店、办公室、会议室和居民住宅等建筑的室内墙面装修。

三、高级墙面装饰织物

高级墙面装饰织物主要指锦缎、丝绒、呢料等织物，这些织物由于纤维材料不同、制造方法不同及处理工艺不同，所产生的质感和装饰效果也必然有所不同。锦缎也称为织锦缎，常被用于高档室内墙面的浮挂装饰，也可用于室内高级墙面的裱糊。丝绒具有色彩绚丽、图案丰富、质感和光泽极好等特点，作为装饰织物显得华贵高雅，常被用于高档室内墙面和窗帘等装饰。粗毛呢料的质感粗实厚重，吸声性能优良，纹理厚实古朴，适合于高档宾馆等公共厅堂柱面的裱糊装饰。

第三节　窗帘装饰材料

窗帘具有遮挡光线、装饰室内、平衡色调、吸声排暑、调节室温和隔声等作用，其原料已从天然纤维纺织品发展为人造纤维纺织物式混纺织品。随着现代建筑的发展和人民生活水平的提高，窗帘是家庭与宾馆的必备用品，在室内装饰品中占有重要的地位。室内设计、色彩格调、窗帘的颜色与风格都要与墙面、地毯、家具等的颜色、花纹相协调统一。

一、窗帘的基本组成

窗帘按其组成可分为：外窗帘、中间窗帘、里层窗帘之分；窗帘按其使用效果分为：单层、双层和三层。

（1）外窗帘。外窗帘一般是指靠近玻璃的一层窗帘。其作用是防止阳光暴晒并起到一定的遮挡室外视线的作用。即室内看室外看得见，而室外看室内看不清。要求窗帘轻薄透明，面料一般为薄型和半透明织物。

（2）中间窗帘。中间窗帘指在薄型和厚型窗帘之间的窗帘。一般采用半透明织物，常选用花色纱线织物、提花织物、提花印花织物、仿麻及麻混纺织物、色织大提花织物等。

（3）里层窗帘。里层窗帘在美化室内环境方面起着重要作用。对窗帘质地、图案色彩要求较高，在窗帘深加工方面也比较讲究。里层窗帘要求不透明、有隔热、遮光、吸声等功能。选择以粗犷的中厚织物为主，所用原料有棉、麻及各种纤维混纺。

窗帘面料的品种及特点，如表 9-20 所示。

窗帘面料品种及特点　　　表 9-20

纺织品名称	特　点
外窗帘面料	一般采用涤纶长丝(700 左右)为原料,在特宽幅织机上织出的幅宽为 3m,横织竖挂。为了突出美的效果,点缀花式沙线,如结子纱线、羽毛纱、花圈纱、无粘秆、长节距疙瘩抛道线。粗细纱间隔使用,由深到浅,起到点缀装饰作用。织物透明,薄如蝉翼,色彩淡雅飘逸

续表

纺织品名称	特　点
薄型机织窗帘织物	有巴里纱、剪花巴里纱、纱罗、绉纱、涤棉烂花印花织物，结子纱加浅淡印花织物、嵌金银丝闪光织物、缎条提花织物、满地印花薄型织物等。为了达到艺术效果，在工艺上有的采用抽纱、烂花、绣花、剪花、喷花等，具有独特的风格
针织外窗帘面料	有碎花、大提花经编网的织物和经编衬纬织物。采用多梳节、贾卡提花经编机和衬纬编织机织造。针织外窗帘一般配有针织的窗围，其花型与窗帘相同
里层窗帘面料	对窗帘质地、图案色彩要求较高，里窗帘要求不透明，有隔热、遮光、吸声等性能。里窗帘以各种粗犷中织物为主，在使用原料有棉、麻及各种纤维混纺，有涤纶长丝、粘胶长丝、各种异形丝、光丝等。有的利用腈纶雪尼尔毛圈纱起花，有立体的绒毛效应；有的利用花色纱割绒印花，突出层次；有的利用异型涤纶丝、人造丝，使织物花型起光亮效果；有的利用各种花色纱线(特粗纱、花色纱、结子纱、印节纱、金银丝等)加以点缀，使织物表面粗犷，有立体感
里层窗帘织物	有纯棉、涤棉、涤纶长丝印花织物、色织大提花织物、花色纱线仿麻织物、双层提花织物、绒类织物(有平绒、灯芯绒、丝绒、天鹅绒、条格绒、提花绒、轧花、刷花绒等)。纯棉、涤棉贡缎织物经印花、轧光整理，产品高雅；腈纶大提花织物手感厚实、蓬松柔软；刷花绒具有凸凹花纹，风格粗犷、高雅；双层大提花织物手感柔软，外观新颖别致

纺织品名称	特　点
中间窗帘面料	中间窗帘放在薄型和厚型窗帘之间,一般采用半透明织物。常选用花色纱线织物(疙瘩纱、竹节纱、棉结纱制成特殊表面效果的织物)、提花织物、提花印花织物、仿麻及麻纺织物、色织大提花织物、松结构仿呢面织物

二、窗帘帷幔的种类

窗帘帷幔是窗帘的主要装饰材料,也是室内装饰不可缺少的内容。窗帘帷幔的作用非常重要,除了调节室内环境色调、装饰室内之外,还有遮挡外来光线,提供使用者私密性,保护地毯及其他织物陈设不因日晒而褪色,防止灰尘进入、保持室内清静,并起到隔声消声等作用。如果窗帘帷幔采用厚质织物,其尺寸宽大、折皱较多,隔声效果会更好。同时还可以起到调节室内温度和湿度的作用,给室内创造出更加舒适的环境。

1. 按窗帘帷幔材质分类

按窗帘帷幔材质不同分类,可分为粗料窗帘、薄料窗帘和绒料窗帘,具体分类见表9-21。

不同材质的窗帘分类 表 9-21

分类	主要特点	举例
粗料窗帘	保温、隔声、遮光性好	毛料、仿毛化纤织物、麻料编织物
薄料窗帘	质地轻、品种多、悬挂效果好，便于清洗，但保暖、遮光和隔声性能较差	花布、府绸、丝绸、的确良、乔其纱、尼龙纱
绒料窗帘	纹理细密，质地柔和，自然下垂，具有保暖、遮光和隔声性能	平绒、条绒、丝绒、毛巾布

2. 按窗帘悬挂位置分类

窗帘的悬挂方式很多，从层次上可分为单层和双层；从开闭方式上可分为单幅平拉、双幅平拉、整幅竖拉和上下两段竖拉等；从配件上可分为暴露和不暴露窗帘杆等。按窗帘的悬挂位置不同，又可分为外窗帘、中间窗帘和里层窗帘，具体分类见表9-22。

按窗帘的悬挂位置不同分类 表 9-22

分类	包括内容	面料选用
外窗帘	外窗帘一般指靠近玻璃的一层窗帘，其作用是防止阳光暴晒并起到一定的遮挡室外视线的作用，即从室内看得见室外，而从室外看不清室内	薄型或半透视的织物

分类	包括内容	面料选用
中间窗帘	中间窗帘放在薄型和厚型窗帘之间,一般多采用半透明的织物	花色线织物、提花织物、提花印花织物、仿麻及麻混纺织物、色织大提花织物等
里层窗帘	里层窗帘在美化室内环境方面起着重要作用,里层窗帘要求不透明且有隔热、遮光和吸声等功能	以粗犷的中厚织物为主

三、窗帘帷幔的选择

合理选择窗帘的颜色及图案,是达到室内装饰目的较为重要的一个环节。在进行窗帘帷幔选择时应掌握以下原则:

(1) 窗帘帷幔的悬挂方式很多,从层次上分为单层和多层;从开闭方式上分为单幅平拉、双幅平拉、整幅竖拉和上下两段竖拉等;从配件上分设置窗帘盒,有暴露和不暴露窗帘杆;从拉开后的窗帘形状不同,可分为自然下垂和半弧形等。

(2) 窗帘颜色的选择,要根据室内的整体性及不同气候、环境和光线而定,如随着季节的变化,夏季应选用淡色质薄的窗帘为宜,冬天选用深色和质地厚实的窗帘为最佳。窗帘颜色的选择，还应同室内墙面、家具、灯光的颜色配合，并与之相协调。

（3）窗帘图案是在选择窗帘时应考虑的另一个重要因素。竖向的图案式条纹可使窗户显得窄长，水平方向的图案或条纹会使窗户显得短宽。碎花条纹使窗户显得大，大图案使窗户显得小。在一般情况下，大空间宜采用大图案织物，小空间宜采用小图案织物。

第十章 装饰金属材料

在建筑装饰材料中，金属材料以其独特的性能、光泽、颜色，庄重华贵的外表，经久耐用的特点而冠于其他各类建筑装饰材料，因此在建筑装饰工程中被广泛采用。金属材料的最大特点是色泽效果突出，如铜材较华丽、优雅，铁材较古典、厚重；还具有韧性较大、耐久性好、易于维修、便于保养等特点。用于建筑装饰工程的金属材料发展非常迅速，如建筑装饰钢材、铜材及铜合金、铁艺制品等。

第一节 建筑装饰钢材

在现代建筑装饰工程中，金属制品越来越受到人们的重视和欢迎，应用范围越来越广泛。如柱子外包不锈钢，楼梯扶手采用不锈钢钢管等。目前，建筑装饰工程中常用的钢材制品种类很多，主要有不锈钢热轧钢板和钢带、不锈钢冷轧钢板和钢带、彩色涂层钢板及钢带、装饰用焊接不锈钢管、覆塑复合钢板、彩色压型钢板、轻钢龙骨等。

一、不锈钢热轧钢板和钢带

根据现行国家标准《不锈钢热轧钢板和钢带》

（GB/T 4237—2007）中的规定，本标准适用于由可逆式轧机轧制的耐腐蚀不锈钢热轧厚钢板（以下称为厚钢板）、由连续式轧机轧制的耐腐蚀不锈钢热轧宽钢板（以下称为宽钢板）及其卷切定尺钢板（以下称为卷切钢板）、纵剪切宽钢板，也适用于耐腐蚀不锈钢热轧窄钢带（以下称为窄钢带）及其卷切定尺钢带（以下称为卷切钢带）。

（一）不锈钢热轧钢板和钢带的尺寸、允许偏差和外形

（1）尺寸及允许偏差

① 钢板和钢带的公称尺寸范围见表 10-1，其具体规定应符合《热轧钢板和钢带的尺寸、外形、重量及允许偏差》（GB/T 709—2006）中的要求。经供需双方协商，可供应其他尺寸的产品。

不锈钢热轧钢板和钢带的公称尺寸范围　表10-1

钢板和钢带形态	公称厚度（mm）	公称宽度（mm）
厚钢板	≥3.0～≤200	≥600～≤2500
宽钢带、卷切钢板、纵剪切宽钢板	≥2.0～≤13.0	≥600～≤2500
窄钢带、卷切钢带	≥2.0～≤13.0	<600

② 厚度允许偏差。厚钢板厚度允许偏差应符合表 10-2 普通精度的规定，如需方要求并在合同

厚钢板厚度允许偏差

表 10-2

公称厚度（mm）	公称宽度（mm）							
	≤1000		>1000~≤1500		>1500~≤2000		>2000~≤2500	
	普通精度	较高精度	普通精度	较高精度	普通精度	较高精度	普通精度	较高精度
>3.0~≤4.0	±0.28	±0.25	±0.31	±0.28	±0.33	±0.31	±0.36	±0.32
>4.0~≤5.0	±0.31	±0.28	±0.33	±0.30	±0.36	±0.34	±0.41	±0.36
>5.0~≤6.0	±0.34	±0.31	±0.36	±0.33	±0.40	±0.37	±0.45	±0.40
>6.0~≤8.0	±0.38	±0.35	±0.40	±0.36	±0.44	±0.40	±0.50	±0.45
>8.0~≤10.0	±0.42	±0.39	±0.44	±0.40	±0.48	±0.43	±0.55	±0.50
>10.0~≤13.0	±0.45	±0.42	±0.48	±0.44	±0.52	±0.47	±0.60	±0.55
>13.0~≤25.0	±0.50	±0.45	±0.53	±0.48	±0.57	±0.52	±0.65	±0.60
>25.0~≤30.0	±0.53	±0.48	±0.56	±0.51	±0.60	±0.55	±0.70	±0.65

公称厚度（mm）	公称宽度（mm）							
	≤1000		>1000～≤1500		>1500～≤2000		>2000～≤2500	
	普通精度	较高精度	普通精度	较高精度	普通精度	较高精度	普通精度	较高精度
>30.0～≤34.0	±0.55	±0.50	±0.60	±0.55	±0.65	±0.60	±0.75	±0.70
>34.0～≤40.0	±0.65	±0.60	±0.70	±0.65	±0.70	±0.65	±0.85	±0.80
>40.0～≤50.0	±0.75	±0.70	±0.80	±0.75	±0.85	±0.80	±1.00	±0.95
>50.0～≤60.0	±0.90	±0.85	±0.95	±0.90	±1.00	±0.95	±1.10	±1.05
>60.0～≤80.0	±0.90	±0.85	±0.95	±0.90	±1.30	±1.25	±1.40	±1.35
>80.0～≤100.0	±1.00	±0.95	±1.00	±0.95	±1.50	±1.45	±1.60	±1.55
>100.0～≤150.0	±1.10	±1.05	±1.10	±1.05	±1.70	±1.65	±1.80	±1.75
>150.0～≤200.0	±1.20	±1.15	±1.20	±1.15	±2.00	±1.95	±2.10	±2.05

钢带、卷切钢板和卷切钢带厚度允许偏差 (mm)

表 10-3

公称厚度 (mm)	公称宽度 (mm)							
	≤1000		>1000~≤1500		>1500~≤2000		>2000~≤2500	
	普通精度	较高精度	普通精度	较高精度	普通精度	较高精度	普通精度	较高精度
>2.0~≤2.5	±0.22	±0.20	±0.25	±0.23	±0.29	±0.27		
>2.5~≤3.0	±0.25	±0.23	±0.28	±0.26	±0.31	±0.28	±0.33	±0.31
>3.0~≤4.0	±0.28	±0.26	±0.31	±0.28	±0.33	±0.31	±0.35	±0.32
>4.0~≤5.0	±0.31	±0.28	±0.33	±0.30	±0.36	±0.33	±0.38	±0.35
>5.0~≤6.0	±0.33	±0.31	±0.36	±0.33	±0.38	±0.35	±0.40	±0.37
>6.0~≤8.0	±0.38	±0.35	±0.39	±0.36	±0.40	±0.37	±0.46	±0.43
>8.0~≤10.0	±0.42	±0.39	±0.43	±0.40	±0.45	±0.41	±0.53	±0.49
>10.0~≤13.0	±0.45	±0.42	±0.47	±0.44	±0.49	±0.45	±0.57	±0.53

注: 钢带包括窄钢带、宽钢带及其纵剪切窄钢带。

中注明可执行较高精度（PT）。

③ 钢带、卷切钢板和卷切钢带厚度允许偏差应符合表 10-3 中的规定。

④ 窄钢带及其卷切钢带高级精度（PC）的厚度允许偏差应符合表 10-4 中的规定。

窄钢带及其卷切钢带高级精度（PC）的厚度允许偏差　　表 10-4

公称厚度 （mm）	厚度允许偏差 （mm）	公称厚度 （mm）	厚度允许偏差 （mm）
>2.0～≤4.0	±0.17	>6.0～≤8.0	±0.21
>4.0～≤5.0	±0.18	>8.0～≤10.0	±0.23
>5.0～≤6.0	±0.20	>10.0～≤13.0	±0.25

注：表中所列厚度允许偏差仅对同一牌号、同一尺寸订货量大于 2 个钢卷的合同有效，其他情况由供需双方协商确定，并在合同中注明。

⑤ 宽钢带用作冷轧原料时，同一卷钢带的厚度偏差应符合表 10-5 中的规定。

⑥ 窄钢带用作冷轧原料时，同一卷钢带的厚度偏差应符合表 10-6 中的规定。

冷轧用宽钢带的同卷厚度允许偏差 表 10-5

公称厚度 （mm）	同卷钢带厚度允许偏差（mm）		
	宽度≤1200	1200＜宽度≤1500	1500＜宽度≤2500
＞2.0～≤3.0	≤0.22	≤0.27	≤0.33
＞3.0～≤13.0	≤0.28	≤0.32	≤0.40

冷轧用窄钢带的同卷厚度允许偏差 表 10-6

公称厚度 （mm）	同卷钢带厚 度允许偏差 （mm）	公称厚度 （mm）	同卷钢带厚 度允许偏差 （mm）
≤4.0	0.14	＞4.0～≤13.0	0.17

（2）钢板和钢带的宽度允许偏差

① 厚钢板的宽度允许偏差应符合表 10-7 中的规定。

厚钢板的宽度允许偏差 表 10-7

公称厚度 （mm）	公称宽度 （mm）	宽度允许偏差 （mm）
≥2.0～≤4.0	≤800	＋5
	＞800	＋8
＞16～≤60	所有宽度	＋28

公称厚度 （mm）	公称宽度 （mm）	宽度允许偏差 （mm）
>4.0～≤16	≤1500 >1500	+8 +13
≥60	所有宽度	+32

② 宽钢带、卷切钢板、纵剪切宽钢带的宽度允许偏差应符合表 10-8 中的规定。

宽钢带、卷切钢板、纵剪切
宽钢带的宽度允许偏差　　　表 10-8

公称厚度 （mm）	轧制的宽度 允许偏差 （mm）	切边的宽度 允许偏差 （mm）
≥600～≤2500	+20,0	+5,0

注：切边宽钢带及卷切钢带的宽度允许偏差仅适用于厚度不大于 10mm 的产品，当厚度在大于 10mm 时由供需双方协商确定。

③ 窄钢带及卷切钢带的宽度允许偏差应符合表 10-9 中的规定。

（3）钢板和钢带的长度允许偏差

厚钢板、卷切钢板及卷切钢带的长度允许偏差应符合表 10-10 中的规定，经供需双方协商可供应其他尺寸的产品。

窄钢带及卷切钢带的宽度允许偏差   表 10-9

边缘状态	公称宽度(mm)	宽度允许偏差(mm)				
		厚度≤3.0	3.0<厚度≤5.0	5.0<厚度≤7.0	7.0<厚度≤8.0	8.0<厚度≤13.0
切边(EC)	<250	+0.5,0	+0.7,0	+0.8,0	+1.2,0	+1.8,0
	≥250~600	+0.6,0	+0.8,0	+1.0,0	+1.4,0	+2.0,0
不切边(EM)		由供需双方协商,并在合同中注明				

厚钢板、卷切钢板及卷切钢带的长度允许偏差   表 10-10

公称长度(mm)	长度允许偏差(mm)	公称长度(mm)	长度允许偏差(mm)
<2000	+10,0	≥2000~20000	+0.005×公称长度,0

（二）不锈钢热轧钢板和钢带的外形要求

（1）厚钢板、宽钢带及卷切钢板的镰刀弯，应符合表10-11中的规定。

厚钢板、宽钢带及卷切
钢板的镰刀弯   表10-11

形态	公称长度 （mm）	边缘 状态	测量长度 （mm）	镰刀弯 （mm）
宽钢带	—	切边 （纵剪）	任意5000	≤15
		不切边	任意5000	≤20
厚钢板 卷切钢板	<5000	切边或 不切边	实际长度 L	≤长度×0.4%
	≥5000	切边 （纵剪）	任意5000	≤15
	≥5000	不切边	任意5000	≤20

（2）窄钢带及卷切钢带的镰刀弯，应符合表10-12中的规定。

窄钢带及卷切钢带的镰刀弯   表10-12

	公称厚度 （mm）	公称宽度 （mm）	任意2000mm长度 上的镰刀弯
卷切 钢带	≤2.0	<40	≤10
		≥40～<600	≤8
	<2.0	由供需双方协商确定	
窄钢带	由供需双方协商确定		

566

（3）厚钢板、卷切钢板及卷切钢带的切斜度，应不大于其公称宽度的1％。

（三）不锈钢热轧钢板和钢带的不平度

（1）不锈钢热轧厚钢板的不平度。厚钢板的不平度应符合表10-13中的规定。

不锈钢热轧厚钢板的不平度 表10-13

钢板厚度 （mm）	每米不平度 （mm）	钢板厚度 （mm）	每米不平度 （mm）
≤25	≤15	>25	由供需双方协商确定

（2）不锈钢热轧卷切钢板的不平度。卷切钢板的不平度应符合表10-14中的规定。

不锈钢热轧卷切钢板的不平度 表10-14

公称厚度 （mm）	公称宽度 （mm）	不平度（mm）	
		普通级	较高级
≤13.0	≥600～≤1200	26	23
	>1200～≤1500	33	30
	>1500	42	38

（3）不锈钢热轧卷切钢板的不平度。任意2000mm长度上的不平度不应大于15mm，当长度

不足 2000mm 时，其不平度也应不大于 15mm。

（四）不锈钢热轧钢卷的外形要求

（1）不锈钢热轧的钢卷应牢固成卷，并尽量保持圆柱形和不卷边。

（2）切边（纵剪）钢卷的塔形高度应不大于 35mm，不切边钢卷的塔形高度应不大于 70mm。

二、不锈钢冷轧钢板和钢带

根据现行国家标准《不锈钢冷轧钢板和钢带》（GB/T 3280—2007）中的规定，本标准适用于耐腐蚀不锈钢冷轧宽钢带（称为宽钢带）及其卷切定尺钢板（称为卷切钢板）、纵剪切冷轧宽钢带（称为纵剪切宽钢带）及其卷切定尺钢带（称为卷切钢带Ⅰ）、冷轧窄钢带（称为窄钢带）及其卷切定尺钢带（称为卷切钢带Ⅱ），也适用于单张轧制的钢板。

（一）不锈钢冷轧钢板和钢带的尺寸与允许偏差

（1）尺寸及允许偏差。宽钢板及卷切钢板、纵剪切宽钢带及卷切钢带Ⅰ、窄钢带及卷切钢带Ⅱ的公称尺寸范围见表 10-15，其具体规定应执行《冷轧钢板和钢带的尺寸、外形、重量及允许偏差》（GB/T 708—2006）。如需方要求并经双方协商，可供应其他尺寸的产品。

不锈钢冷轧钢板和钢带的公称尺寸范围 表 10-15

钢板和钢带的形态	公称厚度（mm）	公称宽度（mm）
宽钢带、卷切钢板	≥0.10～≤8.00	≥600～<2100
纵剪切宽钢带、卷切钢带Ⅰ	≥0.10～≤8.00	<600
窄钢带、卷切钢带Ⅱ	≥0.01～≤3.00	<600

（2）不锈钢冷轧钢板和钢带的厚度允许偏差

① 宽钢带及卷切钢板、纵剪切钢带及卷切钢带的厚度允许偏差，应符合表 10-16 中普通精度的规定，如需方要求并在合同中注明时，可执行表 10-16 中较高精度的规定。

宽钢带及卷切钢板、纵剪切钢带及卷切钢带的厚度允许偏差 表 10-16

公称厚度（mm）	厚度允许偏差（mm）					
	宽度≤1000		1000<宽度≤1300		1300<宽度≤2100	
	普通精度	较高精度	普通精度	较高精度	普通精度	较高精度
≥0.10～<0.20	±0.025	±0.015	—	—	—	—
≥0.20～<0.30	±0.030	±0.020	—	—	—	—
≥0.30～<0.50	±0.040	±0.025	±0.045	±0.030		

公称厚度 （mm）	厚度允许偏差(mm)					
	宽度≤1000		1000＜宽度≤1300		1300＜宽度≤2100	
	普通 精度	较高 精度	普通 精度	较高 精度	普通 精度	较高 精度
≥0.50～＜0.60	±0.045	±0.030	±0.050	±0.035	—	—
≥0.60～＜0.80	±0.050	±0.035	±0.055	±0.040	—	—
≥0.80～＜1.00	±0.055	±0.040	±0.060	±0.045	±0.065	±0.050
≥1.00～＜1.20	±0.060	±0.045	±0.070	±0.050	±0.075	±0.055
≥1.20～＜1.50	±0.070	±0.050	±0.080	±0.055	±0.090	±0.060
≥1.50～＜2.00	±0.080	±0.055	±0.090	±0.060	±0.100	±0.070
≥2.00～＜2.50	±0.090	—	±0.100	—	±0.110	
≥2.50～＜3.00	±0.110		±0.120	—	±0.120	
≥3.00～＜4.00	±0.1130		±0.140	—	±0.140	
≥4.00～＜5.00	±0.140		±0.150	—	±0.150	
≥5.00～＜6.50	±0.150		±0.160	—	±0.160	
≥6.50～＜8.00	±0.160		±0.170	—	±0.170	

② 宽钢带头尾不正常部分（总长度不大于

25000mm）的厚度偏差值，允许比正常部分增加50%。

③ 窄钢带及卷切钢带Ⅱ的厚度允许偏差，应符合表10-17中普通精度的规定，如需方要求并在合同中注明时，可执行表10-17中较高精度的规定。

窄钢带及卷切钢带Ⅱ的
厚度允许偏差　　　表 10-17

公称厚度（mm）	厚度允许偏差（mm）					
	宽度≤1000		1000＜宽度≤1300		1300＜宽度≤2100	
	普通精度	较高精度	普通精度	较高精度	普通精度	较高精度
≥0.05～<0.10	±0.10t	±0.06t	±0.12t	±0.10t	±0.15t	±0.10t
≥0.10～<0.20	±0.010	±0.008	±0.015	±0.012	±0.020	±0.015
≥0.20～<0.30	±0.015	±0.012	±0.020	±0.015	±0.025	±0.020
≥0.30～<0.40	±0.020	±0.015	±0.025	±0.020	±0.030	±0.025
≥0.40～<0.60	±0.025	±0.020	±0.030	±0.025	±0.035	±0.030
≥0.60～<1.00	±0.030	±0.025	±0.035	±0.030	±0.040	±0.035
≥1.00～<1.50	±0.035	±0.030	±0.040	±0.035	±0.045	±0.040

公称厚度 (mm)	厚度允许偏差(mm)					
	宽度≤1000		1000<宽度≤1300		1300<宽度≤2100	
	普通精度	较高精度	普通精度	较高精度	普通精度	较高精度
≥1.50～<2.00	±0.040	±0.035	±0.050	±0.040	±0.050	±0.050
≥2.00～<2.50	±0.040	±0.040	±0.060	±0.050	±0.600	±0.060
≥2.50～<3.00	±0.060	±0.050	±0.070	±0.060	±0.700	±0.070

注：1. 供需双方协商，偏差值可全为正偏差、负偏差或正负偏差不对称分布，但公差值应在上表列范围之内。

2. 当厚度小于 0.05mm 时，由供需双方协商确定。

3. 如需方要求较高精度时，应保证钢带任意一点的厚度偏差。

4. 钢带边部高度应小于或等于产品公称厚度 10%。表中的 t 为公称厚度。

（3）不锈钢冷轧钢板和钢带的宽度允许偏差

① 切边（EC）宽钢带及卷切钢板、纵剪切宽钢带及卷切钢带 Ⅰ 的宽度允许偏差，应符合表 10-18 中普通精度的规定，如需方要求并在合同中注明时，可执行表 10-18 中较高精度的规定。

切边宽钢带及卷切钢板、纵剪切宽钢带及卷切钢带[的]宽度允许偏差　表 10-18

公称厚度 (mm)	宽度允许偏差 (mm)							
	宽度≤125		125<宽度≤250		250<宽度≤600		600<宽度≤1000	宽度>1000
	普通精度	较高精度	普通精度	较高精度	普通精度	较高精度	普通精度	普通精度
<1.00	+0.5,0	+0.3,0	+0.5,0	+0.3,0	+0.7,0	+0.6,0	+1.5,0	+2.0,0
≥1.00~1.50	+0.7,0	+0.4,0	+0.7,0	+0.5,0	+1.0,0	+0.7,0	+1.5,0	+2.0,0
≥1.50~2.50	+1.0,0	+0.6,0	+1.0,0	+0.7,0	+1.2,0	+0.9,0	+2.0,0	+2.5,0
≥2.50~3.50	+1.2,0	+0.8,0	+1.2,0	+0.9,0	+1.5,0	+1.0,0	+3.0,0	+3.0,0
≥3.50~<8.00	+2.0,0	—	+2.0,0	—	+2.0,0	—	+4.0,0	+4.0,0

注：1. 经需方同意，产品可小于公称宽度交货，但不应超出表 10-18 中公差范围。

2. 经需方同意，对于需要二次修边的纵剪切产品其宽度偏差可增加到 5。

② 不切边（EM）宽钢带及卷切钢板的宽度允许偏差应符合表 10-19 中的规定。

不切边宽钢带及卷切钢板
的宽度允许偏差　　　表 10-19

钢带及钢板边缘状态	宽度允许偏差（mm）		
	600＜宽度＜1000	1000＜宽度＜1500	宽度＞1500
轧制边缘	+25,0	+30,0	+30,0

③ 切边（EC）窄钢带及卷切钢带Ⅱ的宽度允许偏差，应符合表 10-20 普通精度的规定，如需方要求并在合同中注明时，可执行表 10-20 中较高精度的规定。

④不切边（EM）窄钢带及卷切钢带Ⅱ的宽度允许偏差由供需双方协商确定。

（4）不锈钢冷轧钢板和钢带的长度允许偏差

① 卷切钢板及卷切钢卷Ⅰ的长度允许偏差，应符合表 10-21 中普通精度的规定，如需方要求并在合同中注明时，可执行表 10-21 中较高精度的规定。

② 卷切钢带Ⅱ的长度允许偏差，应符合表 10-22中普通精度的规定，如需方要求并在合同中注明时，可执行表 10-22 中较高精度的规定。

切边窄钢带及卷切钢带Ⅱ的宽度允许偏差　　　　表10-20

公称厚度 （mm）	宽度允许偏差（mm）							
	宽度≤40		40<宽度≤125		125<宽度≤250		250<宽度≤600	
	普通 精度	较高 精度	普通 精度	较高 精度	普通 精度	较高 精度	普通 精度	较高 精度
≥0.05～<0.25	+0.17,0	+0.13,0	+0.20,0	+0.15,0	+0.25,0	+0.20,0	+0.50,0	+0.50,0
≥0.25～<0.50	+0.20,0	+0.15,0	+0.25,0	+0.20,0	+0.30,0	+0.22,0	+0.60,0	+0.50,0
≥0.50～<1.00	+0.25,0	+0.20,0	+0.30,0	+0.22,0	+0.40,0	+0.25,0	+0.70,0	+0.60,0
≥1.00～<1.50	+0.30,0	+0.22,0	+0.35,0	+0.25,0	+0.50,0	+0.30,0	+0.90,0	+0.70,0
≥1.50～<2.50	+0.35,0	+0.25,0	+0.40,0	+0.30,0	+0.60,0	+0.40,0	+1.00,0	+0.80,0
≥2.50～<3.00	+0.40,0	+0.30,0	+0.50,0	+0.40,0	+0.65,0	+0.50,0	+1.20,0	+1.00,0

注：经供需双方协商，宽度偏差可为全为正偏差或负偏差，但公差值应不超出表列范围。

卷切钢板及卷切钢卷Ⅰ的长度允许偏差　表10-21

公称长度 (mm)	长度允许偏差(mm)		公称长度 (mm)	长度允许偏差(mm)	
	普通精度	较高精度		普通精度	较高精度
≤2000	+5.0	+3.0	>2000	+0.0025× 公称长度	+0.0015× 公称长度

卷切钢带Ⅱ的长度允许偏差　表10-22

公称长度 (mm)	长度允许偏差 (mm)		公称长度 (mm)	长度允许偏差 (mm)	
	普通 精度	较高 精度		普通 精度	较高 精度
≤2000	+3.0,0	+1.5,0	>2000~<4000	+5.0,0	+2.0,0

注：公称长度大于4000mm的卷切钢带Ⅱ的长度允许偏差由供需双方协商确定。

（二）不锈钢冷轧钢板和钢带的外形要求

（1）不平度的要求

① 卷切钢板及卷切钢带Ⅰ的不平度，应符合表 10-23 中普通级的规定，如需方要求并在合同中注明时，可执行表 10-23 中较高级的规定。

卷切钢板及卷切钢带Ⅰ的不平度　表10-23

公称长度 (mm)	不平度(mm)		公称长度 (mm)	不平度(mm)	
	普通级	较高级		普通级	较高级
≤3000	≤10	≤7	>3000	≤12	≤8

注：表10-23不适用于冷作硬化钢板及2D产品。

② 卷切钢带Ⅱ的不平度应符合表10-24中普通级的规定，如需方要求并在合同中注明时，可执行表10-24中较高级的规定。

卷切钢带Ⅱ的不平度 表10-24

公称长度（mm）	不平度（mm）	
	普通级	较高级
任意长度	≤10	≤7

注：表10-24不适用于冷作硬化钢板及2D产品。

③ 对冷作硬化处理后的卷切钢板不平度，应符合表10-25中的规定。

冷作硬化处理后的卷切钢板不平度 表10-25

公称宽度（mm）	公称厚度（mm）	不平度		
		H1/4	H1/2	H、H2
≥600～<900	≥0.10～<0.40	≤19	≤23	按供需双方协议规定
	≥0.40～<0.80	≤16	≤23	
	≥0.80	≤13	≤19	
≥900～<1219	≥0.10～<0.40	≤26	≤29	按供需双方协议规定
	≥0.40～<0.80	≤19	≤29	
	≥0.80	≤16	≤26	

注：1. 表10-25仅适用于奥氏体型和奥氏体·铁素体型除软钢板和深冲钢板之外的钢种。

2. H1/4为低冷作硬化状态，H1/2为半冷作硬化状态，H为冷作硬化状态，H2为特别冷作硬化状态。

（2）镰刀弯的要求

① 宽钢带及卷切钢板、纵剪切宽钢带及卷切钢带Ⅰ的镰刀弯，应符合表 10-26 中的规定。冷作硬化卷切钢板的镰刀弯由供需双方协商确定。

宽钢带及卷切钢板、纵剪切
宽钢带及卷切钢带Ⅰ的镰刀弯　　表 10-26

公称宽度（mm）	任意 1000mm 长度上的镰刀弯（mm）
≥10～＜40	≤2.5
≥40～＜125	≤2.0
≥125～＜600	≤1.5
≥600～＜2100	≤1.0

② 窄钢带及卷切钢带Ⅱ的镰刀弯，应符合表 10-27 中普通精度的规定，如需方要求并在合同中注明时，可执行表 10-27 中较高精度的规定。冷作硬化卷切钢板的镰刀弯由供需双方协商确定。

窄钢带及卷切钢带Ⅱ的镰刀弯　　表 10-27

公称宽度（mm）	任意 1000mm 长度上的镰刀弯（mm）	
	普通精度	较高精度
≥10～＜40	≤4.00	≤1.50
≥40～＜125	≤3.00	≤1.25

公称宽度（mm）	任意 1000mm 长度上的镰刀弯（mm）	
	普通精度	较高精度
≥125～<600	≤2.00	≤1.00
≥600～<2100	≤1.50	≤0.75

（3）切斜度的要求

① 卷切钢板及卷切钢带 I 的切斜度，应不大于产品公称宽度 0.5％或符合表 10-28 的规定。

卷切钢板及卷切钢带 I 的切斜度　表 10-28

卷切钢板及钢带长度（mm）	对角线最大差值（mm）
≤3000	≤6
>3000～≤6000	≤10
>6000	≤15

② 卷切钢带 II 的切斜度，应符合表 10-29 中的规定。

卷切钢带 II 的切斜度　表 10-29

公称宽度（mm）	切斜度（mm）	公称宽度（mm）	切斜度（mm）
≥250	<公称宽度×0.5％	<250	供需双方协商

（4）钢带"边浪"要求。宽钢带、纵剪切宽钢带、窄钢带的"边浪"应符合如下规定："边浪"=浪高 h/浪形长度。经平整或矫直后的窄钢带：厚度1.0mm，"边浪"≤0.03；厚度>1.0mm，"边浪"≤0.02；宽钢带或纵剪切宽钢带："边浪"≤0.03；冷作硬化钢带及 2D 产品的"边浪"由供需双方协商确定。

（5）钢卷外形要求

① 钢卷应牢固成卷并尽量保持圆柱形和不卷边。钢卷的内径应在合同中注明。

② 钢卷塔形的切边钢卷和纵剪切钢带不大于35mm；不切边钢卷不大于70mm。

三、彩色涂层钢板及钢带

根据现行国家标准《彩色涂层钢板及钢带》（GB/T 12754—2006）中的规定，本标准适用于建筑内、外装饰用途的彩色涂层钢板及钢带。

（一）彩色涂层钢板及钢带的牌号及用途

彩色涂层钢板及钢带的牌号及用途，可参见表10-30。

（二）彩色涂层钢板及钢带的分类与代号

彩色涂层钢板及钢带的分类与代号，可参见表10-31。

表 10-30

彩色涂层钢板及钢带的牌号及用途

热镀锌基板	热镀锌铁合金基板	热镀铝锌合金基板	热镀锌铝合金基板	电镀锌基板	用途
TDC51D+Z	TDC51D+ZF	TDC51D+AZ	TDC51D+ZA	TDC01D+ZE	一般用
TDC52D+Z	TDC52D+ZF	TDC52D+AZ	TDC52D+ZA	TDC03D+ZE	冲压用
TDC53D+Z	TDC53D+ZF	TDC53D+AZ	TDC53D+ZA	TDC04D+ZE	深冲压用
TDC54D+Z	TDC54D+ZF	TDC54D+AZ	TDC54D+ZA	—	特深冲压用
TS250D+Z	TS250D+ZF	TS250D+AZ	TS250D+ZA	—	结构用
TS280D+Z	TS280D+ZF	TS280D+AZ	TS280D+ZA	—	
—	—	TS300D+AZ	—	—	
TS320D+Z	TS320D+ZF	TS320D+AZ	TS320D+ZA	—	
TS350D+Z	TS350D+ZF	TS350D+AZ	TS350D+ZA	—	
TS550D+Z	TS550D+ZF	TS550D+AZ	TS550D+ZA	—	

彩色涂层钢板及钢带的分类与代号

表 10-31

分类方法	项目名称	代号	分类方法	项目名称	代号
按用途分	建筑外用	JW	按基板类别分	热镀锌基板	Z
	建筑内用	JN		热镀锌铁合金基板	ZF
	家电用	JD		热镀铝锌合金基板	AZ
	其他用	QT		热镀锌铝合金基板	ZA
按面漆种类分	聚酯	PE		电镀锌基板	ZE
	硅改性聚酯	SMP	按涂层表面状态分	涂层板	TC
	高耐久性聚酯	HDP		压花板	YA
	聚偏氟乙烯	PVDF		印花板	YI
按涂层结构分	正面两层 反面一层	2/1	按热镀锌基板表面结构分	光整小"锌花"	MS
	正面两层 反面两层	2/2		光整无"锌花"	FS

注：如需要表 10-31 以外用途、基板类型、涂层表面状态、面漆种类、涂层结构和热镀
锌基板表面结构的彩色涂层钢板，应在订货时协商。

（三）彩色涂层钢板及钢带的尺寸、外形及允许偏差

（1）彩色涂层钢板及钢带的尺寸范围，应符合表 10-32 中的规定。

彩色涂层钢板及钢带的尺寸范围　表 10-32

项目名称	公称尺寸(mm)
公称厚度	0.20～2.0
公称宽度	600～1600
钢板公称长度	1000～6000
钢带卷内径	450、508 或 610

（2）彩色涂层钢板及钢带的厚度为基板的厚度，不包括涂层的厚度。

（3）彩色涂层钢板及钢带的尺寸允许偏差，应符合表 10-33～表 10-36 中的规定。

（四）彩色涂层钢板及钢带的力学性能

（1）热镀彩色涂层钢板及钢带的力学性能，应符合表 10-37 中的规定。

（2）电镀彩色涂层钢板及钢带的力学性能，应符合表 10-38 中的规定。

热镀彩色涂层钢板及钢带的厚度允许偏差

表 10-33

规定的最小屈服强度(MPa)	公称厚度(mm)	下列公称宽度时厚度允许偏差(mm)					
		普通精度 PT. A			高级精度 PT. B		
		≤1200	>1200~1500	>1500	≤1200	>1200~1500	>1500
<280	0.30~0.40	±0.05	±0.06	—	±0.03	±0.04	—
	>0.40~0.60	±0.06	±0.07	±0.08	±0.04	±0.05	±0.06
	>0.60~0.80	±0.07	±0.08	±0.09	±0.05	±0.06	±0.06
	>0.80~1.00	±0.08	±0.09	±0.10	±0.06	±0.07	±0.07
	>1.00~1.20	±0.09	±0.10	±0.11	±0.07	±0.08	±0.08
	>1.20~1.60	±0.11	±0.12	±0.12	±0.08	±0.09	±0.09
	>1.60~2.00	±0.13	±0.14	±0.14	±0.09	±0.10	±0.10
≥280	0.30~0.40	±0.06	±0.07	—	±0.04	±0.05	—
	>0.40~0.60	±0.07	±0.08	±0.09	±0.05	±0.06	±0.07
	>0.60~0.80	±0.08	±0.09	±0.10	±0.06	±0.07	±0.07
	>0.80~1.00	±0.09	±0.10	±0.11	±0.07	±0.08	±0.08
	>1.00~1.20	±0.11	±0.12	±0.12	±0.08	±0.09	±0.09
	>1.20~1.60	±0.13	±0.14	±0.14	±0.09	±0.11	±0.11
	>1.60~2.00	±0.15	±0.17	±0.17	±0.11	±0.12	±0.13

电镀彩色层涂层钢板及钢带的厚度允许偏差　　表 10-34

公称厚度 (mm)	下列公称宽度时时厚度允许偏差 (mm)					
	普通精度 PT. A			高级精度 PT. B		
	≤1200	>1200~1500	>1500	≤1200	>1200~1500	>1500
0.30~0.40	±0.04	±0.05	—	±0.025	±0.035	—
>0.40~0.60	±0.05	±0.06	±0.07	±0.035	±0.045	±0.050
>0.60~0.80	±0.06	±0.07	±0.08	±0.045	±0.050	±0.050
>0.80~1.00	±0.07	±0.08	±0.09	±0.050	±0.060	±0.060
>1.00~1.20	±0.08	±0.09	±0.10	±0.060	±0.070	±0.070
>1.20~1.60	±0.10	±0.11	±0.11	±0.070	±0.080	±0.080
>1.60~2.00	±0.12	±0.13	±0.13	±0.080	±0.090	±0.090

表 10-35

彩色涂层钢板及钢带的宽度允许偏差

钢板类型	公称宽度(mm)	宽度允许偏差(mm)	
		普通精度 PW.A	高级精度 PW.A
热镀锌基板	≤1200	+5.0	+2.0
	>1200~1500	+6.0	+2.0
	>1500	+7.0	+3.0
电镀锌基板	≤1200	+4.0	+2.0
	>1200~1500	+5.0	+2.0
	>1500	+6.0	+3.0

表 10-36

彩色涂层钢板及钢带的长度允许偏差

公称长度(mm)	长度允许偏差(mm)	
	普通精度 PL.A	高级精度 PL.B
≤2000	+6.0	+3.0
>2000	+0.003×公称长度,0	+0.0015×公称长度,0

热镀彩色涂层钢板及钢带的力学性能　　　　　　　表 10-37

彩色涂层钢板及钢带的牌号	屈服强度 (MPa)	抗拉强度 (MPa)	断后伸长率 (L_0=80mm)(%)≥ b=20mm 公称厚度 (mm)		拉伸试验试样的方向
			≤0.7	>0.7	
TDC51D+Z,TDC51D+ZF, TDC51D+AZ,TDC51D+ZA	—	270~500	20	22	横向 (垂直轧制方向)
TDC52D+Z,TDC52D+ZF, TDC52D+AZ,TDC52D+ZA	140~300	270~420	24	26	
TDC53D+Z,TDC53D+ZF, TDC53D+AZ,TDC53D+ZA	140~260	270~380	28	30	
TDC54D+Z,TDC54D+AZ,TDC54D+ZA,TDC54D+ZA	140~220	270~350	34	36	
TDC54D+ZF	140~220	270~350	32	34	
TS250D+Z,TS250D+ZF, TS250D+AZ,TS250D+ZA	≥250	≥330	17	19	

续表

彩色涂层钢板及钢带的牌号	屈服强度（MPa）	抗拉强度（MPa）	断后伸长率($L_o=80$mm)(%)≥ $b=20$mm 公称厚度（mm）		拉伸试验试样的方向
			≤0.7	>0.7	
TS280D+Z,TS280D+ZF,TS280D+AZ,TS280D+ZA	≥280	≥360	16	18	纵向（沿着轧制方向）
TS300D+AZ	≥300	≥380	16	18	
TS320D+Z,TS320D+ZF,TS320D+AZ,TS320D+ZA	≥320	≥390	15	17	
TS350D+Z,TS350D+ZF,TS350D+AZ,TS350D+ZA	≥350	≥420	14	16	
TS550D+Z,TS550D+ZF,TS550D+AZ,TS550D+ZA	≥550	≥560	—	—	

注：当屈服现象不明显时采用 $R_{p0.2}$，否则采用 R_{eL}。

电镀彩色涂层钢板及钢带的力学性能　表10-38

项目	屈服强度（MPa）	抗拉强度（MPa）	断后伸长率（L_0＝80mm，b＝20mm）（%）			拉伸试验试样的方向
			公称厚度（mm）			
			≤0.50	0.50～0.70	>0.70	
TDC01D＋ZE	140～280	≥270	≥24	≥26	≥28	横向（垂直轧制方向）
TDC03D＋ZE	140～240	≥270	≥30	≥32	≥34	
TDC04D＋ZE	140～220	≥270	≥33	≥35	≥37	

注：1. 当屈服现象不明显时采用 $R_{p0.2}$，否则采用 R_{eL}。

2. 公称厚度 0.50～0.70 时，屈服强度允许增加 20MPa；公称厚度≤0.50 时，屈服强度允许增加 40MPa。

四、装饰用焊接不锈钢管

根据现行的行业标准《装饰用焊接不锈钢管》（YB/T 5363—2006）中的规定，本标准适用于市政设施、道桥栏杆、建筑装饰、钢结构网架等装饰用焊接不锈钢管。

（一）装饰用焊接不锈钢管分类与代号

（1）装饰用焊接不锈钢管按表面交货状态不同，可分为表面未抛光状态（代号为 SNB）、表面抛光状态（代号为 SB）、表面磨光状态（代号为 SP）、表面喷砂状态（代号为 SA）。

（2）装饰用焊接不锈钢管按横截面形状不同，

可分为圆管（代号为 R）、方管（代号为 S）和矩形管（代号为 Q）。

（二）装饰用焊接不锈钢管尺寸允许偏差

（1）圆形钢管的外径允许偏差应符合表 10-39 中的规定。

圆形钢管的外径允许偏差 表 10-39

供货状态	外径 D	允许偏差（mm）	供货状态	外径 D	允许偏差（mm）
磨光、抛光状态（SB、SP）	≤25	±0.20	磨光、抛光状态（SB、SP）	70～80	±0.35
	25～40	±0.22		>80	±0.5%D
	40～50	±0.25	未抛光、喷砂状态（SNB、SA）	≤25	±0.25
	50～60	±0.28		25～50	±0.30
	60～70	±0.30		>50	±1.0%D

（2）方形钢管和矩形钢管的边长允许偏差，由供需双方协商。

（3）钢管壁厚的允许偏差应符合下列规定：管壁厚 0.40～1.00mm，允许偏差为 ±0.05mm；管壁厚 1.00～1.90mm，允许偏差为 ±0.10mm；管壁厚 ≥2.00mm，允许偏差为 ±0.15mm。

（4）钢管的长度要求。钢管一般以通常长度交货，通常长度的范围为 1000～8000mm。钢管的定尺长度为 6000mm，全长允许偏差为 +15、0mm；

经供需双方协商，钢管可以生产大于 1000mm、小于 6000mm 的定尺长度。

（三）装饰用焊接不锈钢管的外形要求

（1）钢管的弯曲度。钢管的弯曲度不得大于以下规定：外径小于 89.0mm 时，弯曲度不得大于 1.5mm/m；外径大于或等于 89.0mm 时，弯曲度不得大于 2.0mm/m。

（2）装饰用焊接不锈钢管不得有明显的扭转。

（3）钢管两端头外形应与钢管轴线垂直，并应平整，不得有毛刺。由于切断方法造成的较少变形和轻微缺陷允许存在。

（四）装饰用焊接不锈钢管的技术要求

（1）牌号及化学成分。制造装饰用焊接不锈钢管的钢的牌号及化学成分（熔炼分析），应符合表 10-40 中的规定。

钢的牌号及化学成分 表 10-40

钢的牌号	各化学成分的质量分数（%）						
	C	Si	Mn	P	S	Ni	Cr
0Cr18Ni9	≤0.07	≤1.00	≤2.00	≤0.035	≤0.030	8.00~11.00	17.00~19.00
1Cr18Ni9	≤0.15	≤1.00	≤2.00	≤0.035	≤0.030	8.00~10.00	17.00~19.00

（2）装饰用焊接不锈钢管的力学性能。钢管的力学性能应符合表 10-41 中的规定。

钢管的力学性能   表 10-41

钢的牌号	推荐热处理制度	屈服强度(MPa)	抗拉强度(MPa)	断后伸长率(%)	硬度HB
0Cr18Ni9	1010～1150℃急冷	≥205	≥520	≥35	≤187
1Cr18Ni9	1010～1150℃急冷	≥205	≥520	≥35	≤187

（3）装饰用焊接不锈钢管的工艺性能。钢管的工艺性能应符合下列规定：

①压扁试验。将钢管试样的外径压至管径的1/3时，不得有裂纹和裂口。

②扩口试验。顶心锥度为60°，将钢管试样的外径扩至管径的6%时，不得有裂纹和裂口。

③弯曲试验。弯曲角度为90°，弯曲芯的半径为钢管外径的3倍，钢管试样弯曲处内侧不得有皱褶。

（4）装饰用焊接不锈钢管的表面质量。钢管的表面质量应符合下列规定：

①钢管的外表面应清洁，不得有裂纹、划伤、折叠、分层、氧化皮和明显的焊缝边缺陷。

②钢管表面粗糙度（即光亮度）应符合下列要求：圆管外径小于等于63.5mm时，其表面粗糙度不低于 $R_a0.8\mu m$（即 400 号）；圆管 1.6 于 63.5mm 时，其表面粗糙度不低于 $R_a1.6\mu m$（即 320 号）；方形管和矩形管的表面粗糙度不低于 $R_a1.6\mu m$（即 320 号）。

592

五、覆塑复合钢板

覆塑金属板是目前一种最新型的装饰性钢板。这种金属板是以 Q235、Q255 金属板（钢板或铝板）为基材，经双面化学处理，再在表面覆以厚 0.2～0.4mm 的软质或半软质聚氯乙烯膜，然后在塑料膜上贴保护膜，在背面涂背漆加工而成。产品为不燃材料，有多种颜色，色彩高雅，富有立体感，具有良好的防蚀、防锈性能，而且具有耐久性好、美观大方、施工方便等优点。不仅被广泛用于交通运输或生活用品方面，如汽车外壳、家具等，而且适用于内外墙、天花吊顶、隔板、隔断、电梯间等处的装饰。最新型的覆塑复合钢板是一种多用途装饰钢材。覆塑复合钢板的规格及性能，如表 10-42 所示。

覆塑复合钢板的规格及性能　　表 10-42

产品名称	规格(mm)	技　术　性　能
塑料复合钢板	长:1800、2000 宽:450、500、1000 厚:0.35、0.40、0.50、0.60、0.70、0.80、1.0、1.5、2.0	①耐腐蚀性:可耐酸、碱、油、醇类的腐蚀。但对有机溶剂的耐腐蚀性差;②耐水性能:耐水性好;③绝缘、耐磨性能:良好;④剥离强度及深冲性能:塑料与钢板的剥离强度 ≥ 20N/cm²。当冷弯其180°,复合层不分离开裂;⑤加工性能:具有普通钢板所具有的切断、弯曲、深冲、钻孔、铆接、咬合、卷材等性能,加工温度以 20～40℃ 最好;使用温度:⑥在10～60℃可以长期使用,短期可耐 120℃

六、彩色压型钢板

压型钢板是以冷轧板、镀锌钢板、彩色涂层板为基材，经过成型机的轧制，并涂敷各种耐腐蚀性涂层与彩色烤漆而制成的轻型围护结构材料。这种钢板具有质量很轻、抗震性好、耐久性强、色彩鲜艳、易于加工、施工方便、价格较低等优点。适用于工业与民用及公共建筑的屋盖、墙板及墙壁装贴等。

我国生产的压型钢板共有 27 种不同的型号。常用压型钢板的板厚为 0.5mm、0.6mm。压型钢板波距模数为 50mm、100mm、150mm、200mm、250mm、300mm 等；波高为 21mm、28mm、35mm、38mm、51mm、70mm、75mm、130mm、173mm；有效覆盖宽度的尺寸系列为 300mm、450mm、600mm、750mm、900mm、1000mm 等。压型钢板（YX）的型号顺序以波高、波距、有效覆盖宽度表示，如 YX35-200-750，表示此钢板波高为 35mm、波距为 200mm、有效覆盖宽度为 750mm 的压型钢板。几种典型的常用压型钢板型如图 10-1 所示。

《建筑用压型钢板》（GB/T 12755—2008）规定，压型钢板的表面不允许有 10 倍放大镜所观察到的裂纹存在。对用镀锌钢板及彩色涂层钢板制成的压型钢板，规定不得有镀层、涂层脱落及影响使用性能的擦伤。

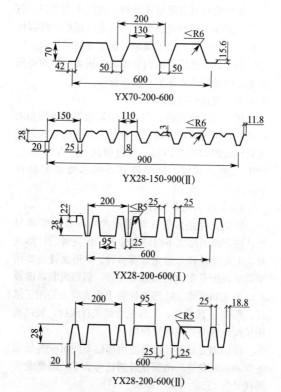

图 10-1　建筑装饰用压型钢板的几种板型

595

压型钢板具有质量比较轻、波纹平直坚挺、色彩丰富多样、造型美观大方、耐久性很好、抗震性及抗变形性优良、加工简单、施工方便等特点，广泛应用于各类建筑物的内外墙面、屋面、吊顶等的装饰，以及轻质夹芯扳材的面板等。

七、装饰轻钢龙骨

轻钢龙骨是目前装饰工程中最常用的顶棚和隔墙等的骨架材料，它是采用镀锌钢板、优质轧带板或彩色喷塑钢板为原料，经过剪裁、冷弯、滚轧、冲压成型而制成，是一种新型的木骨架的换代产品。

（一）轻钢龙骨的种类

轻钢龙骨是发展非常迅速的一种骨架装饰材料，按其断面形式不同可以分为 C 形龙骨、U 形龙骨、T 形龙骨和 L 形龙骨等多种。C 形龙骨主要用于隔墙，即 C 形龙骨组成骨架后，两面再装以面板从而组成隔断墙。U 形龙骨和 T 形龙骨主要用于吊顶，即在 U 形龙骨、T 形龙骨组成骨架后，装以面板从而组成明架或暗架顶棚。

在轻钢龙骨中，按其使用部位不同可分为吊顶龙骨和隔断龙骨。吊顶龙骨的代号为 D，隔断龙骨的代号为 Q。

吊顶龙骨又分为主龙骨（大龙骨）和次龙骨

（中龙骨、小龙骨）。主龙骨也称为"承重龙骨"。次龙骨也称为"覆面龙骨"。隔断龙骨又分为竖龙骨、横龙骨和通贯龙骨等。

轻钢龙骨按龙骨的承重荷载不同，分为上人吊顶龙骨和非上人吊顶龙骨。

（二）轻钢龙骨的技术要求

轻钢龙骨的技术要求主要包括：外观质量、角度允许偏差、内角半径、尺寸允许偏差和力学性能等方面。其要求应分别符合表 10-43～表 10-47 中的规定。

轻钢龙骨的外观质量要求　　表 10-43

缺陷种类	优等品	一等品	合格品
腐蚀、损伤、黑斑、麻点	不允许	无较严重的腐蚀、损伤、麻点。总面积不大于 1cm² 的黑斑，每米长度内不得多于 5 处	

轻钢龙骨角度允许偏差要求　　表 10-44

成形角的最短边尺寸(mm)	优等品	一等品	合格品
10～18	±1°15′	±1°30′	±2°00′
>18	±1°00′	±1°15′	±1°30′

轻钢龙骨内角半径要求（mm）　表 10-45

钢板厚度(不大于)	0.75	0.80	1.00	1.20	1.50
弯曲内角径(R)	1.25	1.50	1.75	2.00	2.25

597

轻钢龙骨的尺寸允许偏差（mm）　表 10-46

项　目		优等品	一等品	合格品
长　度		$+30$ -10		
覆面龙骨断面尺寸	底面尺寸 <30	±1.0		
	底面尺寸 >30	±1.5		
	侧面尺寸	±0.3	±0.4	±0.5
其他龙骨断面尺寸	底面尺寸	±0.3	±0.4	±0.5
	侧面尺寸 <30	±1.0		
	侧面尺寸 >30	±1.5		
吊顶承载龙骨和覆面龙骨侧面和底面的平整度		1.0	1.5	2.0

吊顶轻钢龙骨的力学性能　表 10-47

项　目		力 学 性 能 要 求
静载试验	覆面龙骨	最大挠度不大于 10.0mm,残余变形不大于 2.0mm
	承载龙骨	最大挠度不大于 5.0mm,残余变形不大于 2.0mm

（三）顶棚轻钢龙骨

1. 顶棚轻钢龙骨的种类和规格

用轻钢龙骨作为吊顶材料，按其承载能力大小可分为不上人吊顶和上人吊顶两种，不上人吊顶只承受吊顶本身的质量，龙骨的断面尺寸一般较小，常用于空间较小的顶棚工程；上人吊顶不仅要承受吊顶本身的质量，而且还要承受人员走动的荷载，一般应承受 $80\sim100kg/m^2$ 的集中荷载，常用于空间较大的影剧院、音乐厅、会议中心或有中央空调的顶棚工程。

顶棚轻钢龙骨的规格主要有：D25、D38、D45、D50、D60 系列 4 种。顶棚轻钢龙骨的名称、代号、规格尺寸，如表 10-48 所示。

顶棚轻钢龙骨的名称、代号、规格尺寸 表10-48

名称	产品代号	规格尺寸(mm) 宽度	规格尺寸(mm) 高度	规格尺寸(mm) 厚度	用钢量(kg/m)	吊点间距(mm)	吊顶类型	生产单位
主龙骨（承载龙骨）	D38	38	12	1.2	0.56	900~1200	不上人	北京市建筑轻钢结构厂
	D50	50	15	1.2	0.92	1200	上人	
	D60	60	20	1.5	1.53	1500	上人	
次龙骨（覆面龙骨）	D25	25	19	0.5	0.13			
	D50	50	19	0.5	0.41			
L形龙骨	L35	15	35	1.2	0.46			
T16-40暗式轻钢吊顶龙骨	D-1型吊顶	16	40		0.9kg/m²	1250	不上人	
	D-2型吊顶	16	40		1.5kg/m²	750	不上人	
	D-3型吊顶				2.0kg/m²	800~1200	上人	
	D-4型吊顶				1.1kg/m²	1250	不上人	
	D-5型吊顶				2.0kg/m²	900~1200	上人	

名称	产品代号	规格尺寸(mm)			用钢量(kg/m)	吊点间距(mm)	吊顶类型	生产单位
		宽度	高度	厚度				
主龙骨	D60(CS60)	60	27	1.5	1.37	1200	上人	北京新型建筑材料总厂
主龙骨	D60(C60)	60	27	1.5	0.61	850	不上人	
T形主龙骨	D32	25	32					
T形次龙骨	D25	25	25		900~1200		不上人	
T形边龙骨	D25	25	25					

2. 顶棚轻钢龙骨的应用

轻钢龙骨顶棚材料，主要适用于饭店、办公楼、娱乐场所、医院、音乐厅、报告厅、会议中心、影剧院等新建或改建的工程中。其可以制成 U 形上人龙骨吊顶、U 形不上人龙骨吊顶、U 形龙骨拼插式吊顶等。

第二节　铝合金装饰材料

纯铝中加入合金元素后，其机械性能明显提高，并仍能保持铝固有的特性，用途更加广泛，不仅可用于装饰结构，而且也可用于建筑结构。目前，世界各工业发达国家，在建筑装饰工程中，大量采用了铝合金门窗、铝合金柜台、铝合金装饰板、铝合金吊顶等。近十几年来，铝合金更是突飞猛进发展，建筑业已成为铝合金的最大用户。

我国由于引进发达国家的先进技术和设备，使我国铝合金制品的起点较高，进步较快。目前我国已有平开铝窗、推拉铝窗、平开铝门、平推拉铝门、铝制地弹簧门等几十个系列产品投入市场，基本满足了我国基本建设的需要。

一、铝合金的分类方法

由于纯铝的强度很低而限制了其应用范围，工业生产中常采用合金化的方式，即为了提高铝的实用价值，在纯铝中加入适量的镁、锰、铜、锌、硅等元素组成铝合金。铝合金仍然能保持质轻的特点，但其机械性能和耐蚀性明显提高，如铝-锰合金、铝-铜铝合金、铝-铜-镁系硬铝合金、铝-锌-镁铜系超硬铝合金等。

按加工方法不同，铝合金又可分为变形铝合金、铸造铝合金和装饰铝合金3种。变形铝合金是通过冲压、弯曲、辊轧等工艺使其组织、形状发生变化的铝合金。变形铝合金包括防锈铝合金-LP、硬铝合金-LY、超硬铝合金-LC、锻铝合金-LD 等。铸造铝合金按主要合金元素的不同，可分为 Al-Si 铸造铝合金、Al-Cu 铸造铝合金、Al-Mg 铸造铝合金和 Al-Zn 铸造铝合金 4 类。

装饰性铝合金是以铝为基体而加入其他合金元素所构成的一种新型合金。这种铝合金具备必需的机械、加工性能外和特殊的装饰性能和装饰效果，不仅可代替常用的铝合金材料，而且替代镀铬的锌、铜或铁件。

按铝合金的应用范围可分为三类结构：一类结构系指以强度为主要控制指标的受力构件，如屋架等；二类结构系指不承力构件或承力不大的构件，如建筑工程的门窗、卫生设备、通风管、扶手、支架等；三类结构系指各种装饰品和绝热材料等。

二、铝合金型材

（一）建筑装饰铝合金型材的生产

由于建筑装饰铝合金型材品种规格繁多，断面形状复杂，尺寸和表面要求严格，它和钢铁材料不同，在国内外的生产中，绝大多数采用挤压方法；当生产批量较大，尺寸和表面要求较低的中、小规格的棒材和断面形状简单的型材时，可以采用轧制方法。由此可见，建筑铝合金型材的生产方法，可分为挤压和轧制两大类，以挤压方法生产为主。

（二）建筑装饰铝合金型材的性能

目前，我国生产的铝合金建筑装饰型材约 300 多种，这些铝合金型材大多数用于建筑装饰工程中。其中最常用铝合金型材主要是铝镁硅系合金，其化学成分如表 10-49 所示。铝合金建筑装饰型材主要机械性能如表 10-50 所示。铝合金建筑装饰型材主要物理性能如表 10-51 所示。

建筑装饰型材铝合金
（LD₃₁）化学成分　　　　表 10-49

| Mg | Si | Fe | Cu | Mn | Cr | Zn | Ti | 其他杂质 | | 杂质总和 | Al |
								单个	合计		
0.2～0.6	0.45～0.9	0.35	0.10	0.10	0.10	0.10	0.10	0.05	0.15	0.85	其余

建筑装饰型材铝合金
（LD₃₁）机械性能　　　　表 10-50

状态	抗拉强度 σ_b (MPa)	屈服强度 σ_0.2 (MPa)	伸长率 δ (%)	布氏硬度 HB (MPa)	持久强度极限 (MPa)	剪切强度 τ (MPa)
退火	89.18	49.0	26	24.50	54.88	68.8
淬火+人工时效	241.08	213.44	12	715.4	68.8	151.9

建筑装饰型材铝合金
（LD₃₁）物理性能　　　　表 10-51

性能名称	相对密度	导热系数 (25℃) [W/(m·K)]	比热 (100℃) [kJ/(kgK)]	电阻率 (20℃,CS状态) [Ω·mm²/m]	弹性模量 (MPa)
数值	2.715	19.05	0.96	3.3×10⁻²	7000

　　铝合金建筑装饰型材具有良好的耐蚀性能，在工业气氛和海洋性气候条件下，未进行表面处理的

铝合金的耐腐蚀能力优于其他合金材料，经过涂漆和氧化着色后，铝合金的耐蚀性更高。铝合金的耐应力腐蚀性能表现为：在 $3\% NaCl + 0.5\% H_2O_2$ 溶液中，当应力为 $0.90\sigma_{0.2}$ 时，其使用寿命大于 720h（试样厚度为 2.0mm，规格为标准的拉应力腐蚀试样）。

建筑装饰型材铝合金属于中等强度变形铝合金，可以进行热处理（一般为淬火和人工时效）强化。铝合金具良好的机械加工性能，可用氩弧焊进行焊接，合金制品经阳极氧化着色处理后，可着成各种装饰颜色。

三、铝合金装饰制品

建筑装饰工程中常用的铝制品种类很多，主要用铝合金装饰板、铝合金门窗、铝箔、铝粉及铝合金吊龙骨等。

（一）铝合金装饰板

铝合金装饰板是一种现代较为流行的建筑装饰材料，具有质量轻、不燃烧、不锈蚀、强度高、刚度好、经久耐用、易于加工、表面形状多样、色彩丰富、防腐蚀、防火、防潮等优点，适用于公共建筑的内外墙和柱面的装饰。在商业建筑中，入口处的门脸、柱面、招牌的衬底使用铝合金装饰板时，更能体现建筑物的风格，吸引顾客注目。

铝合金装饰板的应用特点是：进行墙面装饰时，

在适当部位采用铝合金装饰板，与玻璃幕墙或大玻璃窗配合使用，可使易碰、形状复杂的部位得以顺利过渡，并且能达到突出建筑物线条流畅的效果。

目前，在建筑装饰工程中常用的铝合金装饰板，主要品种有铝合金花纹板、铝合金波纹板、铝合金压型板、铝合金穿孔板、铝塑板等。

1. 铝合金花纹板

铝合金花纹板是采用防锈铝合金坯料，用具有一定花纹的轧辊轧制而成的一种铝合金装饰板。铝合金花纹板具有花纹多样、美观大方、筋高适中、防腐性好、板材平整、尺寸准确、能够防滑、不易磨损、便于清洗、便于安装等特点，因此，广泛应用于现代建筑的墙面装饰及楼梯踏步等处。

除以上所述的铝合金花纹板外，还有一种铝合金浅花纹板，也是优良的建筑装饰材料之一。这种花纹板对白光的反射率达 75％～90％，热反射率达 85％～95％，除具有普通铝合金共有的优点外，其刚度可以提高 20％，抗污垢、抗划伤能力均有所提高。铝合金浅花纹板色泽丰富、花纹精致，是中国特有的一种建筑装饰板材。

根据国家标准《铝及铝合金花纹板》（GB/T 3618—2006）的规定，花纹板的代号、合金牌号、材料状态及规格，应符合表 10-52 中的规定。

花纹板的波型代号、牌号、状态及规格　表10-52

花纹代号	花纹图案	牌号	状态	底板厚度	筋高	宽度	长度
				(mm)			
1号	方格型	2A12	T4	1.0~3.0	1.0		
2号	扁豆型	2A11、5A02、5052	H234	2.0~4.0	1.0		
		3105、3003	H194				
3号	五条型	1×××、3003	H194	1.5~4.5	1.0		
		5A02、5052、3105、5A43、3003	O,H114				
4号	三条型	1×××、3003	H194	1.5~4.5	1.0		
		2A11、5A02、5052	H234				
5号	指针型	1×××	H194	3.0~8.0	1.0	1000~1600	2000~10000
		5A02、5052、5A43	O,H114				
6号	菱型	2A11	H234	2.0~4.0	0.9		
7号	四条型	6061	O	1.0~4.5	1.0		
		5A02、5052	O,H234				
8号	三条型	1×××	H114、H234、H194	1.0~4.0	0.3		
		3003	H114、H194				
		5A02、5052	O,H114、H194				

606

花纹代号	花纹图案	牌号	状态	底板厚度	筋高	宽度	长度
				(mm)			
9号	星月型	1×××	H114、H234、H194	1.0～4.0	0.7	—	—
		2A11	H194				
		2A12	T4	1.0～3.0			
		3003	H114、H234、H194	1.0～4.0			
		5A02、5052	H114、H234、H194				

2. 铝合金波纹板

铝合金波纹板是用机械轧辊将板材轧成一定的波形后而制成的，其波形如图 10-2 所示。铝合金波纹板自重较轻，颜色种类丰富，既有一定的装饰效果，也具有很强的反射阳光的能力，并具有防火、防潮、耐腐蚀等特点，在大气中一般可使用 20 年以上，拆卸下来的波纹板经整修后可重复使用。

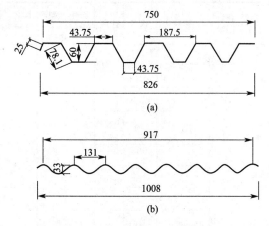

图 10-2　铝合金波纹板的常见波形

铝合金波纹板适用于建筑墙面和屋面的装饰。屋面装饰所用的波纹板，一般用强度高、耐腐蚀性能好的防锈铝（LF$_{21}$）制成；墙面装饰所用的波纹板，可用防锈铝或纯铝制作。

根据国家标准《铝及铝合金波纹板》（GB/T 4438—2006）的规定，其牌号、状态及规格应符合表 10-53 中的要求，波纹板的尺寸允许偏差应符合表 10-54 中的要求。

608

铝合金波纹板的牌号、状态及规格　表 10-53

铝合金波纹板的牌号、状态及规格　表 10-53

牌号	状态	波型代号	规格（mmm）				
			坯料厚度	长度	宽度	波高	波距
1050A、1050、1060、1070A、1100、1200、3003	H18	波 20-106,波型见图 11-4a	0.60～1.00	2000～10000	1115	20	106
		波 33-131,波型见图 11-4b			1008	33	131

铝合金波纹板的尺寸允许偏差　表 10-54

波型代号	宽度及允许偏差		波高及允许偏差		波距及允许偏差	
	宽度（mm）	允许偏差（mm）	波高（mm）	允许偏差（mm）	波距（mm）	允许偏差（mm）
波 20-106	1115	+25，—10	20	±2.0	106	±
波 33-131	1008	+25，—10	25	±2.5	131	±3

注：波高和波距偏差为 5 个波的平均尺寸与公称尺寸的差。

3. 铝塑复合板

铝塑复合板是一种复合性板材，根据其结构组成不同，可分为简易铝塑板和多层铝塑板两种。简易铝塑板是将氯化乙烯处理过的铝片用胶粘剂覆贴到聚乙烯板上而制成的；多层铝塑板主要是由三层材料复合而成的，上、下两层为高强度的铝合金板，中间层为低密度 PVC 泡沫板或聚乙烯（PE）芯板，经高温、高压而制成的一种新型建筑装饰材料板材，并在板材表面喷涂氟碳树脂（PVDF）。

铝塑板的耐腐蚀性、耐污染性和耐候性均较好；可以制成多种颜色，质感较强，表面平整光洁，装饰效果好；施工时可弯折、截剪、切割，加工灵活方便；隔热和阻燃效果较好，火灾时无有毒烟雾发生；耐酸、耐碱，不易玷污，容易清洁。这种装饰板材与铝合金板材相比，具有质量轻、造价低、施工简便等优点。

铝塑复合板主要适用于建筑物的幕墙饰面、门面及广告牌等处的装饰。

4. 铝合金穿孔板

铝合金穿孔板是利用各种铝合金平板经机械穿孔而制成。其孔径一般为 6mm，孔距为 10～14mm，孔型可根据需要做成圆孔、方孔、长圆孔、长方孔、三角孔、大小组合孔等。铝合金穿孔板既突出了板材质轻、耐高温、耐腐蚀、防火、防潮、防震、化学稳定性好等特点，又可以将穿孔设计成各种图案，其立体感强，装饰效果好。同时，在内部放置吸声材料后，可以很好解决建筑中的吸声问题，是一种装饰兼降噪双重功能的板材。

铝合金穿孔板的规格、性能见表 10-55。这种铝合金穿孔板可用于宾馆、饭店、影剧院、播音室、教室等公共建筑和高级民用建筑中，以改善音质条件，也可用于各类噪声大的车间、厂房和计算机房等的天棚或墙壁作为降噪材料。

铝合金穿孔板的规格、性能　　表 10-55

产品名称	性 能 特 点	规格 (mm×mm×mm)
穿孔平面式吸声板	材质：防锈铝(LF₂₁)；板厚：1mm；孔径：6mm；孔距：10mm；降噪系数：1.16；工程使用降噪效果：4～8dB；吸声系数：(Hz/吸声系数)，厚度75mm 时，125/0.13、250/1.04、500/1.18、1000/1.37、2000/1.04、4000/0.97	495×495×(50～100)
穿孔块体式吸声板	材质：防锈铝(LF₂₁)；板厚：1mm；孔径：6mm；孔距：10mm；降噪系数：2.17；工程使用降噪效果：4～8dB；吸声系数：(Hz/吸声系数)，厚度75mm 时，125/0.22、250/1.25、500/2.34、1000/2.33、2000/2.54、4000/2.25	750×500×100

产品名称	性能特点	规格 （mm×mm×mm）
穿孔压花式吸声板	材质：电化铝板；板厚：0.8～1mm；孔径：6～8mm；穿孔率：1%～5%，20%～28%；工程使用降噪效果：4～8dB	500×500 1000×1000 厚度可根据用户要求制作
铝合金穿孔装饰板	采用光电制板技术、彩色阳极氧化表面处理工艺，图案深度为5～8μm、10～12μm；颜色有本色、金黄色、淡蓝色等，立体感强，可制成名人字画、古董古币、湖光山色等图案，并具有耐腐蚀、耐热、耐磨损特性，能长期保持光亮如新	500×500×0.5 500×500×0.8
吊顶墙面穿孔护面板	材质、规格、穿孔率可根据需要任意选择，孔形有圆孔、方孔、长圆孔、长方孔、菱形孔、大小组合孔等	可根据用户要求制作

5. 铝合金压型板

铝合金压型板是用机械压制而成的一种新型建筑装饰板材，这种板材具有质量较轻、外形美观、

612

耐腐蚀、耐久性好、容易安装、施工简单等特点，特别是表面经处理后可得到色彩多样的产品，为更加广泛用于装饰工程提供良好条件。主要用墙面和屋面的装修。

（二）铝箔与铝粉

1. 铝箔

铝箔是用纯铝或铝合金加工制成的 6.3～200μm 薄片制品。铝箔具有良好的防潮、绝热性能，在建筑装饰工程中可作为多功能保温隔热材料、防潮材料和装饰材料。常用铝箔制品有铝箔波形板、铝箔泡沫塑料板、铝箔牛皮纸、铝箔布等。铝箔的性能、规格如表 10-56 所示。

2. 铝粉

铝粉又称为"银粉"，是以纯铝箔加入少量润滑剂，经捣击压碎成为极细的鳞状粉末，再经抛光而成。铝粉质轻，漂浮力强，遮盖力强，对光和热的反射性能均很高。经过适当处理后，也可变成不浮性铝粉。铝粉主要用于油漆和油墨工业。

在建筑装饰工程中，铝粉常用来制备各种装饰涂料和金属防锈涂料，也可用于土方工程中的发热剂和加气混凝土中的发气剂。用于涂料的铝粉牌号及用途见表 10-57。

表10-56

铝箔的性能及规格

代号	含有量(%) 铝≥	混合物含量不大于 铁	镁石	铁和镁石含量	铜	混合物总含量	规格(mm) 宽度	厚度	抗断强度(MPa)	伸长率(%)	材料状态	主要参考性能 电阻率(Ω·mm²/m)	蒸汽渗透阻(m²·h·Pa/g)
L00	99.7	0.16	0.16	0.26	0.01	0.30	300 350 380 400	0.006 0.007 0.010 0.011	≥30	0.50	M	0.025	3700
L0	99.6	0.25	0.20	0.36	0.01	0.40	420 440 450	0.012 0.014 0.020 0.025	≥100	0.50	Y		

用于涂料的铝粉牌号及用途　　表 10-57

铝粉牌号	代号	粒　　度			用途
		网号	筛上物（%）	筛下物（%）	
一号涂料铝粉	FLU1-1	008	≤4.0	—	用于装饰性涂料及加气混凝土中
二号涂料铝粉	FLU1-2	008	≤1.5	—	
三号涂料铝粉	FLU1-3	008	≤1.0	—	
四号涂料铝粉	FLU1-4	0056	≤0.3	—	
		0046	≤0.5	—	

第三节　其他金属装饰材料

除以上最常用的建筑装饰钢材材料和铝合金装饰材料外，还常用其他金属装饰材料，如铜及铜合金、铁艺制品和金属装饰线条等。

一、铜及铜合金

铜是人类最先冶炼出来的金属，是继石材、木材等天然材料后，出现最古老的建筑材料，也是中国历史上应用最早、最广的一种有色金属。铜在地壳中储藏量较小，约占 0.01%，且在自然条件下很少以游离状态存在，而多以化合物状态存在。

铜是一种容易精炼的金属材料，铜和铜合金最早用于制造武器，以后逐步发展到制造生活用具、工艺品、货币和装饰品等。当今，铜材在现代建筑上是一种高雅华贵的装饰材料，已被广泛用于建筑装饰及各种零部件。

（一）铜的特性与应用

铜属于有色重金属，密度为 $8.92g/cm^3$，熔点为1083℃。纯铜的新鲜断面是玫瑰红色的，但表面形成氧化铜膜后外观呈紫红色，故常称紫铜。这种氧化铜膜致密性较好，所以铜的抗蚀性也很好，加上色泽鲜艳，广泛应用于建筑领域，如建筑屋顶、给水管等。但是，其是立方晶格的晶体结构，强度较低、塑性较高，不适宜用作结构材料。

纯铜具有良好的导电性、导热性、耐腐蚀性、延展性、塑性和易加工性等物理化学特性，可压延成极薄的板（紫铜片），拉制成很细的丝（铜线材）。导电性仅次于银而优于其他金属。在所有的商品金属中，铜的电阻系数小，导电性能最好。所以，铜在电气工程中是不可缺少的，广泛用于电力和信息传导的电线电缆以及机电、变压器、家电等工业。每年全世界大约有60％以上的铜应用于这方面。但纯铜的强度比较低，不宜直接作为结构材料。

中国生产的纯铜产品分为两类：一类属于冶炼产品，包括铜锭、铜线锭和电解铜；另一类属于加工产品，是指铜锭经加工变形而获得的各种形状的纯铜材。根据铜中的杂质含量多少，工业纯铜可分为 T1、T2、T3、T4 四种。T 为铜的汉语拼音字头，数字为编号，数字越大，表示铜的纯度越低。以上两类产品的牌号、代号、成分及用途，如表 10-58 所示。

纯铜产品的牌号、代号、成分及用途　表 10-58

| 牌号 | 代号 | | 含铜量 % | 杂质含量（%） | | | | 用途 |
	冶炼	加工		铋	铅	氧	总和	
一号铜	Cu-1	T1	≥99.95	≤0.002	≤0.005	≤0.02	≤0.05	导电材料
二号铜	Cu-2	T2	≥99.90	≤0.002	≤0.005	≤0.06	≤0.10	导电材料
三号铜	Cu-3	T3	≥99.70	≤0.002	≤0.010	≤0.10	≤0.30	一般用铜材
四号铜	Cu-4	T4	≥99.50	≤0.003	≤0.050	≤0.10	≤0.50	一般用铜材

在我国的古建筑物中，铜材是一种高档的装饰材料，多用于宫廷、寺庙、纪念性建筑和商品铜字招牌等。在现代建筑装饰工程中，铜材仍是集古朴与华贵于一身的高级装饰材料，可用于高级宾馆、商厦、展览馆、大会堂等建筑中的柱面、楼梯扶

手、栏杆、防滑条等，使建筑物显得光彩耀目、美观雅致、光亮耐久，并烘托出华丽、高雅的氛围。

（二）铜合金的特性及应用

铜通过添加合金化元素，形成系列铜合金，可大大改善其强度和耐锈蚀性，但导电性略有下降。铜合金中最主要的合金元素是锌、锡、铝和镍。

（1）黄铜。黄铜是以铜、锌为主要合金元素的铜合金，黄铜分为普通黄铜和特殊黄铜。当黄铜中只含铜和锌两种元素量、不含其他合金元素时，称为普通黄铜。普通黄铜不仅有良好的力学性能、耐腐蚀性能和工艺性能，而且价格也比纯铜低得多。普通黄铜管用于发电厂的冷凝器和汽车散热器上。

为了进一步改善普通黄铜的力学性能、提高其耐蚀性与工艺性能，常加入铅、铝、锰、锡、铁、镍、硅等形成各种特殊的合金黄铜。例如，含铅黄铜用于制造各种螺钉、螺母、氧气瓶阀门、电器插座、手表零件、轴承轴瓦等。在黄铜中加入铝元素，可以提高其强度、硬度和耐腐蚀性能等，可广泛地用于制作汽车零件。另外，合金黄铜还有锡黄铜、铁黄铜、镍黄铜、铝黄铜等，主要用于造船工业、石油工业、机械工业、滨海发电工业等。

618

普通黄铜的牌号用"H"（黄字的汉语拼音字首）加数字来表示，数字代表平均含铜量，含锌量不必标出，如"H62"表示普通黄铜的含铜量为62%。特殊黄铜则在"H"之后标以主加元素的符号，并在其后表明铜及合金元素含量的百分数，如"HPb59—1"表示特殊黄铜的含铜量为59%，含铅量为1%。如果是铸造黄铜，牌号中还应加上"Z"字母，如"ZHAl67—2.5"表示铸造黄铜的含铜量为67%、含铝量为2.5%。

（2）青铜。青铜原指铜与锡的合金。现在，在铜合金中主要加入的元素不是锌和镍，而是锡、铝、铬、铍等其他元素，通称为青铜。青铜分为锡青铜和无锡青铜。

锡青铜是由铜与锡组成的合金，锡青铜中锡的质量百分数一般在30%以下，当锡的含量百分数在15%~20%之间时，其抗拉强度最大，而当锡的质量百分数在10%以内时其伸长率比较大，如果超过10%就会急剧变小。

锡青铜在中国应用的历史非常悠久，用于铸造钟、鼎、乐器和祭器等。锡青铜也可用作轴承、轴套和耐磨零件等。铝青铜、铍青铜用于制造承受重载的耐腐蚀、耐磨损构件和重要弹簧零件，以及电接触器、电阻焊电极、钟表及仪表零件。

无锡青铜是含铝、硅、铅、锰等合金元素的铜基合金，包括铝青铜、硅青铜、铅青铜等。铝青铜中铝的质量百分数一般在15％以下，在生产中往往还添加少量的铁和锰，以改善其力学性能。铝青铜耐腐蚀性好，经过加工的材料，其强度接近一般的碳素钢，在大气中不产生变色，即使加热到高温也不会氧化，这是由于铝青铜合金中铝经氧化形成致密的薄膜所致。

青铜的牌号以字母"Q"（青字的汉语拼音字首）表示，后面加第一个主加元素符号及除了铜以外的各元素的百分数 QSn4—3、QBe2 等。如果是铸造的青铜，牌号中还应加上"Z"字，如 ZQAl9—4 等。

（3）白铜。白铜是以铜镍为主的合金，镍的添加量通常为 10％～30％。为改善合金的组织和性能，常添加适量的锌或铁和锰。锌白铜酷似白银，在造币和装饰器件中用于仿银，还大量用于制造仪表零件。由于白铜具有耐腐蚀和高强度，大量用于船舶、滨海发电等海水冷凝管中。

（三）铜合金装饰制品的应用

铜合金经挤压或压制可形成不同横断面形状的型材，主要有空心型材和实心型材，可用来制造管材、板材、线材、固定件及各种机器零件等。

铜合金型材也具有铝合金类似的特点，不仅可用于门窗的制作，而且可以作为骨架材料装配幕墙。如以铜合金型材做骨架，以吸热玻璃、热反射玻璃、中空玻璃等为立面形成的玻璃幕墙，彻底改变传统外墙的单一面貌，使建筑物乃至城市建筑风格生辉。

在建筑装饰工程中，用铜合金制成的各种铜合金压板（如压型板），可用于建筑物的外墙装饰，使建筑物金碧辉煌、光亮耐久。铜合金还可以制成五金配件、铜门、铜栏杆、铜嵌条、防滑条、雕花铜柱和铜雕壁画等，广泛应用于建筑装饰工程中。铜合金的另一种应用是铜粉，俗称为"金粉"，是一种铜合金制成的金色颜料，主要成分为铜及少量的锌、铝、锡等金属。铜粉常用来调制成装饰涂料，代替"贴金"。

用铜合金制成的产品表面具有独特的亮度和质感，往往是光亮如镜、气度非凡，有高雅华贵的感觉。在古代，人们以铜合金装饰的建筑是高贵和权势的象征。如古希腊的宗教及宫殿建筑多采用金、铜装饰，古罗马的雄师凯旋门有青铜雕塑，中国唐朝的宫殿便用铜装饰。

在现代建筑装饰中，铜合金制品主要用高档场所的装修。如显耀的厅门配以铜质的把手、门锁；

螺旋式楼梯扶手栏杆选用铜质管材；华贵的大理石饰面配以金黄色的铜嵌条；灯具、家具采用制作精致、色泽光亮的铜合金等，无疑会在原有豪华、华贵的氛围中增添了装饰的艺术性，使其装饰效果得以充分发挥。

由于铜制品的表面易受空气中有害物质的腐蚀作用，为提高其抗腐蚀能力和耐久性，可在铜制品的表面用镀钛合金等方法进行处理，不仅能极大地提高铜制品的光泽度，而且还能增加铜制品的使用寿命。

二、金属装饰线条

金属装饰线条是室内外装饰工程中的重要装饰材料，常用的金属装饰线条有铝合金线条、铜线条、不锈钢线条等。

（一）铝合金装饰线条

铝合金装饰线条是用纯铝加入锰镁等合金元素后，挤压而制成的条状型材。

1. 铝合金线条的特点

铝合金线条具有轻质、高强、耐蚀、耐磨、刚度大等优良性能。其表面经过阳极氧化着色表面处理，有鲜明的金属光泽，耐光和耐气候性能良好。其表面还涂以坚固透明的电泳漆膜，涂后会更加美观、适用。

2. 铝合金线条的用途

铝合金线条的用途比较广泛，不仅可用于装饰面的压边线、收口线，以及装饰画、装饰镜面的框边线，也可在广告牌、灯光箱、显示牌上当作边框或框架，在墙面或天花面作为一些设备的封口线。铝合金线条还可用于家具上的收边装饰线，玻璃门的推拉槽，地毯的收口线等方面。

3. 铝合金线条的品种规格

铝合金装饰线条的品种很多，主要的可归纳为角线条、画框线条、地毯收口线条等几种。角线条又可分为等边角线条和不等边角线两种，铝合金线条的常用品种规格见表 10-59。

铝合金线条的规格品种　　　表 10-59

截 面 形 状	宽 B (mm)	高 H (mm)	壁厚 T (mm)	长度 (m)
	9.5	9.5	1.0	
	12.5	12.5	1.0	
	15.0	15.0	1.0	
	25.4	25.4	1.0	6
	25.4	25.4	1.5	
	25.4	25..4	2.3	
	30.0	30.0	1.5	
	30.0	30.0	3.0	

截 面 形 状	宽 B (mm)	高 H (mm)	壁厚 T (mm)	长度 (m)
	25.4	25.4		6
	29.8	29.8		
	19.0	12.7	1.2	
	21.0	19.0	1.0	
	25.0	19.0	1.5	6
	30.0	18.0	3.0	
	38.0	25.0	3.0	
	9.50	9.50	1.0	
	9.50	9.50	1.5	
	12.0	5.00	1.0	
	12.7	12.7	1.0	
	12.7	12.7	1.5	6
	19.0	12.7	1.6	
	19.0	19.0	1.0	
	7.70	12.7	1.5	

（二）铜装饰线条

铜装饰线条是用铜合金"黄铜"制成的一种装饰材料。

1. 铜装饰线条的特点

铜装饰线条是一种比较高档的装饰材料，它具有强度高、耐磨性好、不锈蚀，经加工后表面有黄

624

金色光泽等特点。

2. 铜装饰线条的用途

铜装饰线条主要用于地面大理石、花岗石、水磨石块面的间隔线，楼梯踏步的防滑线，楼梯踏步的地毯压角线，高级家具的装饰线等。

3. 铜装饰线条的规格、品种

铜装饰线条的规格、品种见表10-60。

铜线条的规格和品种 表10-60

名　称	说　明　及　规　格(mm)
全铜楼梯栏杆及扶手	系以 H62 优质拉制铜管制成，规格为(mm)：扶手管：$\phi(50,60,70,80,90,100)\times 4$(壁厚)；栏杆管：$\phi(20,30)\times 3$(mm)。亦可根据图纸加工。连接处均采用机械连接，便于拆卸更换。外露部分均可涂透明保护膜，美观大方
楼梯地毯压杆(铜质)及包角(铜质)	系以 H62 黄铜、T2 紫铜、不锈钢等加工而成，表面经抛光并喷涂透明保护膜一层，以确保压杆本色。分"侧壁角可卸型"及"地毯包角直压型"两种。前者更换地毯方便，能延长地毯的使用寿命；后者结构比较简单，呈"厂"形、两端以小型法兰盘封端，配合地毯颜色，能起艺术烘托作用。该两种压杆供直升式或旋转式楼梯踏步压地毯之用。其规格如下：侧壁角可卸型地毯压杆：$\phi 20\times 4$；直压型地毯包角：宽×高＝$(50,70)\times(30,50)$。系以 H62 黄铜板，经机械折边而成，上面并做 2×1 的防滑槽沟，兼起防滑条的作用

名　称	说明及规格(mm)
楼梯地毯铜压棍	1.5×18×1000,1.5×16×1000
压棍脚(配铜地毯压棍用)	置于铜地毯压棍两端,作固定压棍之用
全铜楼梯防滑条	系以 H62 黄铜板加工而成,上面有机加工沟槽,作防滑用。规格为 10×41

（三）不锈钢装饰线条

不锈钢装饰线条是以不锈钢为原料,经机械加工而制成,是一种较高档的装饰材料。

(1) 不锈钢线条的特点。不锈钢装饰线条具有高强度、耐腐蚀、表面光洁如镜、耐水、耐擦、耐气候变化等优良性能。

(2) 不锈钢线条的用途。不锈钢装饰线条的用途目前并不十分广泛,主要用于各种装饰面的压边线、收口线、柱角压线等处。

(3) 不锈钢线条的品种和规格。不锈钢线条主要有角形线和槽线两类,其具体规格如表 10-61 所示。

不锈钢线条的品种规格　　　表 10-61

截　面　形　状	宽度 B (mm)	高度 H (mm)	壁厚 T (mm)	长度 (m)
	15.9	15.9	0.5	
	15.9	15.9	1.0	
	19.0	19.0	0.5	
	19.0	19.0	1.0	
	20.0	20.0	0.5	
	20.0	20.0	1.0	
	22.0	22.0	0.8	2～4
	22.0	22.0	1.5	
	25.4	25.4	0.8	
	25.4	25.4	2.0	
	30.0	30.0	1.5	
	30.0	30.0	2.0	
	20.0	10.0	0.5	
	25.0	13.0	0.5	
	25.0	13.0	1.0	
	32.0	16.0	0.8	
	32.0	16.0	1.5	
	38.1	25.4	1.5	
	38.1	25.4	0.8	
	75.0	45.0	1.2	2～4
	75.0	45.0	2.0	
	90.0	25.0	1.2	
	90.0	25.0	1.5	
	90.0	45.0	1.5	
	90.0	45.0	2.0	
	100	25.0	1.5	
	100	25.0	2.0	

627

三、铁艺制品

铁艺装饰来源于欧洲，它由于具有线条流畅、耐蚀性好、古朴典雅、装饰性好等特点，深受人们的喜爱。欧洲早期的铁艺制品主要以宗教、神台、神灯等为主，后来逐渐进入贵族的建筑装饰，其古典的装饰手法于19世纪末传入我国。但是，由于铁艺制作工艺复杂、价格昂贵，在建筑装饰工程中很少采用。

随着国民经济的腾飞，装饰艺术和技术水平不断提高，追求生活艺术品位的人，不满足于木艺、皮艺和布艺的单一装饰，铁艺开始从户外防盗门和护栏，逐渐渗入到家庭内部装饰。从精美的铁艺钟表、铁艺摆件，甚至家具、用品，以美观、自然、个性化的特点，受到越来越多人的青睐。

铁艺制品是用铁制材料经锻打、弯花、冲压、铆焊、打磨、油漆等多道工序制成的装饰性软件，可用作铁制阳台护栏、楼梯扶手、庭院豪华大门、室内外栏杆、艺术门、屏风、家具及装饰件等，装饰效果新颖独特。铁艺制作过程是将含碳量很低的生铁材料烧熔，倾注在透明的硅酸盐溶液中，两者混合形成椭圆状金属球，再经高温剔除多余的熔渣，之后轧成条形熟铁环，铁艺制品还需经过除油污、杂质、除锈和防锈处理后才能成为装饰工程中的装饰用品，所以选择时应以其表面是否光洁、防锈效果优劣作为重要的参考标准。

在建筑装饰工程中，铁艺制品小到烛台挂饰，大到旋转楼梯，都能起到其他装饰材料所不能替代的装饰效果，在局部选材时可作为一种具有特殊性的选择。比如：装饰一扇用铁艺嵌饰的玻璃门，再配以居室的铁艺制品会烘托出整个居室不同凡响的艺术效果；木制板材暖气罩易出现翘曲、开裂，使用结实耐用的铁艺暖气罩不但具有较好的散热效果，而且还能起到良好的装饰作用。

虽然铁艺制品非常坚硬，但在安装、使用过程中也应避免磕碰。这是因为一旦破坏了表面的防锈漆，铁艺制品很容易生锈，所以在使用中用特制的"修补漆"修补，以免生锈。铁艺制品属性为生铁锻造，因此尽可能不在潮湿环境中使用，并注意防水防潮，如发现表面褪色出现斑点，应及时修补上漆以免影响其制品的整体美观。

铁艺制品古朴典雅，充满欧洲情调，它将欧式生活的浪漫情调与东方传统艺术的纯朴高雅巧妙地融为一体，这是近年来城市兴起的一种装饰风格。铁艺制品的花饰图案千变万化，图 10-3 为我国生产的部分鼎汉系列艺术铸花。

图 10-3　部分鼎汉系列艺术铸花

目前市场上出售的铁艺制品在制作工艺上分为两类：一类是用锻造工艺，即以手工打制生产的铁艺制品，这种制品材质比较纯正，含碳量较低，其制品也较细腻，花样丰富，是家居装饰的首选；另一类是铸铁铁艺制品，这类制品外观较为粗糙，线条直而粗犷，整体制品笨重，这类制品价格不高，却更易生锈。

参 考 文 献

[1] 刘新佳主编.建筑工程材料手册.北京:化学工业出版社,2010

[2] 陆平、黄燕生主编.建筑装饰材料.北京:化学工业出版社,2006

[3] 李继业、法炜编著.建筑材料质量要求简明手册.北京:化学工业出版社,2013

[4] 蔡丽朋主编.建筑装饰材料.北京:化学工业出版社,2005

[5] 廖红主编.建筑装饰材料手册.南昌:江西科学技术出版社,2004

[6] 李继业主编.新编建筑装饰材料实用手册.北京:化学工业出版社,2011

[7] 曹文达主编.建筑装饰材料.北京:中国电力出版社,2003

[8] 沈春林主编.新型建筑涂料产品手册.北京:化学工业出版社,2005

[9] 中国建筑装饰协会培训中心编写.建筑装饰装修金属工.北京:中国建筑工业出版社,2003

[10] 李继业主编.现代建筑装饰工程手册.北京:化学工业出版社,2006

[11] 蔡丽朋主编.建筑材料.北京:化学工业出版社,2005

[12] 赵方冉主编.土木建筑工程材料(修订版).北京:

中国建材工业出版社，2003

[13] 张玉祥主编．绿色建材产品手册．北京：化学工业出版社，2002

[14] 丁洁民、张洛先主编．建筑装饰工程材料．上海：同济大学出版社，2004

[15] 吴科如主编．土木工程材料．上海：同济大学出版社，2003 年

[16] 中华人民共和国行业标准．《墙体饰面砂浆》（JC/T 1024—2007）

[17] 中华人民共和国行业标准．《聚合物水泥防水砂浆》（JC/T 984—2005）

[18] 中华人民共和国行业标准．《嵌装式装饰石膏板》（JC/T 800—2008）

[19] 中华人民共和国行业标准．《吸声用穿孔石膏板》（JC/T 803—2007）

[20] 中华人民共和国国家标准．《普通装饰用铝塑复合板》（GB/T 22412—2008）

[21] 中华人民共和国国家标准．《建筑幕墙用铝塑复合板》（GB/T 17748—2008）

[22] 中华人民共和国国家标准．《建筑用轻质隔墙条板》（GB/T 23451—2009）

[23] 中华人民共和国国家标准．《建筑隔墙用保温条板》（GB/T 23450—2009）

[24] 中华人民共和国行业标准．《装饰混凝土砌块》（JC/T 641—2008）

[25] 中华人民共和国国家标准．《普通混凝土小型空心砌

块》（GB/T 8239—2014）

[26] 中华人民共和国行业标准．《泡沫混凝土砌块》（JC/T 1062—2007）

[27] 中华人民共和国国家标准．《轻集料混凝土小型空心砌块》（GB/T 15229—2011）

[28] 中华人民共和国国家标准．《蒸压加气混凝土砌块》（GB 11968—2006）

[29] 中华人民共和国行业标准．《石膏砌块》（JC/T 698—2010）

[30] 中华人民共和国国家标准．《天然大理石建筑板材》（GB/T 19766—2005）

[31] 中华人民共和国行业标准．《天然大理石荒料》（JC/T 202—2011）

[32] 中华人民共和国国家标准．《天然花岗石建筑板材》（GB/T 18601—2009）

[33] 中华人民共和国国家标准．《天然砂岩建筑板材》（GB/T 23452—2009）

[34] 中华人民共和国国家标准．《天然石灰石建筑板材》（GB/T 23453—2009）

[35] 中华人民共和国国家标准．《天然板石》（GB/T 18600—2009）

[36] 中华人民共和国行业标准．《人造石》（JC 908—2013）

[37] 中华人民共和国行业标准．《建筑装饰用水磨石》（JC/T 507—2012）

[38] 中华人民共和国国家标准．《陶瓷砖》（GB/T 4100—2015）

[39] 中华人民共和国行业标准．《薄型陶瓷砖》（JC/T 2195—2013）

[40] 中华人民共和国行业标准．《轻质陶瓷砖》（JC/T 1095—2009）

[41] 中华人民共和国行业标准．《陶瓷马赛克》（JC/T 456—2005）

[42] 中华人民共和国国家标准．《耐酸砖》（GB/T 8488—2008）

[43] 中华人民共和国行业标准．《耐酸耐温砖》（JC/T 424—2005）

[44] 中华人民共和国行业标准．《微晶玻璃陶瓷复合砖》（JC/T 994—2006）

[45] 中华人民共和国国家标准．《平板玻璃》（GB 11614—2009）

[46] 中华人民共和国国家标准．《防火玻璃 第1部分：建筑用安全玻璃》（GB 15763.1—2009）

[47] 中华人民共和国国家标准．《钢化玻璃 第2部分：建筑用安全玻璃》（GB 15763.2—2005）

[48] 中华人民共和国国家标准．《夹层玻璃 第3部分：建筑用安全玻璃》（GB 15763.3—2009）

[49] 中华人民共和国国家标准．《均质钢化玻璃 第4部分：建筑用安全玻璃》（GB 15763.4—2009）

[50] 中华人民共和国国家标准．《半钢化玻璃》（GB/T 17841—2008）

[51] 中华人民共和国行业标准．《化学钢化玻璃》（JC/T 977—2005）

[52] 中华人民共和国国家标准．《中空玻璃》（GB/T 11944—2012）

[53] 中华人民共和国国家标准．《镀膜玻璃 第1部分：阳光控制镀膜玻璃》（GB/T 18915.1 —2013）

[54] 中华人民共和国国家标准．《镀膜玻璃 第2部分：低辐射镀膜玻璃》（GB/T 18915.2 —2013）

[55] 中华人民共和国行业标准．《贴膜玻璃》（JC 846—2007）

[56] 中华人民共和国行业标准．《真空玻璃》（JC/T 1079—2008）

[57] 中华人民共和国行业标准．《压花玻璃》（JC/T 511—2002）

[58] 中华人民共和国行业标准．《镶嵌玻璃》（JC/T 979—2005）

[59] 中华人民共和国行业标准．《热弯玻璃》（JC/T 915—2003）

[60] 中华人民共和国行业标准．《镀膜抗菌玻璃》（JC/T 1054—2007）

[61] 中华人民共和国行业标准．《建筑装饰用微晶玻璃》（JC/T 872—2000）

[62] 中华人民共和国行业标准．《空心玻璃砖》（JC/T 1007—2006）

[63] 中华人民共和国国家标准．《合成树脂液内墙涂料》（GB/T 9756—2009）

[64] 中华人民共和国行业标准．《多彩内墙涂料》（JG/T 3003—1993）

[65] 中华人民共和国国家标准．《室内装饰装修材料内墙涂料中有害物质限量》(GB 18582—2008)

[66] 中华人民共和国国家标准．《复层建筑涂料》(GB/T 9779—2005)

[67] 中华人民共和国国家标准．《合成树脂乳液外墙涂料》(GB/T 9755—2001)

[68] 中华人民共和国国家标准．《溶剂型外墙涂料》(GB/T 9757—2001)

[69] 中华人民共和国行业标准．《外墙无机建筑涂料》(JG/T 26—2002)

[70] 中华人民共和国国家标准．《地坪涂装材料》(GB/T 22374—2008)

[71] 中华人民共和国国家标准．《饰面型防火涂料》(GB 12441—2005)

[72] 中华人民共和国国家标准．《钢结构防火涂料》(GB 14907—2002)

[73] 中华人民共和国国家标准．《硅酸盐复合绝热涂料》(GB/T 17371—2008)

[74] 中华人民共和国行业标准．《建筑用钢结构防腐涂料》(JC/T 224—2007)

[75] 中华人民共和国国家标准．《建筑用反射隔热涂料》(GB/T 25261—2010)

[76] 中华人民共和国行业标准．《云铁酚醛防锈漆》(HG/T 3369—2003)

[77] 中华人民共和国行业标准．《各色硝基底漆》(HG/T 3355—2003)

[78] 中华人民共和国国家标准．《建筑装饰用铝单板》（GB/T 23443—2009）

[79] 中华人民共和国国家标准．《建筑胶粘剂有害物质限量》（GB 30982—2014）

[80] 中华人民共和国国家标准．《实木地板·技术条件》（GB/T 15063.1—2009）

[81] 中华人民共和国国家标准．《实木复合地板》（GB/T 18103—2013）

[82] 中华人民共和国国家标准．《浸渍纸层压木质地板》（GB/T 18102—2007）

[83] 中华人民共和国行业标准．《实木集成地板》．（LY/T 1614—2004）

[84] 中华人民共和国国家标准．《细木工板》（GB/T 5849—2006）

[85] 中华人民共和国国家标准．《胶合板》（GB/T 9846.1—2004～GB/T 9846—2004）

[86] 中华人民共和国国家标准．《难燃胶合板》（GB 18101—2000）

[87] 中华人民共和国国家标准．《刨切单板》（GB/T 13010—2006）

[88] 中华人民共和国国家标准．《模压刨花制品 第1部分：室内用》（GB/T 15105.1—2006）

[89] 中华人民共和国国家标准．《中密度纤维板》（GB/T 11718—2009）

[90] 中华人民共和国国家标准．《难燃中密度纤维板》（GB/T 18958—2003）

[91] 中华人民共和国国家标准．《单板层积材》（GB/T 20241—2006）

[92] 中华人民共和国国家标准．《竹地板》（GB/T 20240—2006）

[93] 中华人民共和国国家标准．《竹编胶合板》（GB/T 13123—2003）

[94] 中华人民共和国国家标准．《竹单板饰面人造板》（GB/T 21129—2007）

[95] 中华人民共和国国家标准．《木线条》（GB/T 20446—2006）

[96] 中华人民共和国国家标准．《簇绒地毯》（GB/T 11746—2008）

[97] 中华人民共和国行业标准．《壁纸》（QB/T 4034—2010）

[98] 中华人民共和国行业标准．《聚氯乙烯壁纸》（QB/T 3805—1999）

[99] 中华人民共和国国家标准．《不锈钢热轧钢板和钢带》（GB/T 4237—2007）

[100] 中华人民共和国国家标准．《不锈钢冷轧钢板和钢带》（GB/T 3280—2007）

[101] 中华人民共和国国家标准．《彩色涂层钢板及钢带》（GB/T 12754—2006）

[102] 中华人民共和国行业标准．《装饰用焊接不锈钢管》（YB/T 5363—2006）

[103] 中华人民共和国国家标准．《建筑用压型钢板》（GB/T 12755—2008）

[104] 中华人民共和国国家标准．《铝及铝合金花纹板》（GB/T 3618—2006）